青藏高原
草地啮齿动物种群
暴发与防控

李希来　侯秀敏　林春英　刘凯　等著

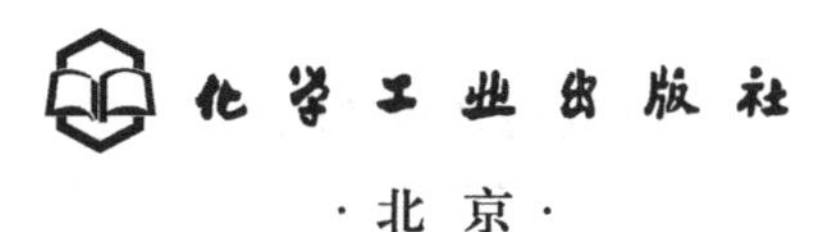

化学工业出版社
·北京·

内容简介

本书关注青藏高原草地啮齿动物的种类、生态学特性和种群暴发与防控，共分13章，内容涵盖了青藏高原啮齿动物的起源与演化、主要种类与地理分布、生态学特性、在草地生态系统的功能与作用及青藏高原草地退化与啮齿动物暴发，青藏高原草地鼠害产生的生态条件、地理分布区域、监测预警及综合防控体系的构建与应用，国外草地啮齿动物及其防控情况、青海省草地有害生物普查技术方案等。

本书可供草学、气象学、土壤学和动物学等学科的相关技术人员、科技工作者以及高校本科生和研究生应用与参考。

图书在版编目（CIP）数据

青藏高原草地啮齿动物种群暴发与防控 / 李希来等著. -- 北京 : 化学工业出版社，2025. 3. -- ISBN 978-7-122-42819-6

Ⅰ. Q959.837

中国国家版本馆CIP数据核字第2025L1N151号

责任编辑：王 琰 王湘民　　文字编辑：赵 越

责任校对：李 爽　　装帧设计：韩 飞

出版发行：化学工业出版社

（北京市东城区青年湖南街13号　邮政编码100011）

印　装：北京科印技术咨询服务有限公司数码印刷分部

787mm×1092mm　1/16　印张11¾　字数281千字

2025年6月北京第1版第1次印刷

购书咨询：010-64518888　　售后服务：010-64518899

网　址：http://www.cip.com.cn

凡购买本书，如有缺损质量问题，本社销售中心负责调换。

定　价：128.00元

前　言

青藏高原高寒草地是草地畜牧业的重要资源。目前，高寒草地的生态问题依然严重，高寒草地生态系统脆弱性所导致的敏感性，使其成为全球生态系统气候变化的“警报器”。近年来，随着气候变暖和人为因素的干扰，高寒草甸生态系统遭到了严重的破坏，大面积高寒草甸退化为裸地或“黑土滩”，草地沙化和盐碱化现象加剧，这一变化对青藏高原的生态系统平衡造成了影响。而过度放牧形成的草地退化，可引发草原鼠害。啮齿动物种群暴发对栖息地微地形、植物和土壤的影响较为显著。在生态保护和高质量发展的国家重大战略背景下，结合著者多年从事青藏高原草地啮齿动物种群暴发与防控等的研究，编写了本书，希望对于青藏高原草地保护提供参考。

本书主要介绍采用草学、生态学、气象学、地形学、土壤学和植被学等多学科方法，并结合遥感技术，在黄河源区开展的试验样地原位观测、机理分析、数值模拟与政策管理等综合研究，本书在揭示青藏高原啮齿动物起源的基础上，详细分析青藏高原主要啮齿动物的种类、生物学和生态学特性，青藏高原草地鼠害的产生及生态条件，青藏高原草地主要害鼠地理分布区域，重点研究青藏高原啮齿动物种群动态演变与暴发机理，根据青藏高原草地主要害鼠地理分布区域，提出青藏高原草地鼠害的监测预警。此外，围绕青藏高原草地鼠害的防控历程，构建草原鼠害综合防控体系，初步对国外草地啮齿动物及其防控情况进行了概述。最后，总结了青海省草原有害生物普查技术方案。

全书共分为13章，由李希来、侯秀敏、林春英、刘凯统稿。各章编写人员如下：第一章　青藏高原啮齿动物的起源与演化，由谢久祥、李希来、侯秀敏、林春英编写；第二章　青藏高原主要啮齿动物的种类与地理分布，由刘凯、李希来、林春英、李红梅、杜文琪、余迪编写；第三章　青藏高原主要啮齿动物生态学特性，由刘凯、李希来、林春英、李静、杜文琪、孙华方、张静编写；第四章　啮齿动物在草地生态系统的功能与作用，由林春英、李希来、林永康、李红梅编写；第五章　青藏高原草地退化与啮齿动物暴发，由李希来、谢久祥、张宇鹏、林春英、刘凯编写；第六章　青藏高原草地鼠害的产生，由林春英、李希来、刘凯、李宏林编写；第七章　影响青藏高原草地鼠害产生的生态条件，由李希来、林春英、苏晓雪、张海娟、卡着才让、马戈亮、郭勇涛编写；第八章　青藏高原草地主要害鼠地理分布区域，由刘凯、李林霞、林春英编写；第九章　青藏高原草地鼠害的监测预警，由刘凯、李林霞、侯秀敏、李希来、林春英编写；第十章　青藏高原草地鼠害的防控，由刘凯、侯秀敏、李希来、林春英、李静、张晖研编写；第十一章　草地鼠害综合防控体系的构建与应用，由李希来、林春英、刘凯、杜文琪编写；第十二章　国外草地啮齿动物及其防控，由林春英、李希来、刘凯、杜文琪编写；第十三章　青海省草地有害生物普查技术方案，由唐炳民、刘凯编写。

本书出版得到国家自然科学联合基金重点支持项目（U23A20159，U21A20191）、青海省科技计划自然科学基金（团队）项目（2020-ZJ-904）、原农业部公益性行业（农业）科研专项“高原鼠兔‘管理式抑鼠’技术的研究与示范”（201203041）、高等学校学科创新引智计划项目（D18013）和青海省科技创新创业团队“三江源生态演变与管理创新团队”项目共同资助。

由于作者水平有限，书中难免有不妥之处，恳请读者批评指正。

著　者

2025 年 1 月

目　录

第一章　青藏高原啮齿动物的起源与演化 —— 001

第一节　青藏高原哺乳动物的起源与演化 …… 001

一、青藏高原隆升的哺乳动物化石证据 …… 003

二、青藏高原新生代盆地古高度的哺乳动物化石校正 …… 004

三、冰期动物群的青藏高原起源 …… 006

四、青藏高原的抬升及其对哺乳动物区系演化的影响 …… 007

第二节　高原鼠兔的适应性与演化 …… 008

一、鼠兔类的起源 …… 008

二、鼠兔类等高原土著动物的适应性进化 …… 009

三、高原鼠兔的历史种群分化 …… 010

第三节　高原鼢鼠的适应性与演化 …… 011

第二章　青藏高原主要啮齿动物的种类与地理分布 —— 013

第一节　青藏高原主要啮齿动物的种类 …… 013

第二节　青藏高原主要害鼠生物学特性 …… 013

一、高原鼠兔 …… 013

二、高原鼢鼠 …… 014

三、根田鼠 …… 014

四、白尾松田鼠 …… 015

五、甘肃鼠兔 …… 016

六、甘肃鼢鼠 …… 016

七、喜马拉雅旱獭 017
八、青海田鼠 017
九、达乌尔鼠兔 018
十、中华鼢鼠 019
十一、灰仓鼠 019
十二、五趾跳鼠 020
十三、褐家鼠 020
十四、小家鼠 021
十五、高原兔 021
第三节 青藏高原主要啮齿动物的地理分布 022
一、温带荒漠、半荒漠动物群 022
二、高地森林草地-草甸草地、寒漠动物群 024

第三章 青藏高原主要啮齿动物生态学特性 025
第一节 高原鼠兔生态学特性 025
一、栖息地 025
二、食性与食量 029
三、繁殖特征 029
四、洞穴结构 030
五、分布 031
第二节 高原鼢鼠的生态学特性 031
一、栖息地 031
二、食性与食量 032
三、繁殖特征 033
四、洞穴结构 033
五、活动规律 034
六、年龄及生活史 035
七、分布 035
第三节 根田鼠的生态学特性 035
一、栖息地 035
二、食性与食量 036

三、繁殖特征 036
四、洞穴结构 036
五、活动规律 036
六、分布 036
第四节　喜马拉雅旱獭的生态学特性 037
一、栖息地 037
二、食性与食量 037
三、繁殖特征 037
四、洞穴结构 038
五、活动规律 038
六、分布 039

第四章　啮齿动物在草地生态系统的功能与作用 040
第一节　草地生态系统的一些基本概念 040
一、草地生态系统食物链 040
二、草地植物生产力 042
三、草地土壤水分 043
四、草地鸟类窝巢 043
第二节　不同啮齿动物在草地生态系统的功能与作用 046
一、高原鼠兔的功能与作用 046
二、高原鼢鼠的功能与作用 046
三、高原田鼠的功能与作用 047
四、喜马拉雅旱獭的功能与作用 047

第五章　青藏高原草地退化与啮齿动物暴发 049
第一节　啮齿动物种群暴发因素 049
一、啮齿动物本身生物学特性 049
二、气候变化因素 049
三、天敌种类和数量减少 050
四、人类活动因素 050
五、综合因素 051

第二节　青藏高原黄河源区退化高寒草地分布格局 …… 052
一、数据与方法 …… 052
二、结果与分析 …… 055
第三节　青藏高原高原鼠兔栖息地选择 …… 060
一、研究地区概况 …… 061
二、方法 …… 061
三、结果 …… 063
第四节　高寒草地退化与流域地形地貌的关系 …… 069
一、研究方法 …… 069
二、模型拟合与残差分析 …… 072
三、退化草地-河流距离统计 …… 072
四、结果与分析 …… 072

第六章　青藏高原草地鼠害的产生 —— 083

第一节　草地鼠害产生的原因 …… 083
第二节　害鼠与草地退化的关系 …… 084
第三节　害鼠对草地的危害 …… 087
一、草地鼠类的挖掘和盗洞活动，降低草地生产力 …… 087
二、鼠类的啃食活动，破坏草地植被，导致草地进一步退化 …… 087
三、鼠类传播疫病威胁人类及家畜健康 …… 087

第七章　影响青藏高原草地鼠害产生的生态条件 —— 089

第一节　栖息地 …… 089
一、地形对草地鼠害产生的影响 …… 090
二、土壤因子对草地鼠害产生的影响 …… 090
三、植物因子对草地鼠害产生的影响 …… 090
第二节　气候 …… 091
一、降水 …… 092
二、气温 …… 092
三、风速 …… 093
四、日照时数 …… 093

五、相对湿度 ……… 094
六、主要气象灾害 ……… 094
第三节　土壤 ……… 095
一、高原鼠兔和高原鼢鼠活动对土壤的积极作用 ……… 095
二、高原鼠兔和高原鼢鼠活动对土壤的消极作用 ……… 096
第四节　植被 ……… 096
一、高原鼠兔和高原鼢鼠活动对高寒草甸植被的积极作用 ……… 096
二、高原鼠兔和高原鼢鼠活动对高寒草甸植被的消极作用 ……… 097
第五节　人类经济活动对草地生态系统的影响 ……… 098

第八章　青藏高原草地主要害鼠地理分布区域 —— 099
第一节　高原鼠兔的地理分布区域 ……… 099
第二节　高原鼢鼠的地理分布区域 ……… 100
第三节　根田鼠的地理分布区域 ……… 100
第四节　喜马拉雅旱獭的地理分布区域 ……… 100
第五节　青海省啮齿动物的分布规律及区划 ……… 101

第九章　青藏高原草地鼠害的监测预警 —— 102
第一节　草地鼠害监测预警概述 ……… 102
一、监测 ……… 102
二、预警 ……… 102
三、监测预警的目的和意义 ……… 103
第二节　草地鼠害监测预警主要工作内容 ……… 103
一、建立健全草地鼠害监测预警机构 ……… 103
二、草地鼠害监测内容 ……… 104
三、草地鼠害调查具体内容 ……… 105
第三节　青藏高原草地鼠害监测预警现状与趋势分析方法 ……… 117
一、青藏高寒牧区草地鼠害监测预警现状 ……… 117
二、草地鼠害趋势分析 ……… 117
第四节　3S技术应用 ……… 121
一、3S技术的主要内容 ……… 121

二、3S技术在草地鼠害监测预警中的应用 …… 122
第五节 物联网技术 …… 122
一、物联网技术在草地鼠害监测预警中的意义 …… 122
二、物联网在草地有害生物监测预警与保护中的应用 …… 124
第六节 空天地一体化技术 …… 125
一、空天地一体化概念 …… 125
二、空天地一体化监测技术在草地鼠害监测预警中的应用 …… 125

第十章 青藏高原草地鼠害的防控 —— 127
第一节 青藏高原草地鼠害防控历程与主要管理措施 …… 127
一、防控历程 …… 127
二、青藏高原鼠害防控主要管理措施 …… 129
三、草地鼠害治理成果 …… 131
第二节 草地鼠害的化学防治 …… 132
第三节 草地鼠害的生物防治 …… 132
一、C型肉毒素防治草地害鼠 …… 132
二、D型肉毒素防治草地害鼠 …… 133
三、新贝奥生物杀鼠剂防治草地害鼠 …… 134
四、莪术醇雌性不育剂防治草地害鼠 …… 134
第四节 草地鼠害的物理防治 …… 134
一、高原鼠兔的物理防治 …… 135
二、高原鼢鼠的物理防治 …… 135
第五节 草地鼠害的天敌防控 …… 137
第六节 草地鼠害的综合防控 …… 138
一、草地鼠害综合防控概述 …… 138
二、草地鼠害综合防控体系的构建与应用 …… 139
三、草地生态综合治理的具体方案 …… 139
四、依据不同退化程度和鼠害危害采用的措施 …… 140
第七节 青藏高原草地鼠害防控存在的问题 …… 140
一、草地鼠害危害形势仍然十分严峻 …… 141
二、监测预警工作不能满足防治工作的需要 …… 141

三、防治技术滞后，效率低，防控后反弹现象严重 …… 141
四、缺乏持续控制的长效机制，成果巩固难度大 …… 141
五、监测预警体系建设滞后，队伍不稳定 …… 142

第十一章　草地鼠害综合防控体系的构建与应用 —— 143
第一节　草地鼠害综合防控体系的概述 …… 144
一、正确认识草地害鼠的分布与危害 …… 144
二、树立正确的青藏高原草地鼠害治理理念 …… 144
第二节　草原鼠害综合防控体系的应用 …… 146
第三节　草原害鼠综合防控技术 …… 147
一、抗高原鼠兔和毒杂草的多年生禾豆混播人工草地建植与管理技术研发 …… 147
二、抗高原鼢鼠的多年生禾豆混播人工草地建植与管理技术研发 …… 147
三、多年生根茎型禾本科和豆科牧草资源选育与管理技术研发 …… 147
四、抗草原毛虫和草地蝗虫的多年生禾豆混播人工草地建植与管理技术研发 …… 147
五、替代防控植物种子田建设 …… 147
第四节　调控草原利用与保护平衡的方法 …… 147
一、正确认识草原的利用与保护 …… 147
二、草原利用与综合治理大局措施 …… 149
第五节　调控草原保护与经济利益的关系的方法 …… 149
一、完善生态补偿机制为以前补偿机制滞后而有失公平补齐短板 …… 150
二、生态补偿机制构建应以保护和可持续为目的 …… 150
三、生态补偿机制为草地高质量发展提供了保障 …… 150

第十二章　国外草地啮齿动物及其防控 —— 152
一、美国 …… 152
二、俄罗斯 …… 153

三、加拿大 …… 153
四、澳大利亚 …… 153
五、南非 …… 154
六、新西兰 …… 155

第十三章　青海省草地有害生物普查技术方案 —— 156
第一节　普查的范围与依据 …… 156
一、普查范围 …… 156
二、普查依据 …… 156
第二节　普查对象和内容 …… 157
一、普查对象 …… 157
二、普查内容 …… 157
第三节　调查方法 …… 158
一、基本思路 …… 158
二、基本方法 …… 158
第四节　标本采集和影像拍摄 …… 163
一、标本采集总体要求 …… 163
二、小型哺乳动物标本采集 …… 163
三、昆虫标本采集 …… 163
四、毒害草标本采集 …… 164
五、标本采集记录与编号 …… 164
六、影像拍摄 …… 164
第五节　图件勾绘与内业整理 …… 165
一、图件勾绘 …… 165
二、内业整理 …… 165
第六节　普查材料报送 …… 166
一、报送方式 …… 166
二、报送内容 …… 166

参考文献 —— 167

第一章

青藏高原啮齿动物的起源与演化

青藏高原位于中国西南部，平均海拔 4000m 以上，野生动植物资源丰富，生态系统多样，是全球平均海拔最高的自然地理单元，也是全球生态系统的调节器。同时，青藏高原气候极端多变、地理环境独特、土壤相对贫瘠、植物生长缓慢，造成其抵御外界扰动的能力较弱，生态系统恢复极难，是典型的生态脆弱区。高寒草地作为陆地生态系统的重要组成部分之一（王向涛 等，2020），是在寒冷、潮湿的环境条件下，发育在高原和高山的一种草地类型（字洪标 等，2015），青藏高原的高寒草地面积约为 8700 万公顷，约占全国草地面积的 22.1%，是青藏高原草地的重要组成部分，也是当地经济发展的重要基础资源。其独特的生物地球化学过程与脆弱的生态环境使之对全球气候变化和人为干扰的响应更为敏感（Wischnewski et al.，2011；兰玉蓉，2004）。受气候变化和人为因素的干扰，高寒草地生态系统遭到了严重的破坏，大面积的优良草地退化为裸地或“黑土滩”，草地沙化和盐碱化现象加剧（王一博 等，2005），这一变化将对青藏高原的生态系统平衡造成影响（王晓芬 等，2021）。因此，维护青藏高原高寒草地的健康稳定对维持生态平衡有重要意义，有助于保障国家生态安全，促进社会经济发展。

第一节　青藏高原哺乳动物的起源与演化

哺乳动物具有演化速度快和对环境变化反应灵敏的特点。科学家通过对已知哺乳动物化石的分析，结合含化石地层的岩石学特征，探讨了青藏高原隆升和动物地理区系的演变历史。哺乳动物的演化趋向及其地史、地理分布资料表明，青藏高原开始隆升、季风出现和哺乳动物地理分布的分异可能始于渐新世。青藏高原的隆升似乎是一个逐渐和相对稳定的过程，其升起使亚洲的气候和自然环境发生了很大的变化，导致我国哺乳动物分布自中新世以来出现了明显的分异，并最终形成现代的动物地理区系。无疑，这是古地理和生态环境发生重大改变的结果。我国北方地区具有的新生代各时期的哺乳动物化石地点和发现的化石材料都比较多，是研究哺乳动物演化及环境背景不可多得的地方。在这一地区，自渐新世以来动物群的结构相对稳定，而动物群的更迭显示了逐渐演变的过程。这种稳定性和渐变性，同样表现在起源于渐新世的鼠兔类和起源于晚中新世的鼢鼠类动物的演化过程。我国北方和中亚地区特有的这些动物在牙齿构造的进化性改变及其对食物适应性所表现出的渐变性都甚为明显。因此，自渐新世以来，北方哺乳动物群结构的稳定性和演化的渐变性，可能指示了青藏高原的隆升是个相对稳定和逐渐的过程。我国哺乳动物群的组成和地理分布出现明显的南北分异和东西分化，现代古北界和东洋界的雏形在中新世已初步形成，同时也表明了中新世末青藏高原隆升的高度对环境已足以产生很大的影响。根据西藏地区发现的三趾马化石，一些学者推测了青藏高原的隆升幅度，认为高原海拔在上新世末尚在1000m以下，而在更新世平均抬升到4000m，理由之一是三趾马化石也在同期的华北地区被发现（Yue et al.，2004；Deng，2006）。哺乳动物群的演化趋势未能显示青藏高原在更新世的急剧隆升，但在上新世和更新世，高原北邻的蒙新高原区的素食动物在适应硬草中硅质矿物的能力方面确实有所加强，表明了中新世以后青藏高原继续隆升，到了上新世和更新世这些地区的海拔已相当高，并导致了异常干旱的气候环境。

青藏高原是地球上最年轻和最高的高原，对大气环流和气候有着巨大的动力和热力效应。青藏高原隆升是晚新生代全球气候变化的重要因素，强烈地影响了亚洲季风系统。印度-亚洲板块的碰撞是约55Ma以来地球历史上发生的最重要的造山事件，由此导致的青藏高原隆升对东亚乃至全球的环境产生了重要影响。然而，青藏高原的隆升历史和过程，尤其是不同地质时期的古高度，长久以来都存在激烈的争论（Coleman et al.，1995；Rowley et al.，2006；Deng et al.，2011；Deng et al.，2012；Deng et al.，2012）。现代古北界的南界，在中国要比在非洲的界线纬度高出10°左右。显然，这也是青藏高原隆升的有力证据。因为高原的隆升不仅导致了季风的形成，而且随着高原的隆升，受太平洋和印度洋影响的夏季风会逐渐加强，从而使东亚干旱带向西北退缩，东洋界的分布向北推移，由此提高了古北区与东洋区的纬度界线（汪品先，1998）。新生代发生了全球性的气候变化，亚洲地区也经受了喜马拉雅运动，特别是青藏高原隆升的影响，所有这些变化必然会对哺乳动物的分布和动物地理区系的演变产生影响，这些演变也会记录在埋藏的化石之中。对哺乳动物化石的研究是进行自然环境恢复和古动物地理区系再造的重要手段，因此，从哺乳动物化石的角度可以探索新生代环境的变迁和青藏高原隆升的历史，同时从青藏高原的隆升角度也可以探讨其对哺乳动物区系形成与演变的影响（Qiu et al.，2001）。青藏高原不同区域隆升试验主要对比和探索了高原南部（喜马拉雅山）和北部（帕米尔-天山-昆仑山-祁连山）隆升对亚洲区域气候的影响，也有一些数值试验说明了青藏高原周边地形（如伊朗高原、蒙古国高原和云贵高原）隆升的作用（孙辉 等，2022）。

一、青藏高原隆升的哺乳动物化石证据

实际上，青藏高原隆升的概念早在19世纪中叶就被英国古生物学家Falconer提及，他报道了来自中国西藏阿里地区札达县海拔5800m的尼提山口的犀牛化石（Falconer，1868）。这些化石并非产自山口，而是由越过山口的贸易者带来，很显然是札达盆地地层中的产物。在现代的印度平原上就生活着犀牛，Falconer认为，尼提山口的犀牛也应该曾经生活在低海拔地区，而其时代是几百万年前的中新世晚期，因此青藏高原自那时以来已上升了几千米。在青藏高原两侧发现的哺乳动物化石也暗示了高原的隆升过程。渐新世时期，高原北侧的中国西北地区有巨犀生活，而在高原南侧的印巴次大陆西瓦立克地区的地层中也有巨犀化石分布。巨犀动物群在青藏高原的南、北两侧的发现表明，青藏高原在晚渐新世时的隆升幅度还不大，还不足以阻挡大型哺乳动物群的交流，巨犀、巨獠犀和爪兽等都还可以在青藏高原的南、北之间比较自由地迁徙（Qiu et al.，2001）。至中新世，铲齿象在青藏高原北侧的很多地点都有发现，而同一时期在青藏高原南侧的印巴次大陆已见不到这类动物的踪迹，反映出青藏高原在中新世已经隆升到足以阻碍动物交流的高度（邓涛，2004）。

在20世纪70年代中国科学院组织的青藏高原考察中，中国科学院古脊椎动物与古人类研究所在西藏的比如和吉隆发现了晚中新世的三趾马动物群。青藏高原隆升的具体数值估计最早也来自这一批哺乳动物化石（郑绍华，1980；计宏祥 等，1980）。藏北比如县布隆的海拔为4560m，所发现的三趾马动物群所处时代为晚中新世早期（Deng，2006；邓涛，2013，图1-1），化石成员包括那曲低冠竹鼠、松鼠、巨鬣狗、后猫、野猫、唐古拉大唇犀、西藏三趾马、萨摩麟、羚羊和牛类等。该动物群中的喜湿热成员，特别是低冠竹鼠等，主要生活于落叶阔叶林带。当时森林密布，河湖发育良好，雨量充沛，土壤处于湿热的氧化环境，孢粉化石指示还有棕榈存在，与今天的高山草甸及高寒干燥的气候环境迥然不同。西藏三趾马的颊齿齿冠相对较低，这些都是森林型三趾马的特征，与整个动物群的生态环境吻合

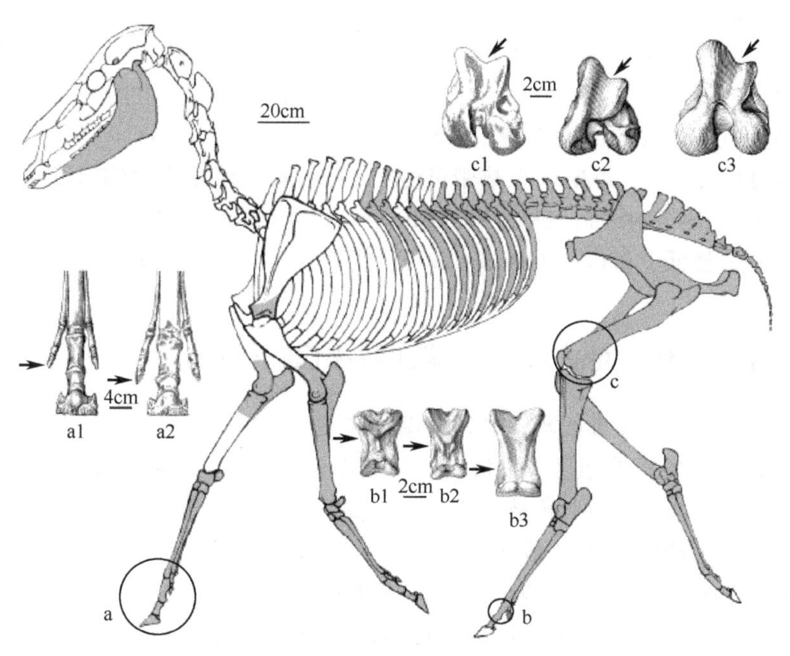

图1-1　三趾马骨架化石（邓涛，2013）

（郑绍华，1980），其海拔应在2500m以下。喜马拉雅山地区吉隆县沃马的海拔为4384m，其三趾马动物群的时代为晚中新世晚期，经古地磁测定年龄为距今7Ma（Yue et al.，2004），化石成员包括西藏更新仓鼠、刘氏喜马拉雅跳鼠、鬣狗、福氏三趾马、西藏大唇犀、狍后麂、小齿古麟和高氏羚羊等。根据吉隆三趾马动物群的生态特征，显示此地森林动物和草原动物各占有一定比例，其中如高氏羚羊、狍后麂、古麟属于低冠、食嫩叶、通常居住在森林的动物，而鬣狗、大唇犀、鼠兔和啮齿类是在草原生活的动物。吉隆三趾马动物群已与南亚的西瓦立克三趾马动物群产生了分异，表明这一时期的喜马拉雅山已对动物群的迁徙产生了显著的阻碍作用（计宏祥 等，1980）。

食草哺乳动物的组织包括骨骼和牙齿中的稳定碳同位素组成与其取食的草本植物的稳定碳同位素组成（$\delta^{13}C$）密切相关，$\delta^{13}C$将在动物的组织中富集。吉隆盆地现代的马、牦牛和山羊的牙齿釉质$\delta^{13}C$值在–1.42%到–0.9%之间，平均值为–1.22%±0.15%，指示纯粹的C3食性，与这个地区现代占统治地位的C3植被的事实吻合（Deng et al.，2005）。另外，吉隆盆地晚中新世7Ma的三趾马化石的釉质$\delta^{13}C$值为–0.24%到–0.8%，平均值为–0.6%±0.11%，指示它们具有C3和C4的混合食性，在其食物中含有30%～70%的C4植物；大唇犀化石的釉质$\delta^{13}C$值为–0.79%±0.01%，也指示C3和C4的混合食性，其中C4植物占30%。这一结果显示，晚中新世吉隆盆地的生态环境以疏林为特征，与根据孢粉分析得到的证据一致（Wang et al.，2006）。C4植物在温度较高、光照较好、水汽充足的条件下比C3植物更具优势。现代C4植物的分布受到温度、季节性降水和海拔的控制，在2500m以下的低海拔热带和温带地区分布较广，而在高纬度或3000m以上的高海拔地区以及以冬季降水为特征的地区稀少甚至缺失。稳定碳同位素资料证明吉隆盆地在晚中新世存在C4植物，并且是生态系统的重要组成部分，指示这个地区在当时具有比现在温度更高、海拔更低的气候环境特点，这一结果与根据孢粉和哺乳动物化石得到的结论一致。吉隆盆地三趾马化石的釉质氧同位素平均$\delta^{18}O$值为–1.70%±0.15%，高于此地现代马的数据–1.91%±0.06%，这与根据碳同位素得出的晚中新世低海拔状态一致。在现代温带环境中，C4植物在1500m以下的环境的温度最高的月份中非常繁盛，但在海拔2500m以上的环境中完全缺失或只有微量存在。即使在热带，3000m以上的草原中也没有或仅有微量C4植物。假定晚中新世的大气二氧化碳浓度水平与今天大致相同，平均的温度直减率6.5℃/km，温度比现代高6℃，则C4植物繁盛区域的上限在中纬度地区可达2423m，在热带可达2923m。如果晚中新世的温度最大值是比现代高9℃，则这两个上限分别达到2885m和3385m。因此，碳同位素数据指示吉隆盆地在晚中新世约7Ma的海拔必然低于2900～3400m，最有可能是在2400～2900m（Wang et al.，2006）。

二、青藏高原新生代盆地古高度的哺乳动物化石校正

伦坡拉盆地位于西藏北部的班戈县和双湖特区交界线南北两侧，平均海拔约4700m，是藏北新生代地层甚为发育的地区。伦坡拉盆地的新生界总厚达4000m以上，由下部的牛堡组和上部的丁青组组成。此前对伦坡拉盆地古高度的判断有很大差别，最低的估计认为丁青组时期的海拔仅有1000m左右（马孝达，2003），而最高的推算则认为这个时期已达4500m（Rowley et al.，2006）。最近在丁青组中发现的犀科化石对确定伦坡拉盆地的古高度具有重要意义。化石发现于海拔4624m处，其特征与山东临朐早中新世晚期山旺动物群中的细近无角犀（*Plesiaceratherium gracile*）几乎完全相同。山旺的哺乳动物化石主要为森林边缘和

沼泽区域生活的类型，尤其是原古鹿、柄杯鹿和多样的松鼠（*Tamiops asiaticus*、*Sciurus lii*、*Oriensciurus linquensis*、*Plesiosciurus aff*）等，而草原生活的类型十分贫乏，说明当时的生态环境是亚热带或暖温带森林型。从山旺盆地所含的植物群组合看，其中不少是亚热带常绿或落叶的阔叶植物，也显示温暖而湿润的气候。伦坡拉盆地的丁青组已有详细的孢粉分析结果，其组合特征与山旺组的组合接近，反映了当时温暖湿润的温带气候。从沉积特征来看，丁青组暗色沉积物发育，指示当时的气候环境偏潮湿。现代青藏高原南缘的喜马拉雅山南坡动植物分布呈现明显的垂直变化，常绿阔叶林带的分布上限为海拔2500m，气候温暖湿润，年降雨量达10000mm左右，其中生活的动物不但种类繁多，而且数量丰富。含近无角犀的山旺动物群以及伦坡拉近无角犀的生存环境从动植物的特点看，都类似于这样的常绿阔叶林带。在全球气候背景下，近无角犀生活于17.8Ma的Mi-1b和16Ma的Mi-2两个变冷事件之间，但温度水平仍然高于现代，根据氧同位素计算的温度约比现代高4℃。植物垂直带谱的分布与气温直接相关，4℃的温度升高可使带谱界线上升约670m，即早中新世时适合近无角犀生活的常绿阔叶林带最高可分布于3170m的海拔。现代青藏高原南侧包括尼泊尔在内的南亚地区仍然有犀科动物分布，印度犀（*Rhinoceros unicornis*）就生活于喜马拉雅山脚的森林和高草地带。在现生犀牛中，苏门答腊犀（*Dicerorhinus sumatrensis*）由于身体被毛，因此可以生活于海拔较高的热带雨林环境中，达到1000～1500m。爪哇犀（*Rhinoceros sondaicus*）最高的分布记录是2000m。这些现代犀牛的生态适宜范围可作为解释近无角犀分布空间的参考。通过早中新世比现代高4℃条件下由气温直减率产生的670m高差校正，可推测近无角犀在伦坡拉盆地的生活环境上限接近海拔3000m（Deng et al.，2012）。札达盆地位于西藏阿里地区的象泉河流域，海拔3700～4500m。在地质构造上，札达盆地位于拉萨地块与喜马拉雅构造带接触部位，盆地内的新生代地层近水平产出，最大出露厚度800m左右。根据软体动物壳体化石的稳定氧同位素分析，札达盆地周缘环绕山峰的高度被认为自晚中新世以来可能比现代高出1500m（Saylor et al.，2009）。

由于骨骼化石的形态和附着痕迹能够反映肌肉和韧带的状态，所以可以据此分析绝灭动物在其生活时的运动方式。最近发现的札达三趾马（*Hipparion zandaense*）的骨架保存了全部肢骨、骨盆和部分脊椎，因此提供了重建其运动功能的机会。札达三趾马细长的第三掌跖骨及其粗大的远端中嵴、后移的侧掌跖骨、退化而悬空的侧趾、强壮的中趾韧带、加长的远端肢骨等，都与更快的奔跑速度相关联；其股骨上发达的滑车内嵴是形成膝关节“锁扣”机制的标志，这一机制能够保证其腿部在长时间的站立过程中不至于疲劳。更快的奔跑能力和更持久的站立时间只有在开阔地带才成为优势。一方面茂密的森林会阻碍奔跑行为，另一方面有蹄动物在开阔的草原上必须依赖快速的奔跑才能逃脱敌害的追击。三趾马是典型的高齿冠有蹄动物，札达三趾马的齿冠尤其高，说明它是以草本植物为食的动物。食草行为从营养摄入的角度来说是低效率的，因此需要极大的食物量才能够保证足够的营养。所以，食草性的马类每天必须花费大量的时间在草原上进食，同时必须保持站立的姿势，以便随时观察到潜在的捕食者。札达三趾马的一系列形态特征正是对开阔草原而非森林的适应。与其相反，欧洲的原始三趾马（*Hipparion primigenium*）的形态功能指示了明显更弱的奔跑能力，则是对于森林环境的适应性状（Bernor et al.，1997）。自从印度板块在大约55Ma与欧亚大陆碰撞之后，青藏高原开始逐渐隆升。喜马拉雅山脉至少自中新世以来已经形成，由此也产生了植被的垂直分带。开阔环境本身并不存在与海拔的直接关系，但青藏高原的南缘由于受到板块碰撞的控制，在高原隆升以后一直呈现高陡的地形，因此开阔的草原地带只存在于其植被垂直带谱的林线之上。札达盆地位于青藏高原南缘，所以其植被分布与喜马拉雅山的垂直带谱紧密相关。札达地区现代的林线在海拔 3600m 位置，是茂密森林和开阔草甸的分界线。另一方面，稳定碳同位素分析也证明上新世的札达三趾马主要取食高海拔开阔环境的 C3 植物，与现代藏野驴存在相同的食性。札达三趾马生活的 4.6Ma 对全球来说正处于上新世中期的温暖气候中，温度比现代高约 2.5℃。按照气温直减率，札达马生活时期札达地区的林线高度应位于海拔 4000m 处。札达三趾马骨架化石的发现地点海拔接近 4000m，也就是说，札达盆地至少在上新世中期就已经达到其现在的海拔（Deng et al.，2012）。

三、冰期动物群的青藏高原起源

冰期动物群长期以来已被认识到与更新世的全球变冷事件密切相关，其中的动物也表现出对寒冷环境的适应，如体形巨大，身披长毛，并具有能刮雪的身体构造，以猛犸象和披毛犀最具代表性。这些令人倍感兴趣的灭绝动物一直受到人们广泛的关注，它们的上述特点曾经被假定是随着第四纪冰盖扩张而进化出来的，即这些动物被推断可能起源于高纬度的北极圈地区，但一直没有可信的证据。在札达盆地上新世哺乳动物化石组合中发现的已知最原始的披毛犀，证明冰期动物群的一些成员在第四纪之前已经在青藏高原上演化发展。冬季严寒的高海拔青藏高原成为冰期动物群的“训练基地”，使它们形成对冰期气候的预适应，此后成功地扩展到欧亚大陆北部的干冷草原地带。这一新的发现推翻了冰期动物起源于北极圈的假说，证明青藏高原才是它们最初的演化中心（Deng et al.，2011）。

在最有代表性的冰期动物中，披毛犀在晚更新世广泛分布于欧亚大陆北部被称为“猛犸象草原”的生态环境中，适应于严寒的气候。此前的化石记录已显示披毛犀起源自亚洲，但其早期的祖先遗存仍然模糊不清（Kahlke et al.，2008）。在札达盆地发现的新种西藏披毛犀（*Coelodonta thibetana*），其生存时代为约 3.7Ma 的上新世中期，它在系统发育上处于披毛犀谱系的最基干位置，是目前已知最早的披毛犀。随着冰期在 2.8Ma 开始显现，西藏披毛犀离开高原地带，经过一些中间阶段，最后来到欧亚大陆北部的低海拔高纬度地区，与牦牛、盘羊和岩羊一起成为中、晚更新世繁盛的猛犸象–披毛犀动物群的重要成员。在札达盆地发现的西藏披毛犀化石材料包括同一成年个体的头骨、下颌骨和颈椎，化石地点位于札达县城东北 10km 处，在地层上产自札达组上部的细粒沉积物中。西藏披毛犀具有披毛犀的一系列典型特征，包括修长的头型、骨化的鼻中隔、宽阔而侧扁的鼻角角座、下倾的鼻骨、抬升而后延的枕嵴、高大的齿冠、发达的齿窝等。另一方面，西藏披毛犀不同于其他进步的披毛犀，主要表现在它的鼻中隔骨化程度较弱，只占据鼻切迹长度的三分之一；下颌联合部前移；颊齿表面的白垩质覆盖稀少，外脊褶曲轻微；第二上臼齿的中附尖弱，第三上臼齿的轮廓呈三角形；下颊齿下前尖的前棱钝，下颌脊反曲并具有显著弯转的后端；第二、第三下臼齿的前肋微弱等。西藏披毛犀的头骨具有相当长的面部。粗糙面占据了整个鼻骨背面，由此指示它在活着的时候具有一只巨大的鼻角。额骨上一个宽而低的隆起指示它还有一只较小的额角。其鼻角的相对大小比现生和绝灭的大多数犀牛的鼻角都大，而与板齿犀和双角犀的相似，但在形态上更窄。系统发育分析显示，西藏披毛犀是一种进步的双角犀。在披毛犀支系内，西藏披毛犀与泥河湾披毛犀（*Coelodonta nihowanensis*）相比鼻骨更长，枕面更倾斜，各个披毛犀种按进步性状排列，其终点是晚更新世的披毛犀（*C. antiquitatis*）。与身披长毛的猛犸象和现代牦牛一样，作为西藏披毛犀后代的晚更新世披毛犀也具有厚重的毛发，可以起到保温的作用，由此强烈地表明它适应于寒冷的苔原和干草原上的生活。非常宽阔的鼻骨和骨化的鼻中隔指示西藏披毛犀有两个相当大的鼻腔，增加了在寒冷空气中的热量交换。除了用厚重的毛发和庞大的体型来保存热量，披毛犀的头骨和鼻角组合也与寒冷的条件相适应。披毛犀长而侧扁的角呈前倾状态，用以在冬季刮开冰雪，从而找到取食的干草。几个形态特点支持上述观点：①披毛犀的角从冰期古人类的洞穴壁画中可以证明相当前倾，鼻角的上部位于鼻尖之前；②角的前缘通常都存在磨蚀面；③这个磨蚀面被一条垂直的中棱分为左右两部分，显然由摆动头部刮雪而形成；④侧扁的角明显不同于现生犀牛圆锥形的角，使披毛犀能有效地增加刮雪的面积；⑤向后倾斜的头骨枕面使犀牛能自如地放低其头部。这些头骨特征与细长浓密的毛发相结合，清楚地显示披毛犀能够在寒冷的雪原中生存。西藏披毛犀的头骨形态不仅证明其已经具备了刮雪的形态功能，而且还指示其已产生与晚更新世后代一致的预适应性状。披毛犀的存在说明札达盆地在上新世时的高度达到甚至高于现在的海拔，因此形成了冬季漫长的零下温度环境。

新的研究认为，披毛犀并非唯一一种起源自青藏高原的冰期动物。札达动物群的其他成员以及在青藏高原其他地点发现的哺乳动物化石已经显示，独特的青藏动物群可以追溯到晚中新世时期（Deng et al.，2011）。岩羊（*Pseudois nayaur*）的祖先也出现在札达盆地，在随后的冰期里扩散到亚洲北部，与披毛犀的演化历史非常相似。在青藏高原现生动物群的典型种类中，藏羚羊的起源可以溯源到青藏高原北部柴达木盆地晚中新世时期的库羊（*Qurliqnoria*）（Wang et al.，2017），雪豹的原始类型发现于札达盆地的上新世并在更新世扩散到周边地区。适应寒冷气候的第四纪冰期动物群的起源，原来一直在上新世和早更新世的极地苔原和干冷草原上寻找。现在，通过对札达盆地哺乳动物化石的研究发现，实际上高高隆起的青藏高原上的严酷冬季已经为全北界，即欧亚大陆和北美晚更新世猛犸象动物群的一些成功种类提供了寒冷适应进化的最初阶段。

四、青藏高原的抬升及其对哺乳动物区系演化的影响

新生代哺乳动物群的组成和分布表明，我国在古新世和始新世基本属于一个古动物地理区系，南方和北方的自然环境比较相似；渐新世在西北地区出现了温带草原型成员；中新世哺乳动物群发生了明显的南、北方分化，而且此后分异越来越明显。到上新世和更新世，北方适应食用硬草的草原型动物大量增加，而在南方则繁衍了喜湿热的森林型动物。新生代哺乳动物群的演替特征及环境变化，显著指示了青藏高原自渐新世以来的逐渐隆升。高原的抬升使自然环境发生了变化，环境的变化又导致了动物组成和分布的分异，以及动物对环境适应性的改变。全球动物地理区系演化的结果是古北界在亚洲与东洋界接壤，在非洲则与旧大陆热带毗邻。现在古北界的南界，在我国要比在非洲的界线纬度高出10°左右。显然，这也是青藏高原隆起的有力证据。因为高原的隆升显著强化了季风系统，而且随着高原的抬升，受太平洋和印度洋影响的夏季风会逐渐加强，从而使我国干旱带向西北退缩，东洋界的分布向北推移，从而提高了古北区与东洋区的纬度界线（计宏祥 等，1980）。

自中新世以来，古北界哺乳动物的交流和扩散在不断加强。如同华北，欧洲亦属古北区，但由于欧洲没有一个像中亚这样干旱的草原环境，因而没有查干鼠科、塔塔鼠科、速掘鼠科、梳趾鼠科和鼢鼠科的动物分布，鼠兔科未能延续至上新世，跳鼠科只在第四纪的干旱时期才出现在东部地区，而其特有的相对喜湿的鼹形鼠科（*Spalacidae*）也未能侵入到亚洲。亚洲自渐新世以来适应相对干旱草原环境的鼠兔类、跳鼠类、沙鼠类特别繁盛，可能这些都与青藏高原自中新世以来的明显隆升有关。

哺乳动物群的演替显然表明了中国新生代的动物地理区系和自然环境发生过很大的变化。严格来说，动物的演化是自身遗传基因和环境改变等综合因素作用的结果，动物区系的形成与全球环境变化密切相关。但哺乳动物的演化历史表明，青藏高原的隆起对亚洲的自然环境、对我国哺乳动物的演化和动物地理区系的演变都产生了很大的影响。因为青藏高原的抬升使来自印度洋和太平洋的季风难以直接影响到亚洲大陆的中心部位，结果必然导致我国西北地区的干旱化；而在东南季风和西南季风的共同影响下，东南和西南部则出现湿润化。高原的隆升和气候的变化就这样使我国的自然环境出现区域差异：青藏地区高寒干燥，蒙新高原区逐渐草原化和荒漠化，中南和西南部则温暖、湿润。动物和植物的分布也随着环境的变化而发生分异，逐渐形成现在的区系，而且随着青藏高原的不断抬升，我国的两大动物地理区系越来越明显。

晚新生代，青藏高原的隆起对东亚地区哺乳动物的演化具有直接而深远的影响。由于高原的逐渐抬升，南亚夏季风和北亚冬季风的强化，我国西北部的气候越来越干旱，青藏地区越来越高寒。到中新世，干旱的环境已使西北地区的植被趋于草原化，只有那些适于草原和耐旱的动物得以繁衍；而青藏地区寒冷，自上新世以来所造成的恶劣生态环境已成为许多哺乳动物不可逾越的障碍。

新生代哺乳动物群的演替历史，似乎证实了古近纪发生在我国的气候带由行星风系控制向季风的转变，揭示了青藏高原的隆起过程以及高原抬升对自然环境产生的影响。

第二节 高原鼠兔的适应性与演化

高原鼠兔（*Ochotona curzoniae*）属于兔形目鼠兔科，大约形成于 2.4Ma 以前（Yu et al.，2000），是青藏高原特有的、分布最广的小型哺乳动物，主要栖居于海拔 3100～5100m 的高寒草原和高寒草甸带，喜食禾本科、莎草科以及豆科植物（杜继曾 等，1982；蒋志刚 等，1985；苏建平 等，2004）。据现有资料，高原鼠兔除了在西藏 - 新疆交界线以北很少分布、柴达木盆地无分布外，几乎遍及青藏高原各地。

一、鼠兔类的起源

青藏地区的抬升可能发生于渐新世，而且渐新世中期的隆升高度导致了季风的出现和哺乳动物地理区系分化的开始。在这一地区，自渐新世以来动物群的结构相对稳定，动物群的更迭显示了逐渐演变的过程。这种稳定性和渐变性，同样表现在起源于渐新世的鼠兔类和起源于晚中新世的鼢鼠类动物的演化过程，我国北方和中亚地区特有的这些动物在牙齿构造的进化性改变，及其对食物适应性所表现出的渐变性都甚为明显。在其他一些食草类哺乳动物中同样也可以看到，其牙齿的构造随着时间的推移和环境的恶化而逐渐地从简单向复杂、从低冠向高冠的方向演变。草食类动物牙齿的这种变化，正是适应生态环境改变的结果。因此，自渐新世以来北方哺乳动物群结构的稳定性和演化的渐变性可能指示了青藏高原的抬升是个相对稳定和逐渐的过程。

二、鼠兔类等高原土著动物的适应性进化

研究的6个青藏高原小型哺乳动物物种，来自青藏高原的不同地区：川西白腹鼠、四川姬鼠和高原松田鼠分布在青藏高原的东南边缘地区（SEMTP）；而藏鼠兔、高原鼠兔和高原骑鼠则分布在青藏高原偏中心地区。这些高原土著动物和平原近缘物种的分歧时间与青藏高原这些分布地区的抬升时间的关系并不清楚。我们估算了所研究的高原土著动物和平原近缘物种的分歧时间。川西白腹鼠和大鼠的分歧时间为约为6.67Ma，四川姬鼠和小鼠的分歧时间约为11.1Ma，而高原松田鼠和子午沙鼠的分歧时间约为37.38Ma，这些时间均早于SEMTP快速抬升的时间（2.6～3.6Ma）。同样，高原鼢鼠和大沙鼠的分歧时间约为61.15Ma，鼠兔和家兔的分歧时间约为56.64Ma，早于青藏高原开始快速抬升的时间（约20Ma）（Che et al.，2010）。这些结果表明这些高原土著动物在它们到达高原环境之前，已经从它们的近缘平原物种中分歧出来，进而随着海拔的提升，经历了适应高原的适应性进化过程（周太成，2015）。

周太成（2015）研究发现3个在抵御低氧和高紫外线辐射中发挥重要作用的基因，在不同的高原土著哺乳动物（高原鼠兔、高原松田鼠、四川姬鼠和高原鼢鼠）中经历了平行的氨基酸序列进化。另外，鼠兔在5个基因中显示了显著的正选择信号，受到正选择作用的这些基因潜在地增强了鼠兔适应高原的能力。这些结果表明多个通路在哺乳动物的高原适应过程中发挥作用，因此高原适应的分子机制十分复杂，至少涉及了正选择和平行进化两种机制。

获取6个高原土著哺乳动物转录组数据，在基因组范围内对编码基因的序列变化和表达模式进行分析，研究发现5种高原土著哺乳动物的多个生命过程（脂肪代谢、酒精代谢、低氧适应、抗辐射、免疫适应、细胞凋亡和再生、生殖等）相关的基因发生了适应性序列变化或者高表达，以适应高原的低氧、寒冷、高辐射等极端环境，其中低氧诱导因子这个基因，首次在高原土著哺乳动物中被揭示发生了多次平行进化和高表达。值得一提的是，通过高原鼠兔的驯养实验，发现与脂肪代谢、抗紫外线辐射和酒精代谢相关的基因发生低表达，而与免疫适应和抗电离辐射相关的基因发生了高表达。表达模式的改变，为高原鼠兔快速适应低海拔环境提供了保障。这些适应高原环境的重要基因的识别，为研究高原疾病的防御和治疗提供了一些新的视角。在未来的研究中，将这些生理适应机制和人类疾病相结合（比如，肥胖和脂肪代谢，醉酒和酒精代谢，低氧反应和低氧诱导因子，癌变和抗辐射等），势必会推动人类医学的进步和发展。

有研究表明了青藏高原几种鼠类在适应性进化中的表现，高原鼠兔及根田鼠，尽管两者都属于穴居物种，也需要挖掘洞道，但是其主要运动形式是地面奔跑。另外，高原鼠兔与根

田鼠属于群居性物种，其每个个体分摊到的挖掘工作相对于独居的高原鼢鼠来说要少得多。生态习性上的差异导致高原鼢鼠与这两种动物在四肢骨特征上有本质的不同，这与动物的适应性进化理论相一致（表 1-1）（林恭华 等，2007）。

表 1-1　3 种啮齿动物四肢骨骼测量指标数据

物种	测量指标	肱骨	桡尺骨	股骨	胫腓骨	动力臂
高原鼢鼠	质量/g	0.4472±0.1126	0.4598±0.1175	0.4215±0.1216	0.3208±0.0948	11.180±0.096
	长度/mm	25.119±1.573	30.875±1.772	30.996±2.108	29.445±1.739	
	中部厚度/mm	3.244±0.396	2.370±0.237	2.740±0.305	2.172±0.364	
高原鼠兔	质量/g	0.1600±0.0152	0.1336±0.0129	0.2248±0.0187	0.2061±0.0224	4.460±0.159
	长度/mm	25.655±0.739	27.319±0.747	29.916±0.849	35.272±1.144	
	中部厚度/mm	1.929±0.104	1.546±0.090	2.182±0.106	1.898±0.158	
根田鼠	质量/g	0.0242±0.0033	0.0229±0.0039	0.0335±0.0058	0.0344±0.0056	2.613±0.101
	长度/mm	12.612±0.718	15.865±0.739	14.475±1.148	19.221±1.143	
	中部厚度/mm	0.934±0.052	0.792±0.051	0.997±0.059	0.843±0.064	

三、高原鼠兔的历史种群分化

青藏高原西起帕米尔高原，东至横断山脉，北抵昆仑山 - 阿尔金山 - 祁连山，南连喜马拉雅山，平均海拔在 3000m（张镱锂 等，2002），具有复杂的地形地貌，冰川、山脉、湖泊、沼泽、河流和盆地众多，除以上提到的山脉外，高原内部还有唐古拉山、冈底斯山、念青唐古拉山、巴颜喀拉山、阿尼玛卿山等，高原内部被这些山脉分隔成许多盆地、宽谷和湖泊，盆地有柴达木盆地、共和盆地等，湖泊有青海湖、纳木错、班公错、郭扎错、阿其克库湖、鄂陵湖、扎陵湖等。此外，高原内部河流众多，如长江、黄河、澜沧江、怒江、雅鲁藏布江以及塔里木河等。种群的遗传结构和分化是物种形成过程中具有决定意义的一步，是研究微进化过程的核心内容（Turelli et al.，2001），高原鼠兔是陆生的小型哺乳动物，有一定的迁移扩散能力，但是难以跨越水体以及冰雪覆盖的山脉。青藏高原上的这些山脉、盆地、湖泊、河流形成的复杂独特的地理环境会形成在高原鼠兔迁移中的地理屏障，造成高原鼠兔各区域种群之间的分化。曾有学者分析了取自青藏高原 32 个种群的 245 只高原鼠兔 mtDNA 的 1616bp 片段，包括 Cytochrome b（Cyt b）、tRNAThr、tRNAPro 和 D-loop 的高变区（hypervariable domain I，HV I），结果表明，高原鼠兔在历史上经历了快速扩张，种群扩张事件估计发生在 0.24～0.03Ma，这个区间正好位于末次冰期最盛期之前的间冰期。这是因为间冰期内温度上升，冰川消退，给种群的迅速扩张提供了时间和场所，此结果从生物学角度上驳斥了 M. Kuhle 的“冰盖论”。高原鼠兔不同种群之间存在着从高原边缘种群到高原内部种群的单向性基因流以及高原内部种群之间的双向性基因流。推测这种特殊的基因流类型可能是最大冰期和末次冰期对高原鼠兔种群影响的不同程度所造成的。青藏高原最大冰期导致了高原鼠兔内部种群的灭绝，而在那些未被冰川覆盖的高原边缘区域，高原鼠兔又可能幸存下来，从而使这些边缘区域成为最大冰期时的避难所。在间冰期时，伴随着冰川的消退，高原鼠兔从这些处于高原边缘的避难所中逐步向高原内部扩散，形成了明显的单向性基因流。末次冰期时，青藏高原干旱的环境和高日照反射率限制了高原内部冰川的发育。高原鼠兔内部种群在末次冰期避难所中得以幸存，形成了双向性基因流。然而，末次冰期的山谷冰川阻碍了高原鼠兔内部种群与边缘种群之间的基因交流，没有形成反向的基因流。从系统分化树、各区域共享单倍型情况、基因流分析，都显示雅鲁藏布江以南的江孜、浪卡子种群与其他区域的种群最先分化出来，其次是柴达木干旱地带东北部青海湖流域的5个种群（青海湖种群、天峻种群、刚察种群、祁连山种群、海北种群）分化出来，说明雅鲁藏布江对高原鼠兔的基因交流形成了最强的隔离，柴达木盆地和共和盆地隔离作用中等，其余河流、山脉、湖泊等隔离作用不明显。在高原鼠兔的种群分化进程中，雅鲁藏布江由于形成年代久远，大部分流域冬天没有封冻期，形成了高原鼠兔种群之间最强的隔离；柴达木盆地和共和盆地由于沙漠化等原因不适合高原鼠兔生活，隔离作用中等；高原上的各种山脉、河流和湖泊，如祁连山脉、黄河、纳木错等并不对高原鼠兔的基因交流形成明显的隔离。这很有可能是由于高原鼠兔能从山脉的凹陷处穿越，在青藏高原腹地的河流湖泊冬天会结冰，而高原鼠兔没有储存食物过冬的习惯，冬天也出来活动，能穿越结冰的河流，所以无法形成隔离（刘翠霞 等，2013）。

第三节　高原鼢鼠的适应性与演化

高原鼢鼠（*Myospalax baileyi*）是青藏高原特有的一种专营地下生活的小型啮齿动物，主要分布于青海、甘肃南部及四川西部的高山草甸、高寒草甸、高山灌丛、农田、浅滩及荒地区域。以往的研究主要集中于对高原鼢鼠分类地位、形态特征、食性、繁殖、行为等宏观生态学的探讨，虽然有线粒体D-loop区标记的研究涉及高原鼢鼠群体遗传多样性及遗传分化，但较少的采样种群并不能完全反映该物种的系统地理格局。迄今为止对高原鼢鼠的种群历史动态变化及分化历史仍缺乏了解，包括种群现有分布格局、历史成因以及种群进化历程和可能存在的冰期避难所。根据线粒体细胞色素b和D-loop区直接测序的序列数据，运用种群遗传学和分子系统地理学方法，分析了187只高原鼢鼠在DNA水平上的遗传多样性、系统地理结构及种群历史动态，探讨了造成地域性种群分化的历史因素，推测该物种的冰期避难所，并通过形态指标多变量比较探究了高原鼢鼠不同地域种群的形态变异。主要研究结果如下：

高原鼢鼠的单倍型多样性、核苷酸多样性分别为0.9616±0.0049和0.0531±0.0257。与其他啮齿动物相比，该物种表现出较高的单倍型多样性，而核苷酸多样性很低，这可能与地下稳定生活环境减慢了核苷酸碱基替换速率有关。

AMOVA分析结果显示，显著性的多态性变异比例主要分布于群体间（76.3%～88.7%）和群内种群间（8.2%～20.7%），说明高原鼢鼠存在显著的系统地理结构与遗传分化水平。整个高原鼢鼠种群分化为两个大的血统，即青藏高原内部血统（Clade A）和青藏高原边缘血统（Clade B、C、D和E），五大地域性分支间双向基因流水平很低（N_m=0.03～0.12），表现为分支间平均每一百代仅有3～12只高原鼢鼠的交换，这种限制性的基因流可能与高原鼢鼠独特的地下挖掘取食行为有关。五大地域性分支的分歧时间大致处于20万～90万年期间，而这段时间正好是第四纪冰期的频发期。内在生物学特性决定的限制性基因流与外在冰期产生的距离隔离、生境片段化，是造成高原鼢鼠地域性种群分化及现有系统地理格局的主要原因。

多峰状的错配分布（mismatch distribution）极为显著正值的 Fu ’ Fs 检验结果说明，高原鼢鼠群体未经历近期的种群扩张事件；各地域性种群拥有独特的单倍型，分布区域互不重叠。Coalescent 模拟分析及验证结果表明，高原鼢鼠在末次盛冰期（last glacial maximum）存在 4 个冰期避难所，分别对应于四个地域性分化种群所在区域。

根据鼢鼠属（*Myospalax*）大致 500 万～1200 万年的化石时间，估计出鼢鼠线粒体细胞色素 b 基因的平均进化速率为 2.434%/Ma，95% 置信区间为 1.352%～3.493%/Ma。

高原鼢鼠有效种群大小（Ne）对进化时间（Age）的动态分析追溯了 33 万年以来的种群历史动态。33 万～16 万年期间种群波动强度最大，16 万～8 万年阶段种群大小基本趋于稳定分布状态，有效种群大小在 8 万年至今总体呈现缓慢下降趋势，充分证明倒数第二次冰期和末次冰期对高原鼢鼠种群历史产生了重要影响。

17 项形态测量指标的主成分分析和聚类分析结果一致，表明高原鼢鼠种群存在显著的地域性形态差异，分化产生两个无重叠分布的类群，两个类群呈现出两个不同的分化方向：一个方向表现为头骨较小，顶嵴、额嵴相对分开即颧弓扩张程度小，另一个方向则为头骨较大，顶嵴和额嵴相对靠拢即颧弓扩张程度大的趋势。

第二章

青藏高原主要啮齿动物的种类与地理分布

第一节　青藏高原主要啮齿动物的种类

啮齿动物属于动物界，脊椎动物门，脊椎动物亚门。目前我国分布的啮齿动物（啮齿目和兔形目）有 13 科，分别为松鼠科、鼯鼠科、跳鼠科、林跳鼠科、鼠科、仓鼠科、竹鼠科、睡鼠科、刺山鼠科、河狸科、豪猪科、兔科、鼠兔科。青藏区包括昆仑山以南及横断山脉以西的高原。啮齿目有高原鼠分鼠、喜马拉雅旱獭、大鼯鼠、黑尾鼠、藏仓鼠、短尾仓鼠、白尾松田鼠和锡金松田鼠。兔形目有高原兔、红鼠兔、高原鼠兔和罗氏鼠兔。啮齿动物的种类多、数量大、分布广，作为消费者是陆地生态系统的重要组成部分，对维持生态系统平衡具有重要的作用，其重要性主要表现在以下几方面：啮齿动物的搬运、扩散等活动影响植物群落，甚至会影响草地被干扰后的恢复过程；啮齿动物不仅是许多肉食动物的主要食物来源，而且是陆地生态系统食物链的重要环节；通过啮齿动物可以评价环境，是环境变化的指示者。因此开展啮齿动物的相关研究对生态系统的稳定具有不可替代的作用。

第二节　青藏高原主要害鼠生物学特性

一、高原鼠兔

学名：*Ochotona curzoniae*

别名：黑唇鼠兔、鸣声鼠、阿乌那（藏名译音）

科属分类：兔形目，鼠兔科（短耳兔科），鼠兔属

形态特征：体形中等，体长 121～206mm，体重 115～205g。上下唇缘黑褐色，耳小而短圆，耳壳具明显的白色边缘。背毛夏季土黄色，冬季灰白色，腹毛乳白色。后肢略长于前肢，前后足的指（趾）垫常隐于毛内，爪较发达，无尾。鼻骨狭长，前端膨大。额骨前端轻微凹陷，向前下方倾斜，中部隆凸，后端和顶骨向下方倾斜，侧视头骨明显呈弧形隆起。门齿孔与腭孔完全合并成一个大孔。上门齿 2 对，第一对强大而弯曲，第二对小而呈扁棒状。齿隙较长，通常超过上齿列长。上颌前臼齿 3 枚，第一枚较小呈扁柱状，第二枚较大，舌面具 2 个突出棱，第三枚与臼齿相似。上颌臼齿 2 枚，第一、二臼齿唇面具 2 个突出棱，第二臼齿舌面具 2 个明显的突出棱和 1 个很小的后突出棱。下颌门齿 1 对，前臼齿 2 枚，臼齿 3 枚（图 2-1）。

二、高原鼢鼠

学名：*Eospalax baileyi*

别名：瞎老鼠、瞎老、仔隆（藏语）

科属分类：啮齿目，仓鼠科，鼢鼠亚科，凸颅殿鼠亚属

形态特征：体形粗圆，躯体被毛，柔软具光泽。成体被毛呈棕灰色，毛尖裸红。平均体长约 197.1mm，平均体重 267.4g，雄体最大体重可达 490.0g 以上。吻短，眼睛退化，耳壳退化为环绕耳孔的皮褶，不突出于被毛外。尾短，其长度超过后足长，并覆有污白色密毛。四肢较短粗，前、后足上面覆以短毛；前足掌的后部具毛，前部和指部无毛，后足掌无毛；前足 2～4 趾发达，特别是第 3 趾最长，后足趾爪显著短小。鼻垫上缘及唇周污白色。额部无白色斑块。鼻骨较长，前端宽，后端窄呈梯形。两鼻骨前缘联合处的凹入缺刻很浅，鼻骨末端呈钝锥状，一般明显超过颌额缝水平，呈嵌入额骨之势。前颌骨下延包围门齿孔。两顶脊在前方不相合。枕脊强壮，枕中脊不发达或缺失。第三上臼齿具有较大的后伸小叶（图 2-2）。

图 2-1　高原鼠兔

图 2-2　高原鼢鼠

三、根田鼠

学名：*Microtus oeconomus* Pallas

别名：田鼠、经济田鼠

科属分类：啮齿目，田鼠科，田鼠属

形态特征：体重30g左右，体长88～125mm，尾长34mm，约为体长的1/3。体背呈灰黑棕色，腹面为淡棕黄色，尾背毛较短，背面黑棕色，腹面灰白色。头骨较宽大，颅全长约26mm，颧宽约14mm，为颅全长的1/2，眶间较宽大。足趾爪细而弱，后足较小，不足20mm。第一上臼齿两侧各具3个凸角，第二上臼齿的舌侧具2个凸角，唇侧有3个凸角，第三上臼齿舌侧有4个凸角，唇侧具3个凸角；第一下臼齿的横叶之前具4个封闭齿环，第五齿环与前方似新月形的小叶相通（图2-3）。

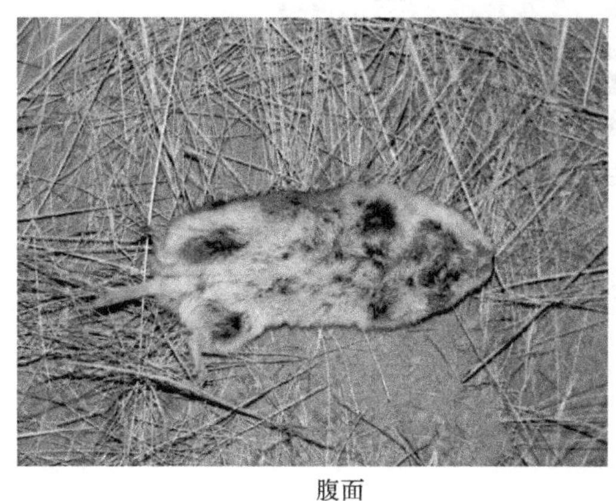
腹面

背面

图2-3 根田鼠

四、白尾松田鼠

学名：*Phaiomys leucurus*

别名：布氏松田鼠、拟田鼠、松田鼠

科属分类：啮齿目，仓鼠科，白尾松田鼠属

形态特征：体长89～130mm，尾特短，其长度为25～40mm，不及体长之30%左右。耳甚短小，不显露于被毛之外，其长约为体长的12.5%。四肢较短，足趾之爪强而有力。本种色调浅淡，与本属中深棕褐色种类易于区别。躯体背面毛色通常呈土棕色、沙黄色、浅赭色或暗灰褐色，毛基鼠灰色。背部还混杂或多或少的黑色长毛。体侧毛色较背部浅淡。体腹面毛基灰色，毛尖苍白或黄白色。尾单色或双色（常见幼体及亚成体），上面暗棕褐色、浅棕黄白色（单色者上下面一致）或暗褐色、下面黄色，尾梢具黄白色或浅棕褐色毛束。四肢足背面黄白色或污白色，爪黑褐色。头骨粗壮，脑颅至吻端不显著隆起。鼻骨短，前端膨大，后端窄小，眶上脊发达。颧弓粗大，向外扩展呈弧形。鳞骨之眶后凸较明显。腭骨甚长，超过颅全长之半。其后缘与翼状骨相联结。听泡甚大，其长接近颅全长之1/4左右。上门齿唇面无沟，略向前倾斜。第一上臼齿的横叶之后有4个齿环，第二上臼齿的横叶之后具3个齿环，第三上臼齿内外两侧各有3个角突。下颌臼齿后横叶之前具3个闭锁的三角形齿环，第四、五个齿环互相融合，并与小前叶连通。第二下臼齿的横叶之前具4个齿环，第三下臼齿由3条斜列齿环组成（图2-4）。

图 2-4 白尾松田鼠

五、甘肃鼠兔

学名：*Ochotona cansus* Lyon

别名：间颅鼠兔

科属分类：兔形目，鼠兔科（短耳兔科），鼠兔属

形态特征：平均体重超过 60g，体长平均 137～146mm，后足长 25～27mm，耳长 18～19mm。颅长 34～36.6mm，基长 28.5～31mm，颧宽 15.4～17mm，后头宽 15～16mm，眶间宽平均不到 4mm，听泡长 11mm，上颊齿列长 6～7mm。体背面毛色似藏鼠兔，但颈项（枕部后面）两侧毛色较淡；夏季体背面暗黄褐色，冬季灰黄色，体腹面也与藏鼠兔相似。但两侧较浅，近乎灰白色；喉部有黄褐色较深的横带，从中间向后延伸为一窄的黄褐色纵纹经胸腹至近肛门处。体侧面与体腹面毛色界线不明；前后足浅棕黄色，耳基有米黄色毛簇，耳上缘前部到耳基为黑色，耳背中部浅黄带灰色（图 2-5）。

六、甘肃鼢鼠

学名：*Myospalax cansus* Lyon

别名：瞎瞎、瞎狯狯、瞎老鼠、鼢鼠

科属分类：啮齿目，仓鼠科，鼢鼠亚科，凸颅鼢鼠亚属

形态特征：体型较中华鼢鼠小，稍瘦细。体长约 180mm，吻钝，眼小，耳壳退化，仅留外耳道，且被毛掩盖。毛色与中华鼢鼠相似，体背毛色为灰棕色，毛基深灰，毛尖浅棕色；腹毛深灰色，体侧与腹面无明显界限；鼻垫上部及唇周污白色；喉以下胸腹部至肛毛色暗灰、棕白或淡棕褐。尾较短，稍超出后足长，尾与后足近乎裸露，长有稀疏的短毛，外观可清晰见到皮肤。四肢短粗有力，前足爪特别发达，大于相应的趾长，尤以第三趾最长，是挖掘洞道的有力工具。头自鼻吻基部斜向眼前为白色块斑，此斑在眶前束缢，向后扩大与中央映灰，边缘毛尖白的椭圆形斑相结合，外形似较大的哑铃状。额脊明显发达，雄性个体左右额

脊靠近呈“八”形，眶上及枕中脊发达；鼻骨后缘缺刻较浅；枕骨上半部在人字脊之后突出较多（图2-6）。

图2-5　甘肃鼠兔

图2-6　甘肃鼢鼠

七、喜马拉雅旱獭

学名：*Marmota himalayana* Hodgson

别名：哈拉（甘肃、青海）、獭拉、雪猪、雪里猫

科属分类：啮齿目、松鼠科、旱獭属

形态特征：喜马拉雅旱獭是一种大型的啮齿动物。体长，雄体平均572mm（474～670mm），雌体平均486mm（450～520mm）；体重，9月雄体平均为6193g（4500～7250g），雌体平均为5192g（4500～6000g）。体躯肥胖，呈圆条形。头部短而阔，成体头顶部具有显著的黑斑，颅骨粗大，近乎扁平；眶后凸结实，其前方有1凹刻；脑颅有明显的矢状嵴；鼻骨后端远超出前颌骨后端和眼眶前缘，其前端稍超越上门齿前缘；腭骨后缘中间有尖突。耳壳短小，颈粗短。尾短而末端扁，长不超过后足的2倍。四肢短而粗，前足4趾，爪特别发达；后足5趾，爪不及前足发达。雌体有乳头6对。背毛深褐青黄色，并且有不规则的黑色散斑。腹毛灰而稍黑，在腹中央有橙黄色纵线，幼体呈灰黄色。鼻上面和两眼之间暗褐色至黑色；耳褐灰色或鲜赤褐色；尾暗褐色，或与体背面相似而尾端黑色（图2-7）。

图2-7　喜马拉雅旱獭

八、青海田鼠

学名：*Lasiopodomys fuscus*

别名：田鼠

科属分类：啮齿目、仓鼠科、田鼠属

形态特征：青海田鼠体形中等，约120mm，重约80g，耳小，尾短，爪强大。吻部

短，耳小而圆，其长不及后足长。尾长约为体长之1/4。四肢粗短，爪较强大，适应于挖掘活动。躯体背毛较长而柔软。鼻端黑褐色。体背毛暗棕灰色，其毛基灰黑色，毛端棕黄色，并混杂有较多黑色长毛。腹面毛色灰黄，毛基灰黑色，毛端淡黄或土黄色。耳壳后基部具十分明显的棕黄色斑。尾明显二色，上面毛色同体背，下面为沙黄色，尾端具黑褐色毛束。前后足毛色同体背或稍暗，足掌及趾（指）为明显的黑色。爪黑色或黑褐色。头骨较粗壮。上颌骨突出于鼻骨前端，鼻骨前端不甚扩大。眶间部显著狭缩，左右眶上嵴紧相靠近至相互接触。颧弓较粗壮。腭孔显，较粗大，腭骨后缘有小骨桥与左右翼骨突相连。上门齿斜向前下方伸出。上、下门齿唇面为黄色或橙黄色，舌面白色。第3上臼齿前叶甚小，其内缘不具凹角。第1下臼齿横叶之前有四个封闭的三角形齿环，第5个齿环常与前叶相通。第2下臼齿横叶前第3、4个三角形齿环常相通。第3下臼齿由3个斜列的齿环组成（图2-8）。

图2-8 青海田鼠

九、达乌尔鼠兔

学名：*Ochotona dauurica* Pallas

别名：蒿兔子、鸣声鼠、啼兔、青苔子、蒙古鼠兔

科属分类：兔形目、鼠兔科、鼠兔属

形态特征：达乌尔鼠兔是兔形目动物，上门齿2对，前面一对有很深的纵沟，后面一对很小。外形似鼠，体型短粗，四肢短小，体长一般170～200mm，耳壳圆形，耳高17～25mm，耳大，呈椭圆形，有明显的白色边缘。尾极小，隐于毛内。后肢略长于前肢，后足长27～33mm，须长44～55mm。颅全长39～47mm，颧宽19.2～22.7mm；腭长14.5～17mm；眶间宽3.4～5mm；鼻长约12mm，中部宽约4mm；听泡发达，长11.5～13.5mm。吻部上下唇为白色。颅骨上部呈拱形，额骨中部明显隆起。鼻骨较长，约为颅全长的29%，前端较窄，与后端及中部约等宽。眶间较窄，但超过鼻骨的宽。门齿孔与腭孔汇合呈长梨形，全长10～11.5mm。腭孔不甚宽。体毛颜色有季节差异。冬毛较长：体背面从鼻到尾基部浅沙黄色；耳背面黑褐色，其前缘有一白色毛束，耳缘带白色；足背面白色带淡黄色调；体腹面及四肢白色；喉部有1个土黄色毛区，像领圈，并向后延伸至胸部中间；前后足底有坚硬的短毛，前足的是白色，后足的稍带黄褐色。夏毛较短：体背面黄褐色；耳

后有一淡黄色毛区，耳内侧土黄色，边为黑褐色，周缘白色；体腹面也为白色，喉部也具有1条土黄色领圈和中间一长的淡黄色纵纹（图 2-9）。

十、中华鼢鼠

学名：*Myospalax fontanieri* Milne-Edwards

别名：原鼢鼠、瞎瞎、瞎老、瞎狯、仔隆（藏语）

科属分类：啮齿目，仓鼠科，鼢鼠亚科，凸颅鼢鼠亚属

形态特征：体形粗短肥壮，呈圆筒状。体长 146～250mm，一般雄鼠大于雌鼠。头部扁而宽，吻端平钝。无耳壳，耳孔陷于毛下。眼极细小。四肢较短，前肢较后肢粗壮，其第二与第三趾的爪接近等长，呈镰刀状。尾细短，被有稀疏的毛。全身有天鹅绒状的毛被，无针毛，毛色呈灰褐色，夏毛背部多呈锈红色，但毛基仍为灰褐色；腹毛灰黑色，毛尖亦为锈红色；吻上方与两眼间有一较小的淡色区，有些个体额部中央有一小白斑；足背部与尾上的稀毛为污白色。整个头骨短而宽，有明显棱角；鼻骨较窄，幼体额骨平坦，老年个体有发达的眶上脊，向后与颞嵴相连，并延伸至人字嵴处。鳞骨前侧有发达的嵴；人字嵴强大，但头骨不在人字嵴处形成截切面；上枕骨自人字嵴向上常形成两条明显的纵棱，向后略为延伸，再转向下方。门齿孔小，其末端与臼齿间没有明显的凸起。听泡相当低平。第三上臼齿后端，多一个向后方斜伸的小突起。而内侧的第一凹入角不特别深，因而与第二下臼齿极相似，只是稍小一点（图 2-10）。

图 2-9 达乌尔鼠兔

图 2-10 中华鼢鼠

十一、灰仓鼠

学名：*Cricetulus migratorius* Pallas

别名：仓鼠

科属分类：啮齿目，仓鼠亚科，仓鼠属

形态特征：体形中等大小，体长 70～120mm；尾长约为体长的 30%；后足长 16～18mm；耳长 15～21mm。颅长 24～30mm；眶间宽 3.9～4.5mm；鼻骨长 7.9～11mm；听泡长 4.7～6mm。灰仓鼠毛色个体差异较大，一般体躯背毛黑灰或沙灰色，毛基深灰，毛

尖黄褐或黑色。幼体背毛灰色调较成体明显，年龄愈老，沙黄色愈明显。体侧毛色较浅，具沙黄色调。腹部毛基灰色，毛尖白色，有些个体亦杂有全白色毛。背、腹毛色界限在体侧明显。喉部、胸部毛全为白色，后肢外侧与背部相同。耳背面具暗灰色细毛，耳廓内部较浅。尾毛上下同色，被灰白色或浅黄褐色短毛。头骨狭长，鼻骨亦长。额骨隆起，眶上嵴不显，眶间平坦。顶部扁平，顶骨前方的外侧角前伸达眶后沿，其端部不向内弯曲。顶间骨发达，略呈等腰三角形。枕骨略向后凸，枕髁明显超出枕骨平面。腭孔小，其后缘不达臼齿前缘水平线。翼内窝达臼齿列后缘，听泡小。门齿细长，臼齿具两纵列齿突，前面两个相对称，后面一个独立。

十二、五趾跳鼠

学名：*Allactaga sibirica* Forster

别名：跳兔、蹶鼠、驴跳、硬跳儿

科属分类：跳鼠科，五趾跳鼠亚科，五趾跳鼠属

形态特征：体型较大，是我国跳鼠科中体形最大的一种，体重95～140g；体长120～198mm。外耳大，约为40mm，眼大而圆。后肢很长，为前肢的3～4倍，后足长60～80mm；后足具五趾，故名五趾跳鼠。第一、第五趾甚短，达不到中间3趾的基部。中趾略长，第二和第四趾约等长。中间3趾跖骨愈合。尾粗壮而长，尾长（不含尾端长毛）172～226mm，约为体长的1.5倍，末端呈“旗”状。颅全长34～41.5mm；颧宽22.6～27.8mm；后头宽19.5～21.6mm；鼻骨长13～17.4mm；眶间宽约11mm；听泡不大，长约9mm，宽约5.7mm；上颊齿列长6.4～8.5mm；下颊齿列长6.2～8.6mm。夏天额部、顶部、体背面和四肢外侧的毛尖一般为浅棕黄色，有灰色的毛基。由于一部分毛具有沙黄色短毛，同时灰色毛基也常显露于外，因而总体上具有明显的灰色调。耳的内外侧边缘具有沙黄色短毛。颊部与体侧亦为浅沙黄色。尾基上方淡棕黄色，腹面污白，末端具黑色和白色长毛构成的“旗”，黑色部分呈环状，其前方的一段尾毛为污白色。吻部细长，脑颅无明显的嵴，顶间骨甚大，宽约为长的2倍。眶下孔极大，呈卵圆形，其外缘细小。门齿孔甚长，其末端超过上臼齿列前缘。颧弓纤细，后端比前端宽得多，由垂直向上的分支，沿眶下孔外缘的后部伸至肋骨附近。颚骨上具有卵圆形小孔1对，其位置与第二上臼齿相对。下颌骨细长而平直。角突上具有卵圆形小孔（图2-11）。

十三、褐家鼠

学名：*Rattus norvegicus* Berkenhout

别名：大家鼠、沟鼠、挪威鼠、褐鼠、白尾吊、粪鼠

科属分类：啮齿目，鼠科，大鼠属

形态特征：体形粗大，体重65～400g，体长145～250mm。尾短粗，短于体长，长95～230mm。耳短而厚，长12～25mm，向前折不能遮住眼部。后足长23～46mm，粗壮。颅全长33～52.6mm；颧宽14.8～25.8mm；乳突宽13.8～19.4mm；眶间宽6.2～7.6mm；鼻骨长10.8～20mm；听泡长5.8～9mm；上颊齿列长6.8～7.9mm。染色体数：$2n$=42。该鼠种在各地的毛色亦有个体差异。背毛棕褐色至灰褐色，毛的基部颜色深灰，毛的尖端棕色；背

中部、头部颜色较其他部位深。老龄鼠通常呈赤褐色。腹毛灰白色；足背毛白色。尾毛短而稀，尾部鳞片组成的环节明显。明显特征是尾毛二色，上为黑褐色，底面牙白色，故广东等地称它为白尾吊；但也有些个体尾上下两色不甚明显，几乎全为暗褐色。褐家鼠偶尔会有全身白化或黑化现象。大白鼠即系由褐家鼠白化个体繁殖传代而来。雌鼠乳头6对，胸部2对，腹部1对，鼠鼷部3对。头骨粗大，颅骨的顶骨两侧颞嵴几乎平行，幼体的尚呈弧形；颧宽为颅长的47.7%～49.7%；鼻骨相当长，其后端约与前颌骨后端在同一水平线或稍超出或不及。门齿孔达第一上臼齿基部前缘水平。上臼齿具三纵列齿突，横嵴外齿突趋向退化，第一上臼齿的第一横峰外齿突不明显，齿前缘无外侧沟；听泡长为颅长的17%（图2-12）。

图2-11 五趾跳鼠

图2-12 褐家鼠

十四、小家鼠

学名：*Mus musculus* Linnaeus

别名：鼷鼠、米鼠、小老鼠、小耗子

科属分类：啮齿目，鼠科，小鼠属

形态特征：小型鼠类。体重7～20g，体长一般50～100mm；尾略长于或略短于体长，长为36～87mm；足长14～18mm，耳长10～15.5mm；颅长19～23mm；颧宽9.5～11.6mm；乳突宽8.5～10mm；眶间宽3～3.6mm；鼻骨长6.5～7.7mm；上颊齿列长3～3.7mm。毛色变异亦较大，背毛由棕灰、灰褐至黑褐色，腹毛由纯白色至灰白、灰黄色。前后肢背面为灰白色或暗褐色。尾背面为棕褐色，腹面为白色或沙黄色，但有时不甚明显。头骨的吻部短，眶上嵴不发达，颅底较平，顶间骨甚宽，门齿孔长，其后缘超过第一上臼齿前缘的连接线，听泡小而扁平。下颌骨喙状突较小，髁状突出发达。上门齿后缘有一缺刻，上颌第一臼齿甚大，最末一个臼齿较小，因此，第一臼齿的长度大于第二臼齿和第三臼齿长度的总和。

十五、高原兔

学名：*Lepus oiostolus* Hodgson

别名：灰尾兔、长毛兔

科属分类：兔形目、兔科、兔属

形态特征：体型较大，背毛柔软，底绒丰厚。耳长超过颅全长，前折时明显超过鼻端。

臀部毛短，且和体色不同，呈灰色，故又称灰尾兔。夏毛体背为暗黄灰色，没有明显的红棕色。额与鼻部中央毛色极暗，在这一区域中毛基部为棕灰色，中部位沙黄色，毛尖黑色且很发达，其间并杂少量全黑色长毛，因而黑色色调较浓。鼻部两侧和眼周围的毛色较浅。吻端具极长的须，最长者可达耳基部。冬毛长而密，背毛微呈卷曲状。头顶、耳背和体背部中央呈浅灰棕色。从背部至体侧毛色渐淡而黑斑消失。双颊、眼周及耳与眼之间的部位呈浅灰白色。耳的内侧覆有沙黄色毛，耳背为白色，耳尖黑色，颈背、脊部和臀部为浅灰色。躯体腹面除前胸呈土黄色外，均为白色。尾背中央具一灰色长斑，其余部分为白色但有灰色毛基。前肢为极淡的棕黄色，后肢外侧为棕色，足背白色。头骨粗大，成体颅全长不小于 90mm。鼻骨的最大长度和额骨中缝几乎相等，但中部较窄。额骨低平，两侧有极发达且向上斜伸的骨棱。眶后突极大，并明显向上翘起，因而其外缘显著地高于眶间额骨的部分。从头骨的侧面观察，眼眶的高度显著大于其他兔种。门齿孔后部的外侧 1/3 处显著外凸，腭骨长度明显小于翼骨间宽。听泡小而低，听泡宽仅为两听泡间距离的 60%，下颌关节面较大，关节突出略向后伸。上颌第一对门齿前具深沟，且偏于内侧，因而牙齿在沟内侧的部分很窄，并且明显地高于沟外侧部分。第一上前臼齿前侧的棱角不明显。下齿列的长度显著地小于下颌齿隙的长度（图 2-13）。

图 2-13 高原兔

第三节 青藏高原主要啮齿动物的地理分布

啮齿动物的分布总是与一定的地理环境相联系的。它们所生存的空间尽管随着时间的推移在不断变化，但在一定的时间内其分布范围相对稳定。环境越适宜啮齿动物生存，其发生危害的可能性越高，防治的难度也越大。另外，同一地理区域又共栖着多种啮齿动物，它们彼此间形成十分复杂的相互关系，并以此构成特定的区系。研究了解啮齿动物分布的特点，对于制定防治对策十分必要。

啮齿动物对环境的适应能力强，且数量众多，常常成为动物群中的优势种和常见种。以它们为代表性种类，叙述我国生态地理动物群，不仅有理论意义，而且与鼠害防治有直接关系。我国有 7 个基本的生态地理动物群，青藏高原动物群中的柴达木盆地属于温带荒漠、半荒漠动物群，其余部分都属于高地森林草地 - 草甸草地、寒漠动物群。

一、温带荒漠、半荒漠动物群

温带荒漠、半荒漠动物群广泛分布于内蒙古西部、新疆的准噶尔盆地和塔里木盆地、河西走廊和柴达木盆地以及各个山地的荒漠、半荒漠地带。境内海拔多在1000m左右，柴达木盆地达3000m左右，地势较平坦而多沙漠、盆地和盐湖，而且大部分为内陆河流。年温差大（33.8～40℃），日温差亦大（可达20℃），夏季白昼炎热而夜间寒气逼人。荒漠的主要特征是降雨量少，气候干燥，为典型的大陆气候。年降水量均在250mm以下，一般都不足100mm。主要植物有白刺、琐琐、骆驼刺、红砂、柽柳、沙拐枣、麻黄和锦鸡儿等旱生灌木。在半荒漠带以针茅、狐茅及蒿属等植物为主。在高山山麓有雪水灌溉之处是农业发达的荒漠绿洲。

荒漠动物的穴居生活、冬眠和夏眠、储粮或善于奔跑等习性，比草地动物有了进一步的发展。小型动物具有耐旱的生态生理特点，能直接从植物体中取得水分和依靠特殊的代谢获得水分，并在减少水分的消耗方面有一系列的生理生态适应机制。夜行动物的百分比也较高，同种动物的个体数量很多，个别种的数量具有周期性的变化。荒漠、半荒漠啮齿动物，无论种类或数量均以沙鼠和跳鼠两个类群为主。前者主要栖息于沙质荒漠，后者主要栖息于砾质荒漠（戈壁）。沙鼠有5～6种，其中以子午沙鼠分布最广，整个荒漠、半荒漠地带均有，并向黄土高原北部森林草地延伸，垂直分布于海拔低于海平面150m的吐鲁番盆地至青海高原3000m左右的柴达木盆地和湟水河谷地，能栖息于多种环境，群体不大，在西部地区（新疆、青海和甘肃西部）为普遍的优势种，在东部地区（宁夏东部、内蒙古西部）则让位于长爪沙鼠。大沙鼠主要分布于准噶尔盆地和河西走廊，最东至集二线一带，在琐琐灌丛中特别多，对琐琐有大的破坏作用。柽柳沙鼠的分布类似于大沙鼠，但最东只分布于河西走廊西部，数量不多。红尾沙鼠分布局限于天山北麓和东疆局部地区，是半荒漠的种类，常成为优势种。短耳沙鼠分布局限于塔里木盆地南缘的狭长地带，数量不多。跳鼠有11种之多，分布广泛，数量最多的是五趾跳鼠和三趾跳鼠。五趾跳鼠在荒漠、半荒漠和干草地均有，并见于柴达木盆地和青海东北部高山草甸（3000m以上），向南可伸至黄土高原北部，但不见于南疆，栖息环境一般避开沙丘。三趾跳鼠的分布与五趾跳鼠大致相似，但包括南疆而不见于祁连山的高山草甸，一般多栖于沙丘环境。其他种类如长耳跳鼠、地兔、小五趾跳鼠、羽尾跳鼠、五趾心颅跳鼠等，分布比较狭窄，主要局限于中蒙交界的砾质荒漠、半荒漠地带，只有少数地区数量较多。

一般说来，在开阔盆地和平原的大部分地区，小型兽类成分均比较单纯，除跳鼠和沙鼠以外，普遍分布的只有野兔、鼹形田鼠、灰仓鼠和小毛足鼠等，通常均不形成优势。山麓和低山半荒漠地带，小型兽类组成比较复杂，红尾沙鼠、兔尾鼠、黄鼠在不同地区可成为优势种，天山山麓还有林姬鼠、田鼠自高山草地沿湿润地段下伸。兔尾鼠有数量急剧波动的特点，在内蒙古西部、准噶尔盆地周围（黄兔尾鼠）和天山西部山间盆地（草原兔尾鼠）的半荒漠环境中，均有过由于数量暴增而形成严重灾害的记载，黄鼠数量波动较小。柴达木盆地的啮齿动物，种类较单纯，数量不多，有子午沙鼠、长耳跳鼠、五趾跳鼠、三趾跳鼠、荒漠毛跖鼠等。主要分布于青藏高原高山草甸环境的高原兔、白尾松田鼠和长尾仓鼠亦见于此。在局部水草丰富的地方，白尾松田鼠的密度较高。绿洲环境适于许多小型兽类的栖息，子午沙鼠、红尾沙鼠、灰仓鼠、跳鼠、林姬鼠、田鼠等，均甚为常见。农地开垦使原来的荒漠动物数量减少或只存在于小片未垦地中，同时小家鼠、林姬鼠、灰仓鼠、普通田鼠的数量有所增加，赤�黄鼠、沙鼠、跳鼠亦侵入农田。

二、高地森林草地－草甸草地、寒漠动物群

该动物群分布在青藏高原及其周围毗连的高山，包括北部的帕米尔、天山，南部的喜马拉雅和东部的横断山脉等高山带。青藏高原的东南边缘，森林与草地交错，自然环境比较复杂，动物的栖息条件较好。但从整体来看，分布最广的环境是高山草地和高寒荒漠。

高山草地的气候寒冷而风大，全年无夏。高原内部和高海拔地区，植物生长期只有2～3个月，草类生长矮小，草地的分布比较分散，对动物的生活有较多的限制，动物比较贫乏。高地森林草地和草地动物，不但在区系关系上与内蒙古草地接近，而且在生态特点上亦与内蒙古草地相似，动物的穴居、冬眠、储草和迁移等习性得到进一步强化，而群聚动物大量密集的现象，没有内蒙古草地那样普遍。寒漠地带气候更为严酷，空气稀薄，栖息条件更为恶劣。寒漠动物群主要由少数适应于高寒条件的种类所组成，特有种极少。青藏高原的东南边缘属于高地森林动物群。啮齿动物中的优势种和常见种主要属于草地成分。其中有些种类属于广布种，有些则属于狭布种。如主要生活于草地的高原兔、喜马拉雅旱獭、中华鼢鼠、长尾仓鼠和松田鼠等也栖于灌丛、林缘或林间草地。根田鼠同时栖于森林和草地。在植被条件单纯的条件下，往往由单一种类栖居，形成栖地专一化现象，如在高山灌丛中以山柳（阴坡）、浪麻为主时，只有狭颅鼠兔；而根田鼠则仅仅栖息于以金蜡梅（阳坡）为主的生境中。鼠兔的栖地分化现象甚为明显，如在横断山脉北部至东祁连山一带，藏鼠兔栖于林缘和林间草地；间颅鼠兔栖于草甸草地和灌丛；狭颅鼠兔栖于高山灌丛；红耳鼠兔除森林外广泛栖息；高原鼠兔几乎栖息于各种环境中。高山环境对啮齿动物数量的影响很明显，例如，在东祁连山区的草甸草地上，植物丰富，啮齿动物的种类较多，主要吃植物的绿色部分。营群聚生活的旱獭、鼠兔和营地下生活的鼢鼠成为优势种，其中以高原鼠兔数量最多，是主要的草地害鼠。在比较湿润的草甸草地上，中华鼢鼠很多，亦严重破坏草场。长尾仓鼠的数量亦不少。青藏高原西北部，特别是羌塘高原，属于寒漠动物群，动物种类不多，啮齿类动物中以高原兔和高原鼠兔最普遍。高原鼠兔在不少地区数量很多，其次是旱獭、白尾松田鼠和藏仓鼠等。白尾松田鼠是藏北高原谷地草甸中常见的种类，在一些地方数量很高，对草地有很大的危害。

第三章

青藏高原主要啮齿动物生态学特性

第一节　高原鼠兔生态学特性

高原鼠兔是常年生活在高寒地区的一种草食性哺乳动物，昼行性、穴居，是生活在青藏高原海拔3000～5000m的特有物种，在植物群落组分、物种多样性及种子传播等多个方面起积极作用，在高寒草甸生态系统物质循环和能量流动中也具有重要作用，因而被视为青藏高原高寒草甸生态系统中的关键种。同时，高原鼠兔数量的激增具有一定的危害性，对草地生产力和畜牧业的发展造成损失。因此，草原主管部门会在高原鼠兔发生危害时进行防治，这就需要我们更详细地了解其生态学特性。

一、栖息地

栖息地也就是高原鼠兔生活的地方，也称为生境。影响高原鼠兔栖息地选择的因子有很多，有遗传、食物、气候、天敌和地貌等。从生物学的角度来说，动物的行为大都会通过基因遗传给后代。高原鼠兔的挖掘活动和植食性特征使其作用集中表现在对植被和土壤的影响上，研究表明鼠兔的挖掘活动对植物群落特性产生影响。土壤是啮齿动物筑洞的主体，土壤温湿度、紧实度、质地、有机质等对鼠类的分布具有重要影响。研究表明高原鼠兔对土壤特性存在特殊要求。然而在鼠类活动对植物与土壤产生影响的同时，也会受到来自植被与土壤对其的反作用。

（一）地貌

生境条件的不同将会影响高原鼠兔的分布，通过对相关数据的分析得知，在一个小流域中，从山顶到湿地空间尺度上，高原鼠兔有效洞口数表现出先增加后降低的趋势，高原鼠兔有效洞口数分别为（图 3-1）：山顶（888±215）个 / 公顷、坡地（2104±483）个 / 公顷、滩地（1400±296）个 / 公顷、湿地（80±80）个 / 公顷（张海娟，2016）。同时在调查研究中发现，高原鼠兔还喜欢在阳坡生活。

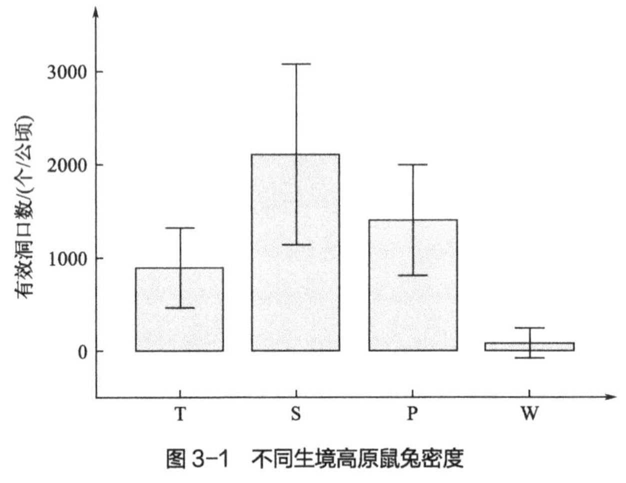

图 3-1　不同生境高原鼠兔密度

T—山顶；S—坡地；P—滩地；W—湿地

（二）土壤

高原鼠兔对栖息地土层厚度的选择偏好主要集中于 30～70cm 的范围内，土层过薄（< 30cm）或过厚（> 70cm）的选择概率极小。如果土层过薄，不能满足其保暖、洞系结构、坚固性、安全性等的基本需要，即使其他条件再好，也不可能成为高原鼠兔的可栖之地。轻壤土、黏壤土和砂壤土均为可选的土质，但比较而言，又以轻壤土质最为理想。因为黏壤土过于紧实而坚硬，建筑难度和能量付出较大，而砂壤土土质又在稳定性和坚固性上略显不足，只有轻壤土质介于二者之间。土壤有机质不仅是土壤肥力状况的重要指标，也是决定土壤质地、土壤保水能力、土壤黏着力和可塑性的影响因素，因此，土壤有机质含量对判定高原鼠兔生境适合度及其选择取向无疑具有一定的指示意义。高原鼠兔总体上更倾向于低有机质含量的土壤环境，这一结果一方面印证了草原鼠害由草原退化所引发，且随草原退化程度的上升而增加的基本理论（卫万荣 等，2013）（图 3-2）。

（三）气候

气候变化主要体现在降水与温度两方面，对物种的生存、繁殖有重要影响。气温的季节性、最冷月最低温、最湿季平均气温、最干季平均气温、最湿季降水量等因子对高原鼠兔分

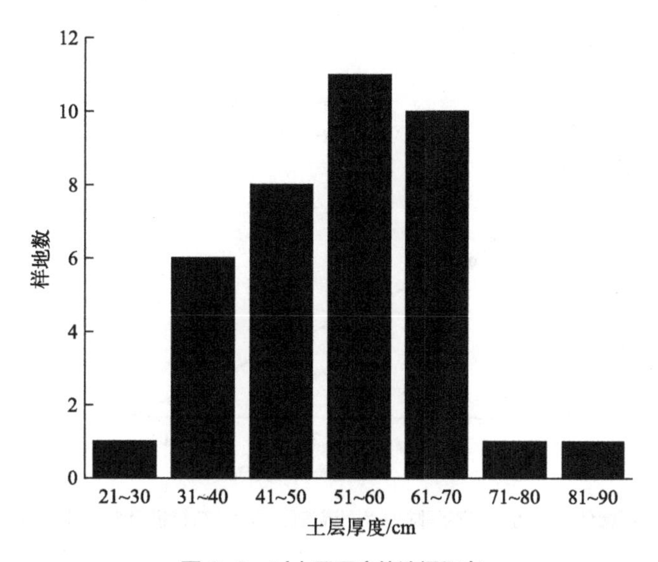

图 3-2　对土层厚度的选择取向

布有重要影响。高原鼠兔分布在高海拔地区，其本身对温度降水响应十分敏感，较温暖的气温有利于高原鼠兔生存，气温的降低使得植被生长缓慢，对高原鼠兔采食造成一定影响，不利于其生长繁殖。高原鼠兔栖息地选择也受土壤 pH、有机质及容重的影响，过于干燥的土壤温度较高，过于潮湿的土壤易滋生微生物，所以土壤含水量太低或太高均不利于高原鼠兔掘洞居住。不同土壤水分区间里高原鼠兔的洞口密度存在显著差异（$p < 0.05$），高原鼠兔洞口密度在土壤含水量为 20%～25% 的区间里最高，不同地表温度区间里高原鼠兔的洞口密度也存在显著差异（$p < 0.05$），高原鼠兔洞口密度在生长季陆地表面温度为 28.5～29℃的区间里最高（郭新磊 等，2017）（图 3-3）。

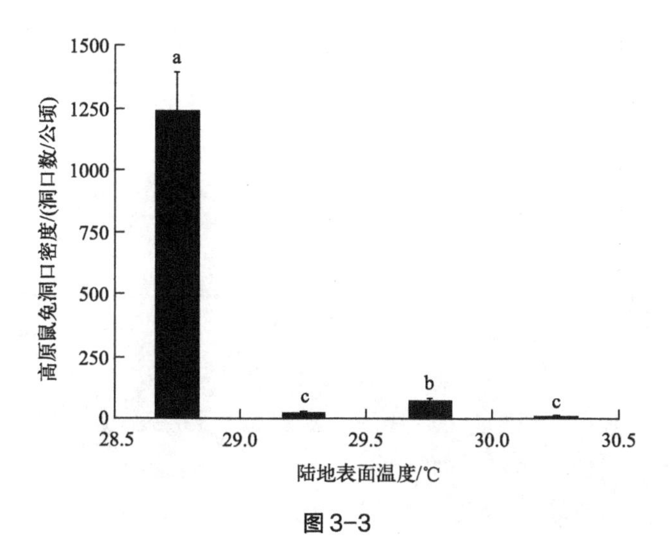

图 3-3

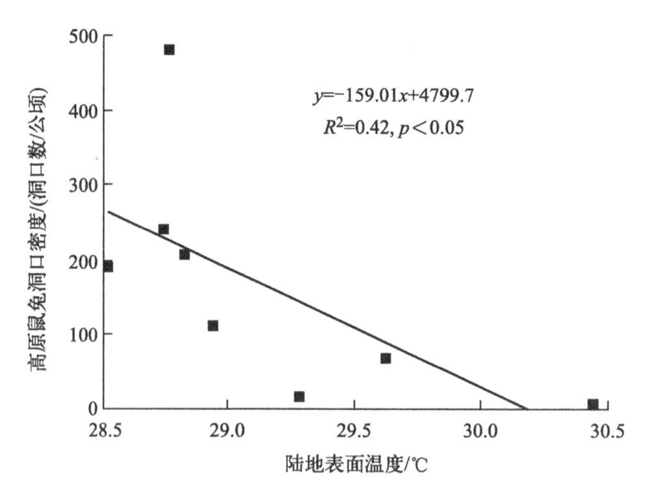

图 3-3 高原鼠兔洞口密度在不同陆地表面温度区间的分布特征及与陆地表面温度的关系

(四)天敌

捕食风险也影响动物栖息地的选择和利用。动物在选择栖息地时，首先考虑栖息地所存在的捕食风险的大小，其次考虑的才是栖息地中食物资源的分布情况及食源的丰富程度。啮齿动物为躲避天敌而选择的栖息地也不是最佳的觅食地，而是隐蔽场所较多或捕食风险较小的区域。高原鼠兔的天敌主要分为两类，一类是食肉目小型哺乳动物，另一类是猛禽类，包括黄鼬、藏狐、香鼬、艾虎、黄鼠狼、荒漠猫、兔狲、大鵟、猎隼、红隼、游隼、高山兀鹫等。生长高的牧草被高原鼠兔看作捕食风险之一，因此选择高草较少的生长区域栖息，开阔视野，可以应对猛禽类的捕食。当地面植被盖度物增多后，就会缩短地面停留时间，对洞道内部的利用时间开始增长，通过躲藏天敌的方式降低食肉目小型哺乳动物捕食风险。但是在十分饥饿的状态下，高原鼠兔也会冒着较大的捕食风险，在捕食风险存在的区域活动。所以高原鼠兔在选择栖息地时会避开高草区，它会选植被高度低、盖度小的区域，这样高原鼠兔在活动期间视野开阔，能及时地避开天敌的捕捉，降低捕食风险（图 3-4）。

(a) 艾虎

(b) 黄鼠狼

(c) 猎隼

(d) 秃鹫

图 3-4　鼠类天敌

二、食性与食量

（一）食性

高原鼠兔是典型的植食性动物。对不同的植物和植物的不同部位有不同程度的适口性，同时，在不同的栖息地中采食的植物种类也是不同的。有研究表明，高原鼠兔对早熟禾、扁穗冰草、棘豆、披碱草、异穗苔草、高山嵩草、针茅、阿尔泰紫菀、多裂委陵菜、多枝黄芪等植物尤为喜食。植物的叶、茎、花、种子及根均可取食，对鲜嫩多汁的部位尤为嗜食。不过喜食程度与植物的丰富度有一定关系，丰富度愈大，取食频次愈高。对有些植物喜食程度随季节的变化而变化。如针茅，6 月喜食，7 月取食较差，8 月基本不喜食。

（二）食量

高原鼠兔的食量很大，一只成年鼠兔日平均采食鲜草约 77.3g，是其体重的 50% 左右。1 只成年鼠兔在牧草生长季节的 4 个月中，可采食牧草 9.5kg 之多。高原鼠兔混合种群（含幼体、亚成体、成体、老体）的采食量每只每日 66.0g，相当于成体采食量的 85.4%。

三、繁殖特征

青藏高原大部分是高寒草甸草原区，由于气候严酷，一年只繁殖一胎。只有在东部海拔低、气候温暖的草原区，有 31.2% 的成年雌鼠可以二次怀胎，但是因处于繁殖后期，雌鼠连续妊娠哺乳，营养不足，体质差，吸收、死亡胚胎的现象占 24%，且幼鼠寿命短，因此二次怀胎对增加后代、扩大种群的作用不大。在种群数量极低的情况下，当年出生的幼鼠进入亚成体组龄时，约有 19.0% 的个体可以怀胎参与繁殖，但幼仔成活率很低。高原鼠兔一般 3 月中旬开始发情、交配，4～8 月为生育期，繁殖盛期在 5 月上旬至 7 月上旬，每胎产仔 1～9 只，3～6 只者居多，占孕鼠的 91.0%。西部地区每胎平均产仔 3.56 只（±0.95 只），东部地区每胎平均产 4.68 只（±1.29 只）。生殖能力与种群性比有一定关系，经测定，青南高寒草甸区两年统计平均，雌鼠在种群中占 60.5%（玛沁大武）；环湖西部草甸区两年统计平均，雌鼠在种群中占 53.4%（共和铁卜加）和 53.5%（天峻快尔玛）；环湖东南部草甸区两年统计平均，雌鼠在种群中占46.8%（泽库多福屯）。

根据笼养观察刚出生的幼鼠体被稀疏茸毛，体重7.59g（±1.49g），体长54.00mm（±5.78mm），出生9～10d开眼，12～13d初具视力即出洞活动，此时幼鼠体重25.04g。15～20d的幼鼠基本可以独立活动，母鼠每天定时哺乳以助发育。30d以上的幼鼠采食与活动频繁，生长迅速，完全独立生活。80d以上达到性成熟，体重基本稳定，可以参加繁殖。最大寿命为2～3年（957d），平均寿命（生态寿命）119.9d（4个月）。

四、洞穴结构

高原鼠兔营群居洞穴生活，通常为1雌1雄及子代同居一穴，平均2.7只（最多4只）。根据洞穴结构分为简单洞系（临时洞）和复杂洞系（栖居洞）。

（一）临时洞

临时洞可分为夏秋临时栖居洞和避难洞两类（图3-5）。

夏秋临时栖居洞：洞穴较浅（最深33cm），洞道较短（4.5～8.8m），平均有2.61个洞口，少弯曲分支，无窝，结构简单。作白天休息、隐蔽、避难用或作便洞。幼鼠分居外迁，首先占用此洞。

避难洞：夏秋临时栖居洞的前期阶段，洞穴不深，洞道很短（总长0.66～3.29m），洞口1～2个，结构非常简单。常作短时隐蔽、避难用，很少有鼠兔在此过夜，冬春季多作便洞，常见洞口被粪土封堵。

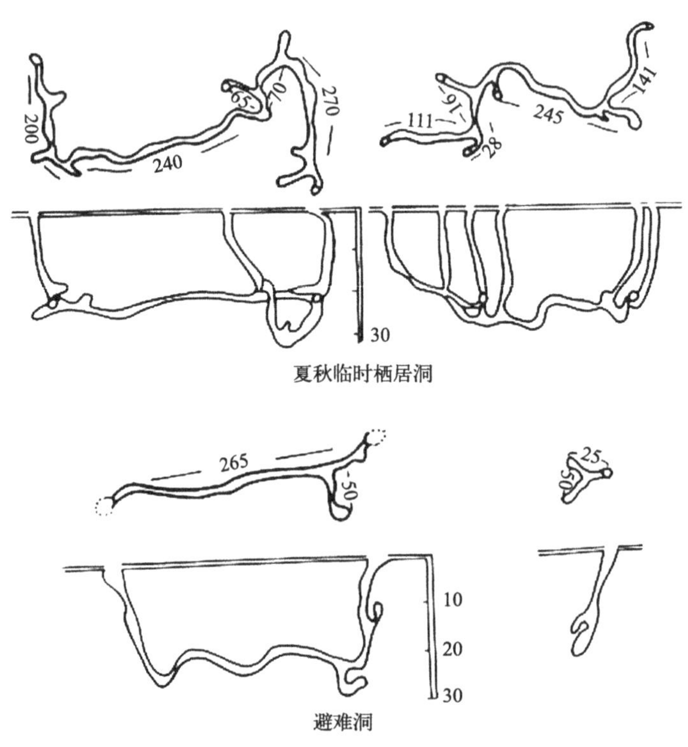

图3-5　高原鼠兔临时洞系结构（单位：cm）

（二）栖居洞

产仔育幼场所，占地面积大，洞道长，平均 41.65m，最长达 97.61m 以上，平均深度 40.5cm，最深 60cm。洞道多分支，形成相互沟通的网络，有些形成盲洞，平均有 6.2 条，有洞口平均为 5.6 个，最多可达 13 个，洞径 8～12cm，部分洞系的洞道呈上、下两层。有一主巢室，处于最深处，平均离地面 44.8cm，为越冬育幼场所，巢内铺有柔软的枯草，羊毛、牛毛等。在冬季，为挡风御寒，提高洞穴温度，鼠兔有封堵洞口的习性，总洞口数较夏季为少。

五、分布

高原鼠兔为青藏高原特有种，广泛分布于甘肃南部、四川西北部以及西藏等省区，青海省各州、县均有发生、危害，主要分布于海拔 3000～5000m 的高山草甸、河谷阶地、山麓平原等地，尤其适生于高寒草甸等植被低矮稀疏的开阔生境。

第二节　高原鼢鼠的生态学特性

高原鼢鼠是青藏高原特有的营地下生活的鼠种，是典型的独居性动物，主要分布在高寒草甸和高寒草原区。近年来，受人为及气候变化等因素的影响，青藏高原部分地区高原鼢鼠种群数量显著上升，生态平衡格局遭到破坏，原有的草畜（鼠）的动态平衡格局被打破，草原鼠害不断加剧，导致草地生产力逐渐下降，生物多样性丧失。在高原鼢鼠危害严重的地区，土壤母质被推到地表后，变成裸露的上丘，经风蚀以后逐渐形成次生裸地（鼠荒地、黑土滩），严重威胁着青藏高原草地生态环境安全。但是，作为青藏高原生物多样性的重要组成部分，高原鼢鼠在草地生态系统物质循环和能量流通中有着独特的地位和功能，被喻为高寒草甸生态系统中的“生物工程师”。因此，高原鼢鼠在草地生态系统中的多重属性，对草原保护工作提出了更高的挑战。

一、栖息地

（一）海拔

海拔对物种分布有重要影响。物种在海拔梯度的分布格局存在多种模式，包括单调递减、双峰格局、先平台后递减和单峰分布格局等模式。以往研究主要对高原鼢鼠分布的海拔范围进行定性描述，而对于高原鼢鼠在海拔上的分布格局鲜见报道。本书基于所调查的范围，通过定量分析高原鼢鼠分布比例与海拔的关系，发现高原鼢鼠分布与海拔呈单峰响应关系。高原鼢鼠分布在海拔 2800～4600m 的范围，主要分布在海拔 3000～4000m，而海拔低于 2800m 或高于 4600m 的地区，高原鼢鼠基本没有分布（楚彬 等，2020）。海拔梯度由于综合了温度和降水等因素，对植被类型产生了重要影响。海拔低于2800m的地区，大部分是人工草地种植的饲料植物；而海拔高于4600m，主要是高寒草原和高寒荒漠草原，植物主要以寒旱生的丛生禾草和荒漠半灌木为主。对于以杂类草为食的高原鼢鼠来说，这些地区由于缺乏高原鼢鼠喜食的植物种类，从而限制了其分布范围，而海拔3200～3800m主要是高寒草甸区并且杂类草也相对丰富（图3-6）。其次，不同海拔下大气中的氧气含量有明显差异，有研究表明，高原鼢鼠洞道内氧气含量随海拔升高在不同季节均显著下降，而二氧化碳含量显著上升。虽然高原鼢鼠有耐低氧高二氧化碳的显著特点，但是过高或过低的氧气浓度会严重影响高原鼢鼠生理和代谢等方面，不利于其生存（张小刚，2016）。

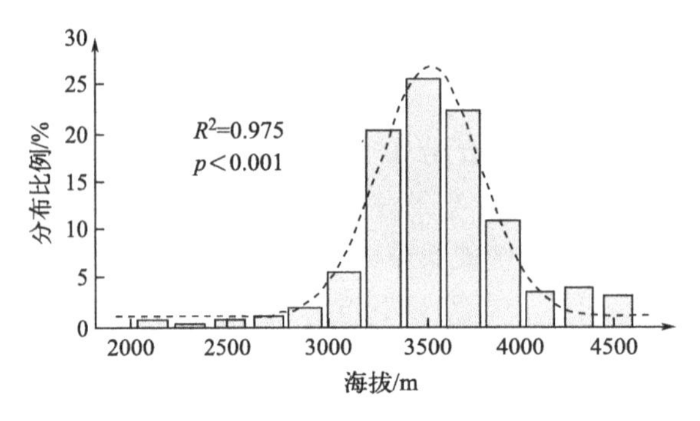

图3-6 高原鼢鼠在海拔的分布（楚彬等，2020）

（二）土壤

高原鼢鼠分布区的土壤性质主要是草甸土和山地栗钙土，土壤厚度在60cm以上，土壤结构疏松，含砾石颗粒少，土壤较湿润，含水量一般在40%～55%，为高原鼢鼠的主要活动地。土壤比较坚实或土层较薄的地区，虽有少量分布，但其巢和主洞道仍利用微地形筑于土层较深之处，在土壤过分潮湿的沼泽或湿地，也有零星分布，但其巢和主洞道建造在地势较高、土壤水分适中的微地形。除植物作为食物影响高原鼢鼠对栖息地选择外，土壤也是重要的栖息地选择因素。因为土壤不仅影响到高原鼢鼠挖掘的能量消耗，也直接影响植物物种分布和生长。在地理尺度下，发现土壤水分含量、土壤容重、土壤黏粒含量和土壤砂粒含量与高原鼢鼠分布呈单峰响应关系。在微生境尺度下，发现高原鼢鼠喜欢选择在土壤紧实度和容重相对较低，而土壤含水量相对较高的区域。土壤物理性质，主要是土壤紧实度和含水量，是影响高原鼢鼠栖息地选择的首要因素。

二、食性与食量

高原鼢鼠日食鲜草量约为264g，主要取食菊科、蔷薇科、十字花科、蓼科等杂类草的轴根、根茎、块根，也常将植物的茎叶拖入洞中取食或在巢内铺草。对禾本科植物，只少食根茎和嫩叶。饲喂实验和挖掘高原鼢鼠粮仓表明，在最常见的集中草地植物中，最喜食珠芽蓼、狼毒、棘豆、异叶青兰、猪毛蒿、多裂委陵菜、阿尔泰狗娃花、二裂委陵菜、细叶亚菊等根及茎部分。高原鼢鼠主要喜食杂类草的根茎等部分，有研究表明杂类草生物量与高原鼢鼠的种群密度成正比。高原鼢鼠营地下生活，通过挖掘洞道来获取食物，此过程需要消耗大量能量，因此在觅食过程中需要权衡能量代价和收益，杂类草通常具有膨大根茎，其营养也较为丰富，能为高原鼢鼠提供充足的能量。

三、繁殖特征

高原鼢鼠1年繁殖1次，交配活动在初春进行。当土壤刚刚冰冻消融，地面便开始出现新土丘，表明鼢鼠开始出巢活动。此时雄鼠大多睾丸硕大，阴囊下垂，说明进入繁殖期。雄鼠不仅地面活动开始早，而且非常活跃。从主巢位置向四周大量挖掘洞道，伸向邻近雌鼠巢区，洞道系统呈线形分枝状，这将增加沟通雌鼠洞道的机会。1只雌鼠巢区内有时会先后出现2只雄鼠，这种情形仅见于交配期，说明其婚配方式可能为杂婚式。约7d后，雌鼠才相继出巢活动。雌鼠发情期不甚一致。雌鼠活动范围较小，每日到主巢外活动的时间亦短，一般仅2～3h，且多在黄昏前后。雄鼠则往往远离主巢，经常出现在邻近雌鼠巢区。4月中下旬至5月中旬是交配高峰期，此时雄鼠活动范围大、活动时间长，有时达10h以上。5月15日前后，雄鼠的洞道仍保持畅通，而雌鼠巢区内大部分洞道已被堵塞。说明雌鼠在交配后封堵大部分洞道，不再与雄鼠来往。鼢鼠的交配活动是在雌、雄鼠洞道交会处完成的。雌鼠交配后形成长约1cm的柱状凝冻样阴道栓，可作为发情雌鼠已完成交配并进入初孕期的标志。妊娠期约40.4d，平均产仔数2.91只。

四、洞穴结构

通过对观察箱内鼢鼠活动记录和摄像分析，高原鼢鼠在掘洞过程中有挖土、扒土、踢土、推土、拱土、取食和对洞道的修缮活动7种行为模式。上述行为成分组合，往往以相同的顺序循环出现，直至一洞道建成。每只鼢鼠1年挖土1t左右，对草地土壤的破坏十分严重。

如图3-7所示，高原鼢鼠洞系结构十分复杂，一般可分为取食洞道、交通洞道、朝天洞和主巢等部分。取食洞道距地表约6～10cm，洞径7～12cm，是取食活动中挖掘的洞道；交通洞道距地面约20cm，是由主巢至取食洞道的比较固定的通道，洞壁光滑，洞径较粗大，在洞道附近常建有储藏食物的洞室；交通洞道下方、主巢上方是洞径明显变窄的朝天洞，一般每一洞道系统有1～2条向下连接主巢的朝天洞道；主巢，距地面约50～200cm，在主巢中有巢室、仓库与“便所”，巢室较大，直径15～29cm，内垫干燥柔软的草屑，仓库内储存有整理有序的多汁草根、地下茎等食物。

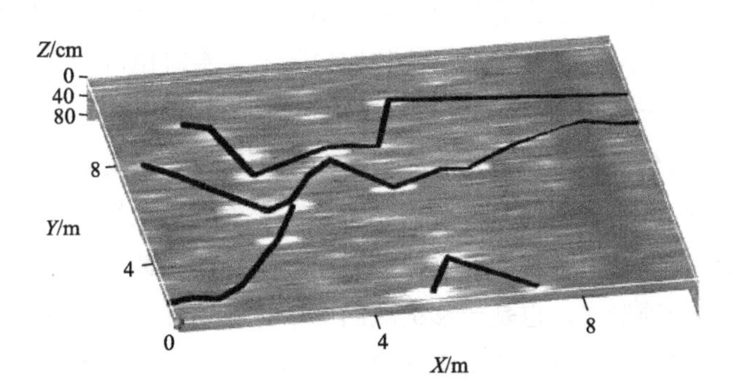

图3-7　高原鼢鼠地下洞道分布情况（张午朝等，2020）

上述各种洞道都是组成巢区的基本因素。经测定，除繁殖期雄性鼢鼠比雌性巢区面积明显大外，其他季节无明显差异，但不同的季节巢区面积大小不同。一般雄性巢区春＞秋＞夏＞冬，春季巢区最大为 1625m^2，平均为 635.7m^2。而雌性巢区秋＞夏＞春＞冬，秋季最大的巢区面积为 500m^2。鼢鼠巢区相互隔离，一般不重叠，仅在交配期雌雄洞道系统才相互串通或部分交叉。雌雄巢区在空间分布上常常呈间隔分布，彼此为相关的一种镶嵌格局。高原鼢鼠巢区变化有利于其采食、储粮和繁殖。巢区集中于土壤疏松湿润、排水良好、杂类草大量滋生的环境。因此，原生植被破坏严重和撂荒地为其最适生境。

五、活动规律

高原鼢鼠虽终年生活在黑暗的洞道中，但与其他许多哺乳动物一样，都具有季节和日活动规律，且与气候和食物条件的变化有着密切的关系。据无线电遥测和剖洞观察，高原鼢鼠一年四季均有活动，表现为交配繁殖、哺乳育幼、分居储粮、巢内越冬等不同的活动时期。其中活动高峰有两次：一次是 4～5 月的繁殖期，雌鼠以修缮主巢、储备产期食物为主进行大量挖掘、采食活动，雄鼠则扩大活动范围，挖通与雌鼠的洞道，寻觅雌鼠交配以完成繁育后代的任务；一次是 9～10 月的储粮期，此时幼鼠已分居独立生活，成幼雌雄均各自大量储藏越冬食物。盛夏鼢鼠活动明显减弱，入冬后挖掘活动逐渐减少，11 月下旬当土层冻结深度超过 20cm 后，鼢鼠往往数日不出主巢或仅在午后出巢近距离活动片刻（不超过 30min）。12 月冬末至次年 3 月，冻土层深达 0.5～2m 后，鼢鼠只限于巢内生活。根据春、夏、秋、冬四季对标记鼠跟踪监测，鼢鼠一日中大部分时间都是在主巢内度过的，其中冬季越冬期几乎为 100%，夏季哺乳期约 90%（平均每日出巢活动 2～3h），在活动频繁的春末繁殖和秋末储粮期出巢活动时间也仅占 25%。年内活动高峰期间挖掘采食活动为双峰型，即活动高峰分别出现在每日 00∶00～07∶00（占全日活动总频次的 21.6%）和 15∶00～22∶00（占全日活动总频次的 65.3%）。活动低谷期间挖掘采食活动为单峰型，活动高峰出现在每日的 12∶00～22∶00 之间，通常每天日落前数小时内采食活动达到高潮，而且大多数个体在距地表 10～20cm 的浅层洞道中挖掘采食活动。夏季紧贴地表将牧草拉入浅洞取食。

鼢鼠除雌性驻守原洞道外，当年幼体及雄性个体在夏秋季早晚有出洞到地面活动的习性，尤其夜间拱出地面后不易被人们发现。夏、秋两季是鼢鼠地面活动的重要季节，它们在地表浅层活动时，常常拱破土层将头和前半身探出洞外，啃食洞口周围牧草的地上部分。成鼠警觉较高，有时在地面采食数分钟后很快将洞口封堵，有时出洞后在地面静闻瞬间，若周围无动静即迅速向前爬行一段距离，或在草丛中暂时隐蔽，或在土壤松软处试探性向下挖掘，当迁移到数百米甚至上千米外适宜的环境时，即快速挖掘洞道建立新居。幼鼠与母体分居时，经验不足，往往直接窜到地面取食牧草，并在一夜间离主巢迁移数十米到数百米，开始挖掘新的洞道系统。鼢鼠由于视力退化，到地面活动行动迟钝，易遭天敌袭击取食。但到地面活动既是取食的一种形式，也是迁移扩散的一条重要途径。因为从地面扩散比地下挖掘洞道迁移速度快、距离远，有更多的机会寻找适宜的栖息环境，有利于种群的扩散。雄鼠与幼鼠的大量转移，可能对于避免近亲繁殖有积极意义。

六、年龄及生活史

依据不同日龄体重变化可划分4个生长阶段。①快速生长1期：出生至35日龄。出生时平均体重9.0g，35日龄时平均体重为43.2g。②快速生长期：36～60日龄。平均体重达116.0g，此期体重增长速度超过快速生长1期。③缓慢生长期：60～85日龄，平均体重123.0g。④中速生长期：85～100日龄，平均体重146.3g。体重仍有增加，尚未达到成体体重。

初生幼鼠仅能头尾活动，可反可正，常发出轻微的吱吱声；8日龄可爬出巢；22日龄仔鼠开始追随母鼠外出活动；30日龄可舔自己肛门并开始取食；39日龄已能出巢单独活动；43日龄时巢外活动频繁；45日龄仔鼠相互打斗戏耍；50日龄前后离乳，开始独立生活；60日龄前后出现母子在同一饲养笼中分居，相遇时有前肢打斗或相互躲避现象；70日龄左右为年轻个体，在野外栖息地上，系与亲鼠分居时期。高原鼢鼠的寿命一般为4～5年。

七、分布

高原鼢鼠是青藏高原的特有种。在甘肃河西走廊以南的祁连山地、甘南高原、青南高原以及川西北部均有分布。常分布于海拔2800～4500m的森林边缘、灌丛、草甸草地和农田、草坡地区。

第三节　根田鼠的生态学特性

根田鼠体形中等大小，较普通田鼠略大而粗壮，体毛蓬松，体长约为105mm，后足长19mm左右，尾长不及体长一半，但大于后足长的1.5倍。体背毛深灰褐色乃至黑褐色，沿背中部毛色深褐；腹毛灰白或淡棕黄色，尾毛双色，上面黑色，下面灰白或淡黄；四肢外侧及足背为灰褐色，四肢内侧色同腹部。头骨较宽大，颅全长约26mm，颧骨相当宽大，颧宽约14mm，为颅全长的1/2，眶间较宽大。第二上臼齿内侧有两个突出角，外侧有三个突出角；第一下臼齿最后横叶之前有四个封闭三角形与一个前叶；上齿列长约6.8mm，短于齿隙之长度。足及四肢均较短，无颊囊。地栖种类，挖掘地下通道或在倒木、树根、岩石下的缝隙中做窝。

一、栖息地

根田鼠栖息于海拔2000～4500m的山地、森林、高寒草原、高寒草甸、灌丛草甸等地带。农田、苗圃绿洲中亦有少量分布。筑洞穴居，洞道较简单，大多为单一洞口。筑窝于草堆、草根、树根之下方。个别个体筑有外窝。以植物的绿色部分为食，冬季挖食植物之根部、块茎幼芽、种子。营昼夜活动之生活方式。天敌主要为鼬类、狐和狼、猛禽类。

二、食性与食量

根田鼠春季以植物的绿色部分为食，夏季主要以禾本科植物的种子为食，秋冬季挖食植物之根部、块茎、幼芽、种子等，日采食量为38g，具有储藏食物的习性。根田鼠9月下旬开始收集植物材料并带进洞内，储存、收集的植物材料包括披碱草属、苔草属、线叶嵩草、羊茅等。储存食物一直要持续到10月末或次年月初停止地面活动之前。

三、繁殖特征

根田鼠一年繁殖3～4次，每胎通常3～9仔，平均5仔。繁殖期与各地的气候条件密切相关，在青海4月初进入繁殖期，其繁殖盛期为5～8月，9月停止繁殖。各年龄组的生殖能力有较大的差异，0.5～1年龄组的雌鼠生育能力最强，怀胎率和胎仔数也是最高的。2年以上的雌鼠在种群中是特别少的，并且已经失去生殖能力。一般根田鼠的寿命是1～2年。

四、洞穴结构

根田鼠的洞系构造复杂，每洞系有2～5个以上的洞口，洞口直径约2.5cm，小而密集，洞口与地面垂直。洞道弯曲而多分支，洞道总长度大多在270～700cm，每洞系有巢1～3个。粮仓的深度为35～45cm，可容纳干草量为1.0～1.5kg。刚储存好的粮仓，其内容物缠绕结实，中间留有一些根田鼠身体恰好可以钻过的通道。根据粮仓体积和剩余食物量推测，利用量都超过1/2～2/3。根田鼠在储存和利用越冬食物方面，实行家庭成员共同参与、共同分享的原则。

五、活动规律

根田鼠主要集中在白天活动，由早晨5:30至晚上8:45在地面上觅食、采食、清理皮毛、游走活动或短时间静坐。活动具有明显的节律性，属昼期小节律，节律周期为2.8h左右；5月下旬牧草返青初期，正值根田鼠繁殖期，其在巢外活动时间为8.33h，占全天时间的34.7%。此时约有45%的雌鼠妊娠或哺乳，故需要较长时间的摄食以补充能量的消耗，雌鼠活动时间明显长于雄鼠；牧草生长盛期只有12.5%的雌鼠妊娠或哺乳，加之草本层植物生长茂盛，易觅食，故在巢外活动时间减少为7.3h，占全天时间的30.4%；牧草枯黄期气候寒冷，根田鼠已完全停止繁殖，在巢外活动时间大幅减少，约为4.7h，仅占全天时间的19.6%。

六、分布

根田鼠在陕西、甘肃、宁夏、四川和新疆等省区均有分布，青海省主要分布在海北、海南、海东、海西、果洛、玉树及黄南，是一种喜冷喜湿的北方型动物，其典型生境为潮湿地段，如溪流沿岸、灌丛草地、河滩、泉水溢出地带和沼泽草甸等。

第四节 喜马拉雅旱獭的生态学特性

喜马拉雅旱獭别名哈拉、雪猪，属于啮齿目、松鼠科、旱獭属的一种大型地栖啮齿类哺乳动物，体呈棕黄褐色，具黑色细斑纹，体型粗壮而肥胖，尾短。喜马拉雅旱獭为穴居、群居动物，洞巢成家族型，是青藏高原特有种，主要分布在青藏高原以及与中国接壤的尼泊尔等国的青藏高原边缘山地，为该区域内鼠疫的主要储存宿主，是青藏高原区域鼠疫预防的重点监控对象。

一、栖息地

喜马拉雅旱獭是青藏高原草甸草原上广泛栖息的动物，栖息于1500～4500m的高山草原，它们的数量不因草甸草原上不同的植被群落而发生显著的变化，主要受地形的影响。山麓平原和山地阳坡下缘是喜马拉雅旱獭数量集聚的高密度地区，阶地、山坡上和河谷沟壁为中等，其他地区均为少数或没有。在平地上，它的分布多呈弥漫形，即在大面积上比较平均；在山坡、谷地和丘陵地带，往往沿着等高线呈带状分布，也有在小片生活条件优越的地块密集的情况。

二、食性与食量

喜马拉雅旱獭主要采食草本植物来维持基本的生存，对洞口附近的草较少取食。在自然界中，对于放到洞口的多类食品（包括青草）均不取食。喜食带有露珠的嫩草茎叶、嫩枝。偶尔也会捕捉一些昆虫与小型啮齿动物作为食物，有时也会到农作区附近偷食青稞、燕麦、油菜、洋芋等作物的禾苗、茎叶。初春时候，青草尚未发芽，喜马拉雅旱獭也会挖食草根。

三、繁殖特征

喜马拉雅旱獭一年繁殖一次，出蛰后不久即进入繁殖期，开始交配，交配期延续1月左右。妊娠率不高，妊娠獭常只占成年雌獭一半，妊娠率与年龄呈抛物线关系，4～6年龄獭妊娠率最高。妊娠后可能产生死胎，平均每只妊娠獭出现1只死胎。年产1胎，怀孕期约为35天，每胎2～9只幼仔，以2～4只为最多。仔獭常于哺乳期死亡，因而仔獭数明显低于胚胎数。6月底即可见到幼仔出洞活动，十分活跃，取食频繁。幼体与母兽一直生活至第2年的7月才分居出去独立生活。喜马拉雅旱獭3岁性成熟，但每年参与繁殖的雌性个体，仅仅占性成熟雌性个体总数的50%～60%。

四、洞穴结构

旱獭洞分为临时洞和栖居洞，栖居洞又分为冬洞和夏洞两种类型。冬洞的内部结构比较复杂，有几个洞口，洞口前面有土丘。洞口又被分为外洞口与内洞口，外洞口的直径是40cm左右，内洞口的直径在20cm左右。洞道的形状类似于大半圆，由洞口开始慢慢向下倾斜，逐渐和地面平行。洞穴内垫着厚厚的干草。洞内温度比较稳定，窝巢内四季的温度均保持在0℃以上，但不超过10℃。喜马拉雅旱獭一般只会筑一个窝巢。冬洞与夏洞都可以作为繁殖与休息的场所。临时洞内部构造比较简单，只有室而无窝巢。洞道的长度不超过2m，大约有1～2个洞口，多分布在栖息洞和觅食场所周围，作躲避天敌之用，亦可作为夏季中午的歇凉地。凡是有旱獭栖居的洞穴，洞口宽广结实，光滑油润，无草，出入践踏的足迹明显，有强烈的鼠臭味，入口处有新鲜的粪便，夏季有蝇出入；废弃洞陈旧而半塌陷，洞口生有杂草或被蛛丝所封；临时洞洞口较小，洞壁上的爪痕明显，出入处有足迹，有时亦有粪便（图3-8）。

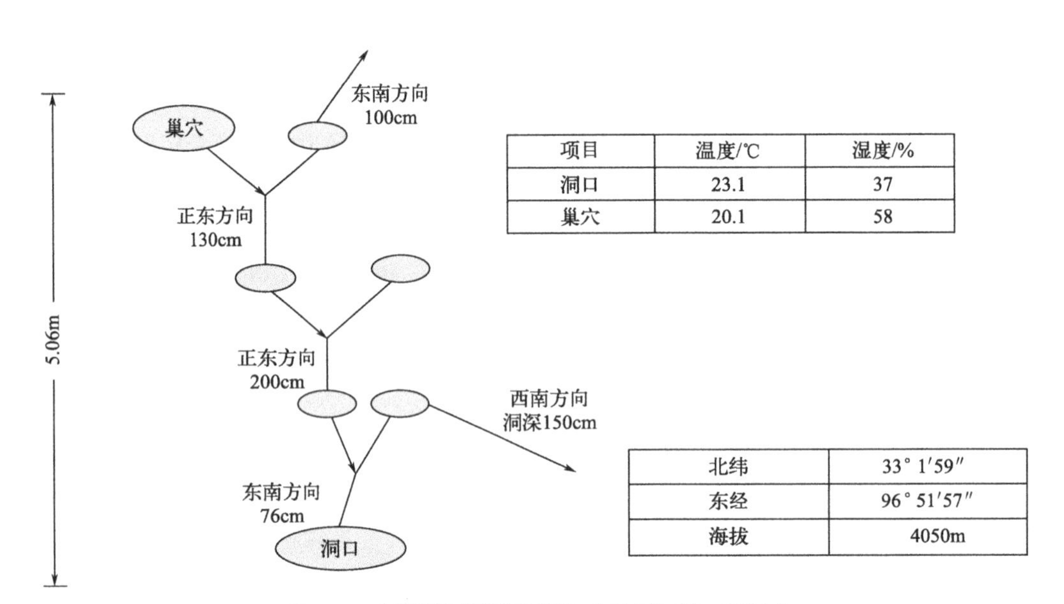

图3-8 喜马拉雅旱獭洞道结构（郭文涛 等，2022）

五、活动规律

喜马拉雅旱獭营白昼活动。初春出蛰时，待日出，地面气温较高后，出洞先取暖，后寻食；午间也在洞外趴伏，日落前，即入洞。夏季天暖后，则晨曦和黄昏时期出洞较多。雨雪（春雪）时尚有活动的。冬季入洞冬眠，冬眠时洞口堵塞。活动范围常以巢域为中心，活动半径一般不超过500m，有较固定的路线。能直坐，善于远眺瞭望，听觉发达，较难接近，发现异物时，作“咕比咕比”叫声，呼叫不已；当接近时，即钻入洞里。喜马拉雅旱獭为群居动物，洞巢为家族型。每一个家族都是由一对异性亲獭与仔兽组成。有时数个家族聚居，曾在一洞中发现冬眠旱獭24只。在夏季也有一洞一兽情况。它们共同居住于一个洞穴之中，幼崽性成熟后离开。喜马拉雅旱獭有冬眠习性，自春末即开始积脂供越冬生理上的需要。出入蛰时间取决于当地的物候，一般从 9 月份开始入蛰，至 10 月中旬入蛰完毕，翌年 4 月至 4 月底开始出蛰。入、出蛰时间基本上取决于牧草枯黄与返青时间。毛在出蛰后发灰，且针毛尖磨折较为显著。每年换毛一次。春末夏初开始换毛，毛先从背部开始换，后扩展到两侧和臀部，再及头部、尾部和四肢，至秋初入蛰前新毛全部长成。

六、分布

喜马拉雅旱獭是青藏高原的特有种，主要分布于中国的青海高原、西藏高原、甘肃祁连山地、甘南、新疆、滇西北，以及内蒙古西部的阿拉善盟。中国以外分布于喜马拉雅及喀喇昆仑山南坡的克什米尔、尼泊尔、不丹和印度北部。

第四章

啮齿动物在草地生态系统的功能与作用

第一节　草地生态系统的一些基本概念

一、草地生态系统食物链

草地生态系统是指在中纬度地带大陆性半湿润和半干旱气候条件下，以多年生草本植物为主要生产者的陆地生态系统。草地生态系统具有防风、固沙、保土、调节气候、净化空气和涵养水源等生态功能。草地生态系统是自然生态系统的重要组成部分，对维系生态平衡、地区经济、人文历史具有重要地理价值。

不同类型的草地生态系统具有不同的外貌景观，其环境条件和生物种类组成也不一样，但任何生态系统都可以分为生产者、消费者、分解者和环境四个部分，前三者为生物成分，后者为非生物成分。生物成分包括植物、动物和微生物；非生物成分包括土壤、水、无机盐类和二氧化碳等。

（一）生产者

草地生态系统中生产者的主体是禾本科、豆科和菊科等草本植物。其中优势植物以禾本科为主。如高寒草原针茅属具有“草原之王”之称。禾本科植物的叶片能够充分利用太阳光能，能忍受环境的激烈变化，对营养物质的要求不高，还具有耐割、耐旱、耐放牧等特点。这些草本植物是草地生态系统中其他生物的食物来源，也是草地生态系统进行物质循环和能量循环的物质基础。气候对草地生态系统的生产者组成有明显的影响。温带草原以耐寒耐旱的多年生草本植物占优势，如针茅属、羊茅属等，并混生耐旱的小灌木；高山高原草地生态系统以非常耐寒的矮生草本植物占优势，并经常混生一些垫状植物和其他高山植物；热带亚热带稀疏草地生态系统以黍族禾草为主，并混生一些耐旱的乔木和灌木。

（二）消费者

消费者是草地生态系统中的异养生物，直接或间接依赖于生产者生产的有机物质为营养来源。按其在营养级中的地位和获得营养的方式不同可分为草食动物和肉食动物。

① 草食动物，是直接采食草类植物来获得营养和能量的动物，如一些草食性昆虫（蝗虫、草地毛虫）、啮齿类动物（高原鼠兔、高原鼢鼠、黑线仓鼠、达乌尔鼠、莫氏田鼠、五趾跳鼠等）和大型食草哺乳动物（野兔、长颈鹿、黄牛、牦牛、绵羊、山羊、野马、野驴、骆驼、斑马等）等。草食动物又被称为一级消费者或初级消费者。

② 肉食动物，是以捕食草食动物来获得营养和能量的动物，以捕食为生的猫头鹰、狐狸、鼬、蛙类、狼、獾等占优势。这些以草食动物为食物的动物又被称为二级消费者或次级消费者。

（三）分解者

分解者为异养生物，其作用是把动植物残体的复杂有机物分解为简单无机化合物供给生产者重新利用，并释放出能量。草地生态系统中的分解者是一些细菌、真菌、放线菌和土壤小型无脊椎动物如蚯蚓、线虫等。它们在草地生态系统的物质循环中起着非常重要的作用，没有它们，物质循环将停止，生态系统将毁灭。

（四）非生物环境

非生物环境指无机环境，是草地生态系统的生命支持系统，包括：草地土壤、岩石、砂、砾和水等（构成植物生长和动物活动的空间）；参加物质循环的无机物和化合物（如碳、氮、二氧化碳、氧、钙、磷、钾）；连接生物和非生物成分的有机质（如蛋白质、糖类、脂肪和腐殖质等）；气候或温度、气压等物理条件。草地生态系统是系统中生物与生物、生物与环境相互作用、相互制约、长期协调进化形成的相对稳定、持续共生的有机整体。

草地生态系统是以饲用植物和草食动物为主体的生物群落与其生存环境共同构成的开放生态系统。该系统分为人工草地生态系统和天然草地生态系统两大类，是农业生态系统的一个组成部分。全世界植物生物量中约有 36% 来自草地生态系统。草地生态系统不仅为人类提供大量的动植物产品，也是地球生物圈不可缺少的生态屏障。草地的基本结构由生存环境、生产者、消费者和分解者构成。植物 - 草食动物 - 肉食动物形成生态系统中的食物链，众多的食物链构成食物网。它的基本功能如下：①开放功能；②适应功能，可自我调节，适应环境；③排序功能，使系统内各组分之间保持一定的层次及结构模式，以保证在运动过程中存在具有不可逆转的能流和元素流的流程网络；④反馈功能，可反作用于自身，对全系统的各个部分发生不同程度的影响。生物之间通过采食与被采食、捕食与被捕食的食物关系，结成一个整体，就像一环扣一环的链条（食物链）。食物链上的每一个环节叫作营养级。每一种生物种群都处在一定的营养级上，只有少数种兼两个营养级。食物链是生态系统中能量流动的渠道。由于各级消费者的情况不同，一般把食物链分为捕食链、寄生链与腐生链。弱肉强食，这是动物界普遍存在的以捕食方式形成的食物链，称为捕食链。动物以寄生方式形成的食物链，称为寄生链。专以动植物尸体为食物形成的食物链，叫作腐生链或残体食物链。另外，还有一个通常易被人们忽视的食物链，即碎屑食物链。草地生态系统的动物，有专门吃植物的草食动物，也有专门吃动物的肉食动物，有的既吃植物又吃动物，叫作兼食性动物。各种食物链并不是孤立的，往往纵横交织，紧密地联结在一起，形成复杂的多方向的食物网。

啮齿动物是各种自然生态系统中的重要组成成分，也是重要的功能类群，它们既是消费者，又是被食者和能量的传播者，在生态系统的物质循环、能量流转和信息传递过程中起着重要的作用。在食物链的能量传递过程中，它们不仅从植物中获得物质和能量，而且从草食性无脊椎动物、肉食性无脊椎动物中获得物质和能量；它们是肉食性兽、禽的物质和能量的供应者，同时它们的排泄物和遗体归还大地，又为微生物提供了物质和能量。在一般情况下，由于啮齿动物体形较小、物质消耗较大、能量转化较快，在一定程度上加速了物质和能量转化的作用；它们的挖掘活动能翻松土壤，它们的粪便和食物残余增加了土壤腐殖质的含量，有利于植物的生长；啮齿动物还能使土壤向着脱盐和脱碱的方向发展。

二、草地植物生产力

在一定的干扰强度下，啮齿动物对植物的适度啃食不会引起植物生产力的降低，还有可能提高其生产力。因为，适度啃食可能使植物有一个最适的叶面积指数以获得最大生产力。此外，最近发现小型哺乳动物对植物叶片的机械性损伤以及唾液口腔颌下腺的某种因子，可引起植物净光合速率的变化以对啃食产生补偿作用。另外，小哺乳动物的活动及粪便利于养分循环及地表植物枯枝落叶的分解，从而刺激了净生产量的增加。但是啮齿动物过量的活动会导致植物生产力大幅度地降低，生态环境急剧恶化。在青海高寒草甸，单位面积载畜量为 3 只 /hm^2，除去鼠类，载畜量可提高到 4.5 只 /hm^2。说明啮齿动物的活动挤占了家畜的采食量。

研究表明，高原鼠兔在采食过程中，植物群落生产力随高原鼠兔干扰程度的增加而降低，这是因为高原鼠兔分布区内，存在大量裸斑，而这些裸斑上几乎没有植被或植被稀疏，且高原鼠兔的大量采食导致裸斑数量或面积的增加，植物群落生产力逐渐降低（庞晓攀，2020）。

除了啃食外，啮齿动物的挖掘活动也能对生产力产生重要影响。一方面，啮齿动物的挖掘活动有利于疏松土壤，加快地表与地下物质交换，利于地表植物枯枝落叶的分解。如刘双双（2018）发现，在停止放牧扰动的条件下，高原鼢鼠的造丘活动对于过牧型退化草地而言，不但不会对草地生产力造成破坏，相反，在植被高度、植被组成和产草量等生产力构件上，均表现出了显著的促进作用。在相同的休牧条件下，鼢鼠分布地植被性状的各项指标除植物多样性低于无鼢鼠分布地外，其余指标均极显著高于无鼢鼠分布地。他们认为，这些现象的产生可能与鼢鼠的食性和活动特性有关。因为鼢鼠喜食的植物以杂类草和毒害草居多，而这正是草地退化后群落中增加的成分，因此，鼢鼠的采食活动可直接减少这类植物的数量，从而使其在群落中的竞争力受到削弱，为禾草的扩张创造了有利条件。其次，鼢鼠营地下生活，且活动范围较大，1 只鼢鼠每年可产生 242.1 个土丘，这对于改善草地的通透性具有重要作用。另外，鼢鼠的造丘活动致使大量富含有机质的土壤由地下转移至地表，由于温度和供氧等条件的变化有利于土壤微生物的活动，因此矿化作用增强，速效养分含量上升，从而为以禾草为代表的喜肥植物的定植和扩张提供了极好的条件。

但如果啮齿动物种群数量过大，过度的挖掘活动可以破坏植物根系、埋没地表植被，严重时可造成沙化和水土流失。我国青海高寒草甸的高原鼢鼠挖掘活动形成大量土丘，不仅使草原生产力下降，而且还引起植物群落演替（边疆晖 等，1994）。在西藏一些地区由于气候严寒，植物生长期短，生长缓慢，那些适应当地环境的植物长不高，在高原鼠兔的密度很高的情况下，其频繁的挖掘活动会将植被覆盖，被覆盖的植被很难恢复，从而引起沙化。

三、草地土壤水分

土壤水是重要的水资源，是气候、植被、地形及土壤因素等自然条件的综合反映，也是土壤 - 植被 - 大气系统内一切能量和物质交换的主要载体和中间环节。土壤水分限制植被和生产力的形成，反过来，植被和生产力发展影响土壤水分条件。由于土壤水分是与地表水、地下水和大气水转换，在形成的过程中，转换和消耗水资源，因此其是一个不可或缺的组成部分。草地土壤水分是影响草地生产力的关键性因子。植被盖度、出现频率与地下水位存在一定的关系，在植被最适地下水位附近，植被生长最好，出现频率最高，相应的植被盖度最高；在植物的适宜地下水范围内，植被生长良好，出现频率较高，相应的植被盖度也较高；在其他地下水范围内则植被长势受水分亏缺或土壤盐渍化的影响，生长相对不好，出现频率相应就低，盖度也低。地下水位和水质与植物的生长有着不可分割的联系，不同植物种属对于地下水位有着不同的需求，地下水位和水质的变化直接决定着地上植被群落的演替。近年来，我国北方的大部分地区地下水位都存在不同程度的下降，伴随着这个过程，大量的亲水性植被开始凋落，耐旱型植被逐渐占优势，若地下水位持续下降，很可能导致大面积的植被凋谢和死亡，进而草地退化和土地退化（图 4-1）。

草地植被遭到严重破坏后，土壤的渗水和蓄水能力大大降低，地表径流加剧，土壤极易被侵蚀，造成大面积的水土流失。草地植被减少，水土流失严重，使草地涵养水分的能力大大降低，导致河流径流量减少，小溪断流，湖泊干涸，地下水位下降，干旱缺水草地增加。

四、草地鸟类窝巢

在草地生态系统中，鸟类是重要的组成分子之一，主要扮演消费者的角色。而鸟巢是鸟类为生儿育女和休息搭建的窝，为鸟类的生活提供了休息环境，因此，鸟类在选择巢址时不仅要考虑隐蔽性，还要考虑遮风、挡雨、防止意外袭击，同时要兼顾保暖性。在青藏高原高寒草原上小型鸟类与“原著居民”高原鼠兔之间产生了一种鸟鼠同穴的生物学现象。鸟鼠同穴现象是高寒草原地区的鸟类的一种适应的现象。实际上，在多数的情况下是雪雀和百灵利用啮齿类的废弃洞，少数情况下有鼠类的存在。这种现象的形成与高山草甸以及半荒漠地区的气候与环境有关，昼夜温差大，没有较高的树木和隐蔽的场所。为了适应这种地理景观及气候条件，利用洞穴不但适于隐蔽栖息而且洞内有较恒定的小区气候。雪雀所利用的洞穴随着不同地理景观内所存在的啮齿类而不同，在青藏高原地区主要是高原鼠兔和喜马拉雅旱獭。

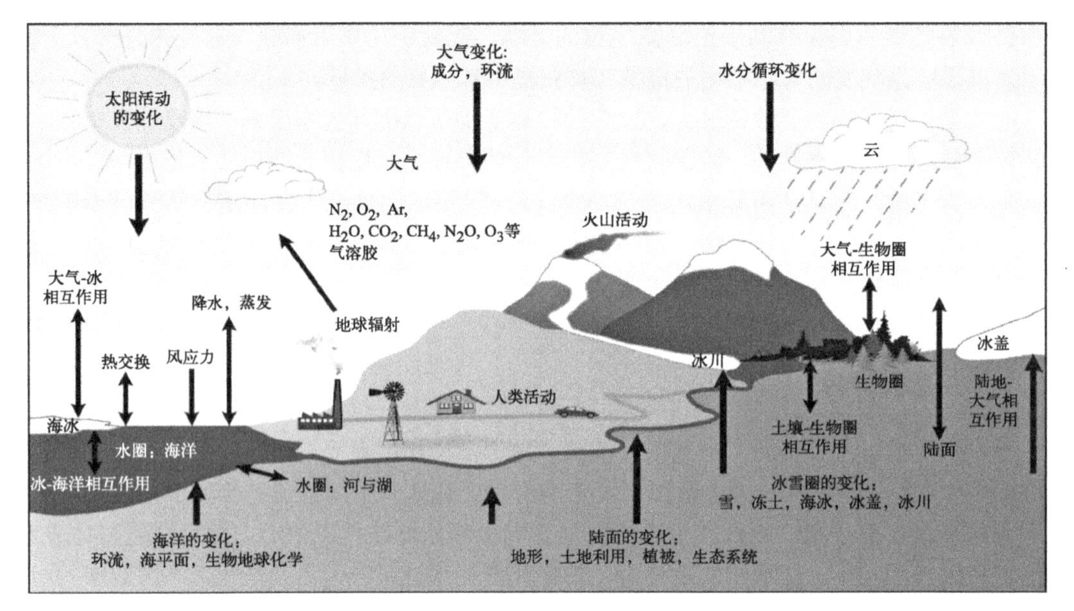

图 4-1 水循环示意图

关于鸟鼠同穴、鸟鼠共生，目前有两种不同的看法。第一种是鸟类只是利用废弃的鼠洞进行安家生活，两者没有必然的联系，第二种是共生关系。

根据相关文献记载，鸟类仅仅营巢在鼠类的弃洞或者占据很多洞口中的一个。没有发现鸟巢和鼠窝在一个洞中的现象，也没有文献记载。实际上我们根据实际情况分析，也能得出鸟鼠不同穴的结论。①鸟鼠关系不和谐，在旱獭胃中发现了鸟类羽毛。②高原鼠兔是昼间生活，活动频繁，而鸟类在捕食或者饲喂雏鸟时也会频繁进出洞口，若共用一个洞穴，彼此肯定会相互干扰。③在发现天敌方面，通常鼠对猛禽的警觉性要超过鸟，鼠并不太需要协助，也不必通过分享住所来求得鸟的帮助。而且，草原鼠类有经常搬家的习惯。一处洞穴在使用一段时间后，位置会被天敌熟悉，积累的粪便等生活垃圾也很容易滋生病菌。因此，鼠类会利用自己善于挖掘的本领，不断开挖新家，在草地上看到的众多鼠洞，大多数都是已经被废弃的，正在被使用的“活跃鼠洞”实际上很少。有大把的无主之洞可用，鸟类选择废弃鼠洞而不是活跃鼠洞筑巢的现象也就非常合理了。而一些偶然情况中，鸟类闯入了鼠类正在使用的活跃鼠洞，则会造成双方的冲突。动物学家多次观察到鸟鼠在同一洞内遭遇后，鸟不断啄咬鼠，鼠最后只得落荒而逃另寻住处的现象。因此，大家观察到的鸟鼠嬉闹和谐的现象，大概不是嬉戏打闹，也不是相爱相杀，而是一起强抢民宅的恶劣事件。鸟在搬入洞穴后还会对洞穴进行改造。一个鼠洞通常有多个洞口出入，地下的洞穴连通所有洞口，鸟只需利用其中一个洞口——它们会用泥土和干草封闭到其他洞口的通道，这是鸟和鼠习性的又一个不同之处。另外一种说法就是，鸟鼠同穴的现象是存在的，因为，有专家在啮齿动物身上找到了鸟蚤，在鸟类身上也找到了鼠体蚤类，鸟类的存在对于某些疫源性疾病的扩散和传播有着一定的作用。

青藏高原地理环境错综复杂，气候多变，是研究生物多样性的热点区域之一。三江源位于青藏高原腹地，动植物资源丰富。

（一）鸟类多样性

三江源草地共分布野生鸟类196种，隶属于18目45科121属，占青海省所有鸟类总数的51.58%。雀形目鸟类94种，占三江源国家公园鸟类总数的47.96%；鸻形目、雁形目和鹰形目，分别有22种、19种和15种，分别占到三江源国家公园鸟类总数的11.22%、9.69%和7.65%。主要鸟类见图4-2。其中大鵟（*Buteo hemilasius*）、猎隼（*Falco cherrug*）、白肩雕（*Aquila heliaca*）、赤麻鸭（*Tadorna ferruginea*）、斑头雁（*Anser indicus*）、长嘴百灵（*Melanocorypha maxima*）、棕头鸥（*Chroicocephalus brunnicephalus*）、高山兀鹫（*Gyps himalayensis* ）、小云雀（*Alauda gulgula*）、岩鸽（*Columba rupestris*）、蒙古百灵（*Melanocorypha mongolica*）、蓝马鸡（*Crossoptilon auritum*）、白马鸡（*Crossoptilon crossoptilon*）、草原雕（*Aquila nipalensis*）、地山雀（*Pseudopodoces humilis*）、角百灵（*Eremophila alpestris*）等较为常见。

(a) 高山兀鹫　(b) 黑颈鹤　(c) 大鵟　(d) 草原雕

图4-2　三江源主要鸟类

三江源草地分布的鸟类包括游禽、涉禽、陆禽、猛禽、攀禽和鸣禽6类生态类群，以鸣禽为主，有94种，占鸟类总数的47.96%；猛禽和陆禽分别有23种和16种，占鸟类总数的11.73%和8.16%；攀禽最少，仅有8种，占到总分布鸟类数的4.1%。

三江源草地分布的鸟类以留鸟为主，共93种，占鸟类总数的47.4%；夏候鸟66种，占鸟类总数的33.7%；旅鸟34种，占鸟类总数的17.3%；冬候鸟3种，均为鸭科鸟类。

（二）鸟类窝巢

鸟巢是鸟类在繁殖期间为容纳所产的卵、孵化卵以及抚育雏鸟而建造的复杂而精细的“结构”或“巢穴”，对鸟类的繁殖具有极其重要的意义。大多数鸟巢由植物纤维、兽毛和鸟羽等编成。由于各种鸟类的取食地点、生活习性、袭敌的不同，筑巢的地点、所用的材料有所不同。有很多鸟类选择藓类植物作为巢材，主要是因为藓类植物对鸟巢有很好的修饰作用，它会增强鸟巢的隐蔽性，从而减少天敌的伤害，这对鸟类繁殖期的安全至关重要。此外，藓类植物植物体很柔软，雏鸟在巢中比较舒适，也有利于保温。

筑巢是鸟类繁殖的开始，对其繁殖成功与否起关键作用，需要投入大量时间和能量（Moreno et al.，2008）。影响鸟类筑巢时间的因素是多样的，能够直接影响鸟类生理状态的因素包括温度、光照和食物资源等（Chamberlain et al.，2009；Deviche et al.，2015）。

第二节　不同啮齿动物在草地生态系统的功能与作用

一、高原鼠兔的功能与作用

高原鼠兔作为青藏高原的“土著居民”，在维护生态系统稳定性和多样性方面有着不可替代的作用。高原鼠兔作为生态系统中的初级消费者对植被会产生直接影响，有研究表明，高原鼠兔的活动地方，植物的丰富度、物种多样性都有所增加，这是因为采食行为可以刺激植物的生长，挖洞行为可以提高土壤养分的循环和微生物活动，从而提高土壤养分补充到植物生长中。高原鼠兔通过挖掘活动将栖息地的土壤、植物等物质从一个地方搬运到另一个地方，将环境进行改造，在增加环境异质性和景观多样性、促进生态系统物质循环等方面具有重要意义，因而有学者提出高原鼠兔是“生态系统工程师”。在青藏高原的高山草甸和高山草原上，弱小的高原鼠兔由于有挖洞筑窝的习性，从而与一大批动植物建立了相互依存的关系，高原鼠兔在青藏高原上与它的邻居们共同建立起独特的生态系统。高原鼠兔是青藏高原的特有种和关键种，对维护青藏高原生物多样性及生态系统的平衡起到重要作用，它所挖掘的洞穴本来是为了躲避冷酷的气候和逃避肉食动物，却可以为许多小型鸟类和蜥蜴提供赖以生存的巢穴；对微生境造成干扰，引起植物多样性的增加；同时高原鼠兔也是草原上大多数中小型肉食动物和几乎所有猛禽的主要捕食对象。

二、高原鼢鼠的功能与作用

高原鼢鼠作为高寒草甸生态系统中重要的生物因素，对系统功能有重要影响。对其干扰活动的作用，应视干扰的后果而给予全面客观的评价。在鼢鼠数量较大的情况下（重度干扰），鼢鼠对草地植物的啃食会形成与家畜争夺食物资源的局面，同时其大面积的挖掘活动会加剧草地的沙化和退化过程。但在数量适中的情况下（如轻度或中度干扰），鼢鼠的挖掘活动可提高草地土壤通透性和渗透性，促进土壤微生物活性，有利于养分循环、种子和地下芽的萌发，因此，在高寒草甸生态系统的管理中，应当正确认识高原鼢鼠的干扰所造成的利与弊，将其种群数量控制在适宜的水平上，充分发挥其“生态系统工程师”的积极作用。

高原鼢鼠是栖息于青藏高原高寒草甸、高寒灌丛草甸的地下啮齿动物。它掘洞造丘和采食牧草，导致地表塌陷、草地生产力下降以及水土流失。当种群密度过高时会严重威胁草地生态安全（孙飞达 等，2011；鲍根生 等，2016；马素洁 等，2019）。但是，高原鼢鼠也是高寒草甸生态系统的重要组分，在能量流通和物质循环中扮演着重要角色，在土壤物质循环和植被群落演替等方面发挥着重要作用（周延山 等，2016；花立民 等，2021）。高原鼢鼠是高寒草地生态系统的组分，在土壤养分循环、食物网维系和植物群落演替等方面发挥着多重功能。植物是影响高原鼢鼠栖息地选择的重要因素，但随着栖息时间和种群密度的增加，高原鼢鼠干扰也会影响栖息地植被组成，形成动植物间的协同进化。土壤是高原鼢鼠掘土造丘活动的直接参与者，其理化性质不仅影响植物生长，还关系到草地生态系统稳定（张红艳，2019）。高原鼢鼠是高寒草甸生态系统重要的生物干扰源之一，对植物 - 土壤界面的生态学过程具有显著影响，进而可引起土壤动物多样性及空间分布的差异性。

三、高原田鼠的功能与作用

高原田鼠在生态系统中扮演着重要的角色。它们不仅有助于维持草原生态平衡，还对土壤的疏松和肥力提升具有积极作用。由于高原田鼠的挖掘活动，土壤得以翻新，有利于植物种子的传播和生长。此外，高原田鼠的粪便也是优质肥料，能够为草原提供丰富的营养物质。在食物链中，高原田鼠是许多肉食动物的食物来源，如鹰、狐狸和蛇等。它们的存在为这些捕食者提供了稳定的猎物资源，从而维持了生态系统的多样性。同时，高原田鼠的种群数量也受到捕食压力的调节，避免了过度繁殖对草原生态造成的破坏。此外，高原田鼠在科学研究中也有着重要的价值。由于它们对高海拔环境的适应性，科学家可以通过研究高原田鼠的生理机制，了解生物在极端环境下的生存策略。这对于人类探索外太空和应对气候变化具有重要的借鉴意义。综上所述，高原田鼠不仅是草原生态系统中不可或缺的一部分，还为科学研究提供了宝贵的资源。保护高原田鼠及其栖息地，对于维护生态平衡和推动科学进步具有重要意义。

四、喜马拉雅旱獭的功能与作用

喜马拉雅旱獭毛皮品质好，皮板坚实柔韧，富有弹性，针毛平齐、绒毛丰厚，适宜做衣帽；尾毛和针毛刚性好，是制作高级画笔的上等原料；旱獭肉质细嫩鲜美，蛋白质含量高，油的味道近似猪油，既可食用，也可制成高级润滑油。旱獭最大的危害是传染疫病，它们是鼠疫等病原体的自然宿主，其体外寄生虫是鼠疫的传播者，直接危害人类健康。旱獭在密度不高时，对草场危害并不大，只有数量较多时才能造成危害，与牲畜争草，每只旱獭活动期（即非冬眠期）总共可食牧草 25kg；它们的挖掘活动破坏草场，洞口附近挖出的土，形成较大的土丘，由于挖洞较深，常把碎沙石块翻出地表覆盖草场。旱獭利害兼顾，因此，应根据具体情况权衡利弊，因地制宜地采取不同措施。旱獭的皮毛和油脂价值很高。故多采用消灭与利用相结合的办法。它不吃人工投放的各种毒饵，故不能用毒饵法防控。原则上旱獭分布区内所有的个体均应加以防控，但事实上这样做有很多困难。因此，首先应当注意旱獭最喜欢栖居的地段是山麓平原和山地阳坡下缘高密度地区，而这里也是冬春牧场需要特别加以保护的地区，采取不断防控的办法以便继续防控新迁居进的个体，然后再根据人力和物力扩展到其他地段进行防控。

第五章

青藏高原草地退化与啮齿动物暴发

第一节　啮齿动物种群暴发因素

一、啮齿动物本身生物学特性

草地害鼠多穴居生活，使它们在草地上能抵御寒冷和炎热的气候变化，防御天敌侵袭；蛰眠习性能使它们适应并度过不良环境；食性广可使它们在各种复杂的环境中生存；发达的嗅味觉有利于它们辨别方向、寻觅食物、追逐异性和逃避天敌等；种群更新快、寿命短。食性和栖息环境对它们的影响要比对其他哺乳动物的影响更强。草地啮齿动物种群的增长受内部和外部因素的共同影响，但其本身的生物学特性占主导地位，一旦外界的温度、水分、食物等条件适宜时，它们就可快速繁殖，种群数量剧增，当其数量超过了系统内食物和空间等生存条件的阈值时就会使平衡失调，对草原形成危害。特别是害鼠的分布和发生与气温、地形、地貌、海拔、土壤类型、草地类型、牧草种类、植被高度、植被盖度、天敌等诸多因素密切相关。

二、气候变化因素

气候变化是影响高寒生态系统变化最主要的自然因素，气候因素主要包括气温、太阳辐射、降水、蒸发、风力等。根据有关资料的推算，年均气温升高1℃，蒸发蒸腾量增加7%～8%（王根绪 等，2002）。针对黄河源区草地退化、湿地减少、湖泊缩小等生态环境问题，分析气候变化对该地区乃至青藏高原草地退化的潜在影响，为保护源区的生态环境和退化草地的恢复提供依据。

黄河源区的年平均气温近50年来总体呈上升趋势，各县的平均增温情况不同，玛多县的温度增速平均达0.0321℃/10年，玛沁县的温度增速最小，为0.0216℃/10年，甘德和达日两县的平均温度增速相近，居于前两者之间，分别是0.0266℃/10年和0.0276℃/10年。源区四县多年降水量无明显的变化趋势，均在多年平均值上下波动。源区的蒸发量总体上没有明显的增加或降低的趋势，但20世纪70年代末80年代初，源区四县的蒸发量呈现了下降趋势。1984年后各县的蒸发量呈现上升的趋势。平均风速在20世纪80年代前波动上升，80年代后呈现波动下降态势。玛多、达日和玛沁的日照时数呈现线性增加趋势，以玛多县最为明显，甘德县的日照时数无明显的变化趋势。

气候变化通过改变高原鼠兔的繁殖、采食和存活对其种群数量产生影响，包括直接影响和间接影响。气温和降水是影响高寒草地植被物候的两个主要因素。现有研究表明，气温升高和降水量增加有利于植被生长，提高生物量。由于高原鼠兔的繁殖需要大量能量用于交配和哺育幼崽，植被生物量对高原鼠兔的繁殖期长度与幼崽存活率有较大影响。

三、天敌种类和数量减少

在漫长的历史演化过程中，自然生态系统中不同生物之间通过复杂的食物网、食物链、寄生、共生等联系形成既彼此依存又相互制约的关系，各种生物的数量相对稳定，共同维持着这个系统的动态平衡。对于草地生态系统来讲，在正常状态下，草原有害生物的数量受到环境中多种因素的制约，其数量一般不会迅速增长，也很少发生大面积灾害，其中很重要的因素之一就是天敌对有害生物数量的控制作用。如鼠类在草原上的天敌有狐狸、沙狐、鼬类及各种猛禽等，这些天敌不仅能直接捕食它们，而且还能起到威慑作用，使害鼠的活动、摄食、繁殖等受到抑制，推迟其数量再次增长的时间。草原害鼠与它们的天敌之间保持着相对稳定的数量关系，其种群数量一般不会暴发成灾。但如果系统中某个环节缺失或发生重大改变，系统平衡就会被打破，出现失调。受人为滥捕乱猎、农药的大量不合理使用、草地局部退化、草地生态环境遭到污染等多种因素的影响，天敌动物的栖息地减少和生存环境恶化，导致草地害鼠天敌的种类和数量减少，天敌对害鼠的自然调控能力减弱。缺少天敌控制因素后，草地有害生物极有可能在短期内数量上升，对草地产生危害。

四、人类活动因素

人为因素对于黄河源区草地退化作用问题上的识别和分析尤为重要，它是正确采取草地退化防治对策和措施的前提。植被作为自然资源和自然条件，被人类所利用的历史悠久，居住、垦殖农田、放牧和樵采等活动直接或间接影响植被的组合、群落的组成以及结构和功能，从而影响群落的演替。黄河源区是藏族的主要聚居区，以牧为主，人口增长、过度放牧、乱采滥挖、工程建设，以及长期以来的经济落后与社会贫困都是直接导致草地退化、沙化的人为因素。

黄河源区玛多县、玛沁县、甘德县和达日县四县53年间（1952—2005年）增加了将近

7万人，呈直线增加趋势，每年人口增加的速度为2.05%，即每年大约净增加1350人。源区各县牲畜数量经历了前期的迅速增长和后期的缓慢下降过程，从20世纪60年代初的84.75万头至70年代末的287.55万头，再到2005年的149万头。

五、综合因素

草地退化、沙化可大量引发草原鼠害，这种现象已成为普遍规律。啮齿动物对微地形、植物和土壤的作用都很显著（周兴民 等，1987）。黄河源区对生态环境构成严重危害的啮齿动物主要是黑唇鼠兔（*Ochotona curzoniae*）、达乌尔鼠兔（*Ochotona dauurica*）、甘肃鼠兔（*Ochotona cansus*）、高原鼢鼠（*Myospalax baileyi*）、青海田鼠（*Lasiopodomys fuscus*）、根田鼠（*Mirotus oeconomus*）和喜马拉雅旱獭（*Marmota himalayana*）等，其中黑唇鼠兔和高原鼢鼠的危害最为严重，果洛州玛沁县、达日县、甘德县和玛多县1999年的鼠害面积分别是274010hm²、722667hm²、222919hm²、1351810hm²，分别占到各县可利用面积的30.18%、51.40%、39.14%和60.01%（李迪强 等，2002）。这些害鼠不仅啃食牧草的根茎、枝叶和籽实，抑制牧草的萌发、生长和再生，而且其挖掘活动致使草地洞穴星罗棋布，洞道与鼠道纵横交错，特别是洞口堆积的沙土，在风力的吹蚀作用下极易造成草原的风蚀沙化，而在雨季，挖掘出疏松土壤随地表径流流失，引起草皮塌陷。据研究（皮南林，1980），56只鼠兔的日食量相当于1只藏羊的日食量；鼠兔一年内所破坏的草地面积可达10.8m²/只。此外，鼠类对牧草的损害也相当严重，当鼠兔的密度达到100只/hm²以上时，在其活动范围内可使草地牧草产草量减少50%。不同退化程度草甸高原鼠兔的密度不同，根据达日县1997年的实测结果，原生植被总洞数为122个/hm²，平均密度为25只/hm²，轻度、中度、重度退化草地总洞数258～576个/hm²，平均密度为48～148只/hm²，说明随着草地退化程度的加剧，害鼠密度增大（表5-1）。每只高原鼢鼠平均每年推到地面的土量是1000kg，平均每个土丘的基部直径在20～80cm，覆盖面积达0.78m²。

表5-1 高原鼠兔的密度、总洞数及危害面积

退化程度	平均密度/（只/hm²）	有效洞口/（个/hm²）	洞口面积/（m²/hm²）
原生植被	25	122	12.36
轻度退化	48	258	58.12
中度退化	82	384	69.14
重度退化	148	576	494

啮齿动物的这些活动使植物群落经常处于不断恶化的过程中，中断或破坏了植物群落的正常演替，长此以往，草地植被生产力逐年下降，生物多样性逐步丧失，植物群落发生逆向演替，同时地表因植被退化而裸露度加大，为草地的风蚀沙化创造了必要基础条件。再者，鼠类咬食牧草、破坏草地的同时，还促使草地植被成分发生根本改变，植被向毒杂草占优势的类型转化，进而造成草地退化，直至演化为“黑土滩”，这是一种高寒草甸严重退化的结果。对源区植被影响的另一主要生物因素是昆虫。草原毛虫（*Gynaephora qinghaiensis*）是常见的草场害虫之一，多发生在嵩草草甸和以嵩草、针茅为优势植物的草原化草甸上（周兴民

等，1987）。很多优良牧草经毛虫采食后停止生长发育或死亡，严重影响草场的生产力，而毒杂草却因不是毛虫的喜食种类而大量生长繁衍，使植物群落的种类组成和结构发生明显的变化。

第二节　青藏高原黄河源区退化高寒草地分布格局

草地是地球上最大的生态系统之一，是自然生态系统的重要组成部分，约占陆地表面的25%，储存全球约34%的陆地碳储量（Dixon et al.，2014；Cheng et al.，2018）。青藏高原是中国的重要牧区，高寒草地是高寒畜牧业的重要载体，但高寒草地生态系统的脆弱性也是不容忽视的生态问题，由高寒草地生态系统脆弱性导致的敏感性，也使其成为全球生态系统变化的“警报器”（Wang et al.，2016；Piao et al.，2012；Sun et al.，2016）。黄河源青海片区海拔高，气候条件恶劣，日均、年均气温低，植被积温不足，生物量低，再加上人为因素影响，近年来草地退化日趋明显，这些退化与啮齿动物种群暴发有密切关系。“黑土滩”是高寒草地退化在黄河源乃至三江源区域特有的表现形式，其具体表现为草地覆盖度降低，发生秃斑化，进而导致水土流失。关于“黑土滩”退化草地面积目前尚无明确而具体的结论，需要更详细和精准的调查工作。草地沙化也是黄河源草地退化的重要表现。黄河源青海片区沙化草地面积在20世纪八九十年代不断扩大，在90年代沙化草地由东南向西北逐步扩张，主要集中在都兰、共和、贵南、玛多等县域内（徐浩，2017；何航，2020；王思琪，2020），但目前沙化草地更为详细的面积与分布状况并不明确。草地退化的极端状况是形成完全裸露的地表，据统计青海省地表裸露化草地目前占全省总面积不少于17.4%，主要分布在柴达木、共和、青海湖3个盆地以及长江、黄河源青海片区（李希来 等，1995；李苗 等，2015；李宏荣，2020；Shen et al.，2008），而退化程度不同所产生的不同类型裸露地面积及其分布也不明确。

前人研究多是基于草地监测，从草地面积变化状况分析草地变化趋势，或者针对较小区域内草地退化后所引发的一系列变化展开研究，对较大区域内草地退化类型及分布研究较少。基于此，本书结合遥感技术快速、全面监测退化高寒草地的分布状况，开展黄河源青海片区退化高寒草地类型的识别研究，以期探明黄河源青海片区退化高寒草地数量与分布状况。

一、数据与方法

（一）研究区域概括

本研究区域为黄河源青海片区，涉及青海省东南部17个县域（表5-2），黄河源青海片区以高山为界，不以县域行政区为界线，因此部分县域只包含部分区域，总面积合计$11.70\times10^4km^2$。区域内自然资源种类丰富，主要包括草地、湿地、林地、农田、荒漠等生态系统。区域内河流众多，湖泊密布，湿地类型主要有河流湿地、湖泊湿地、沼泽湿地。草地资源以高寒草甸、高寒草原为主，农业区占比较少。大部分区域海拔在3000m以上，气候寒冷干燥，多年平均温度-3.98℃，多年平均降水量309.63mm，牧草生长期70～90d。

表5-2 研究区域面积统计表

序号	县名	面积/km^2	序号	县名	面积/km^2
1	称多县	4626.49	10	达日县	11299.35
2	贵德县	3513.33	11	久治县	6064.92
3	尖扎县	1475.13	12	同仁市	1006.18
4	共和县	10167.88	13	兴海县	12013.24
5	曲麻莱县	8264.76	14	甘德县	7126.28
6	同德县	4627.47	15	贵南县	6680.63
7	班玛县	292.12	16	玛多县	19437.79
8	河南县	1955.61	17	泽库县	5077.16
9	玛沁县	13447.79	合计		117016.76

（二）退化草地类型释义

黑土型“黑土滩”：原生植被覆盖度＜70%的秃斑化高寒草甸、低地草甸、山地草甸。

砾石型“黑土滩”：主要分布于高寒草甸、低地草甸、山地草甸区域内，水土流失严重，土壤比例较小，以小块状砾石为主，几乎无原生植被覆盖的“黑土滩”。

岩石型“黑土滩”：主要分布于高寒草甸、低地草甸、山地草甸较大坡度区域内，水土流失严重，无土壤，块状砾石较多，可见岩石且几乎无原生植被覆盖的“黑土滩”。

沙化草地：原生植被覆盖度＜70%的秃斑化高寒草原、温性草原。

重度沙化草地：主要分布于温性草原、温性荒漠草原区域内，水土流失严重，土壤比例较小，以沙粒为主，几乎无原生植被覆盖的沙化草地。

（三）数据来源

多源高分辨率遥感影像由青海省自然资源综合调查监测院提供，其中优于1.0m分辨率主影像为高分2号卫星多源航空航天遥感影像数据，优于2.0m分辨率副影像来源于高分1号、资源3号、天绘1号卫星影像数据。航片由中海达V10型无人机拍摄，拍摄高度300m，地面分辨率优于0.1m。

（四）数据处理

所使用的软件版本为ArcGIS 10.7和ENVI 5.4/IDL 8.6，用Excel 2016进行数据整理与制表。

（五）退化草地识别方法

高分辨率遥感影像数据经几何校正、影像融合等遥感影像预处理流程，形成影像底图，并收集、整合基础地理信息数据及多行业专题数据形成辅助判读知识库。在此基础上通过实地踏勘、典型地类影像分析等方式建立不同类型退化草地的典型解译标志。根据典型解译标志和辅助专题数据库，采用基于计算机算法自动分类识别和人机交互目视解译相结合的方式，开展不同类型退化草地的内业判读和解译；并对内业判读解译成果质量及内业判读难度较大的区域，通过实地踏勘、拍照取证等方式进行精度验证和补充判读修正，得到退化草地地表覆盖数据（图 5-1）。

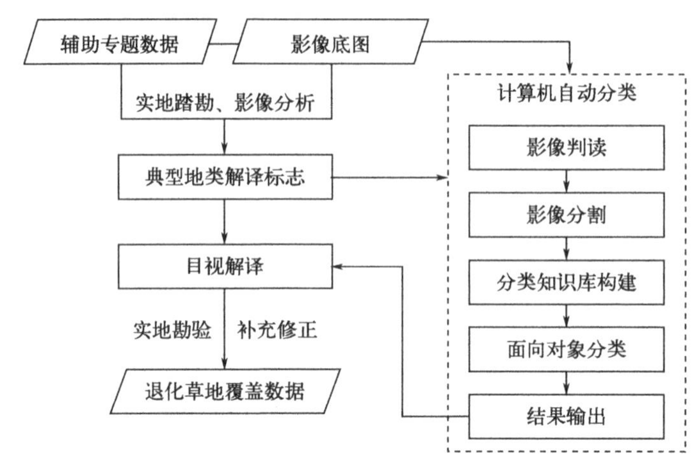

图 5-1 退化草地识别流程图

（六）识别精度验证方法

基于 2020 年购买的“珠海 1 号”优于 1.0m 高空间分辨率遥感影像，在研究区内随机选取和划分 6 个观测样区，每个样区 400km^2，通过目视解译获得草地退化图斑主要验证数据集；选取研究区内典型退化草地样区，通过无人机航摄获得研究区内优于 0.1m 高空间分辨率航拍影像，并进行目视解译获得草地退化图斑辅助验证数据集。将本研究所使用的退化草地图斑数据集与主要验证数据集和辅助验证数据集进行比对以验证数据质量（图 5-2）。

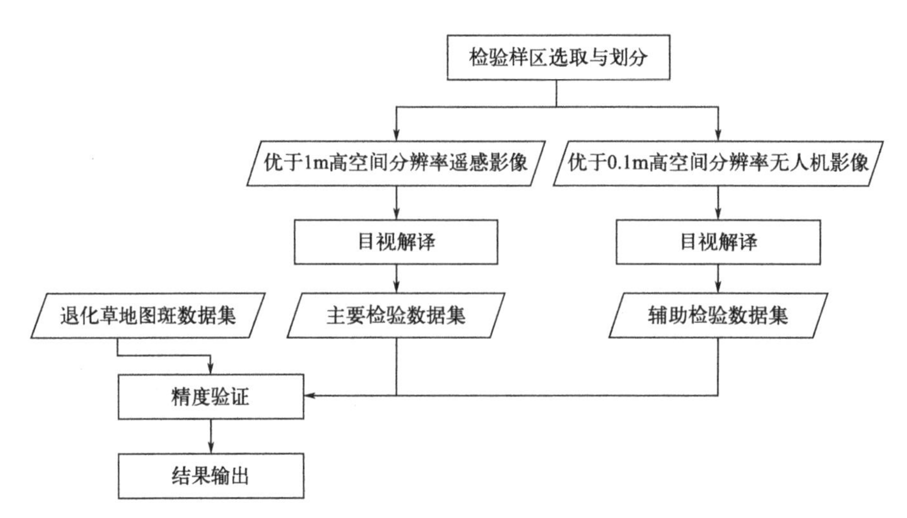

图 5-2 数据验证流程图

二、结果与分析

（一）黄河源青海片区草地类型识别

黄河源青海片区草地类型共分为温性草原化荒漠类、温性荒漠类、沼泽类、高寒草甸类、低地草甸类、山地草甸类、高寒草原类、温性草原类等 8 个。其中，高寒草甸类面积最大，其次为高寒草原类和温性草原类。高寒草甸类在玛沁县、玛多县、达日县分布面积最大；高寒草原类在玛多县分布最多，其次为兴海县；温性草原类在共和县分布最多，其次为贵南县和兴海县；温性荒漠类在贵南县最多；山地草甸类在河南蒙古族自治县分布最多；低地草甸类在曲麻莱县分布最多；温性草原化荒漠类在共和县分布最多；沼泽类仅分布于曲麻莱县（表 5-3）。经统计，黄河源青海片区总面积 117030.92km^2，有植被覆盖草地面积合计 96489.84km^2。

表 5-3　黄河源青海片区草地分布面积分县统计表　　单位：km^2

县名	高寒草甸类	高寒草原类	温性草原类	温性荒漠类	山地草甸类	低地草甸类	温性草原化荒漠类	沼泽类
玛沁县	12526.88	318.64	0.00	0.00	605.51	2.00	2.00	0.00
玛多县	12027.40	7407.68	0.00	0.00	0.00	21.92	0.00	0.00
达日县	11268.44	0.00	0.00	0.00	0.00	3.00	3.00	0.00
甘德县	7130.91	0.00	0.00	0.00	0.00	7.00	0.00	0.00
兴海县	7034.84	2869.95	1343.27	0.00	204.39	6.00	557.52	0.00
久治县	5999.98	0.00	0.00	0.00	63.64	4.00	4.00	0.00
曲麻莱县	5984.43	596.52	0.00	0.00	0.00	1357.78	0.00	316.24
称多县	4624.07	0.00	0.00	0.00	0.00	0.00	0.00	0.00
泽库县	4619.36	474.25	0.00	0.00	0.00	0.00	0.00	0.00
同德县	2658.16	1071.55	698.91	0.00	159.52	0.00	64.74	0.00
共和县	2258.40	1501.85	4291.36	808.43	0.00	287.41	1021.43	0.00
贵南县	1914.41	1078.19	2071.62	1377.37	0.00	194.00	10.43	0.00
贵德县	1776.90	127.72	663.16	572.61	330.56	0.00	39.35	0.00
河南县	1268.22	0.00	0.00	0.00	683.70	1.00	1.00	0.00
尖扎县	885.14	0.00	189.96	0.00	398.98	0.00	0.00	0.00
同仁市	668.71	146.05	128.25	0.00	39.00	5.00	5.00	0.00
班玛县	291.26	0.00	0.00	0.00	0.00	0.00	0.00	0.00
合计	82937.51	15592.38	9386.52	2758.41	2485.28	1861.10	1693.46	316.24

（二）黑土型“黑土滩”识别

黄河源青海片区黑土型“黑土滩”退化草地斑块合计 45804 个，面积 14239.47km^2，占黄河源青海片区总面积的 12.17%，占黄河源青海片区草地总面积的 14.76%（表 5-4）。黄河源青海片区所涉及的 17 个县域黑土型“黑土滩”均有分布，总体趋势是区域内西北和西南部明显较东北和东南部严重。其中玛多县分布最广，斑块 10482 个，总面积 4245.47km^2，占黄河源青海片区黑土型“黑土滩”总面积的29.81%。其次是曲麻莱县，斑块2823个，总面积3338.19km²。称多县和达日县面积分别为1913.13km²和1677.98km²，黑土型“黑土滩”分布范围也较广。河南蒙古族自治县、同仁市、久治县分布最少。其分布与草地类型（高寒草甸、低地草甸、山地草甸）、高程密切相关，分布范围最低海拔2117.50m，最高海拔5121.49m，平均海拔（4301.17±1456.98）m，主要分布在玛多县、曲麻莱县、称多县和达日县等高海拔区域。

表5-4 黄河源青海片区黑土型“黑土滩”分县统计表

县名	斑块数	面积/km²	县名	斑块数	面积/km²
玛多县	10482	4245.47	同德县	1081	67.30
曲麻莱县	2823	3338.19	泽库县	1291	64.56
称多县	4394	1913.13	班玛县	217	46.64
达日县	7053	1677.98	尖扎县	466	40.74
兴海县	5031	901.43	贵南县	551	35.09
玛沁县	6776	838.15	久治县	132	13.02
共和县	2453	530.48	同仁市	132	12.11
贵德县	747	315.47	河南县	37	1.88
甘德县	2138	197.81	合计	45804	14239.47

（三）砾石型“黑土滩”识别

砾石型“黑土滩”在黄河源青海片区17个县域中均有分布，斑块23309个，面积合计2445.37km²，占黄河源青海片区总面积的2.09%，占黄河源青海片区草地总面积的2.53%，在黄河源青海片区中部及东部区域分布较广。在兴海县与玛沁县分布最多，斑块分别为2696个和3017个，面积分别为715.75km²和505.70km²，占黄河源青海片区砾石型“黑土滩”总面积的29.27%和20.68%。其次是甘德县，2006个斑块，面积239.29km²，占黄河源青海片区砾石型“黑土滩”总面积的9.79%。玛多县斑块最多，达到3100个，面积为190.22km²，占黄河源青海片区砾石型“黑土滩”总面积的7.78%。贵德县斑块为979个，面积157.25km²。共和县、泽库县、曲麻莱县分布面积也达到103.78～145.97km²，贵南县、达日县等9个其他县域分布面积均小于85km²，面积合计281.57km²，合计占黄河源青海片区砾石型“黑土滩”总面积的11.51%（表5-5）。砾石型“黑土滩”分布范围最低海拔2010.75m，最高海拔4490.43m，平均海拔（3859.21±1094.65）m，其分布高程较黑土型“黑土滩”相对低，可能与分布区域人畜活动频率增加退化加剧有关。

表5-5 黄河源青海片区砾石型“黑土滩”分县统计表

县名	斑块数	面积/km²	县名	斑块数	面积/km²
兴海县	2969	715.75	贵德县	979	157.25
玛沁县	3017	505.70	共和县	618	145.97
甘德县	2006	239.29	泽库县	1034	105.84
玛多县	3100	190.22	曲麻莱县	1876	103.78

续表

县名	斑块数	面积/km^2	县名	斑块数	面积/km^2
贵南县	788	84.01	尖扎县	578	12.54
达日县	2165	58.84	河南县	680	10.04
同德县	1281	45.25	同仁市	601	4.73
久治县	887	40.99	班玛县	6	0.02
称多县	724	25.17	合计	23309	2445.37

（四）岩石型“黑土滩”识别

除班玛县、称多县和曲麻莱县之外的其他 14 个县域均有岩石型“黑土滩”的分布。斑块合计 1841 个，面积 376.07km^2，占黄河源青海片区总面积的 0.32%，占黄河源青海片区草地总面积的 0.39%，在区域内分布较为分散，中部和东南部区域分布相对较为集中。分布最多的是玛沁县和久治县，斑块分别为 566 个和 181 个，面积分别为 139.50km^2 和 118.68km^2，占黄河源青海片区岩石型“黑土滩”总面积的 37.09% 和 31.56%。其次是兴海县和达日县，面积分别为 39.47km^2 和 36.47km^2，占黄河源青海片区岩石型“黑土滩”总面积的 10.50% 和 9.70%。甘德县分布面积为 13.51km^2，其他县域分布面积均小于 9km^2，其中泽库县斑块破碎化趋势明显，444 个斑块面积合计 7.17km^2（表 5-6）。岩石型“黑土滩”分布范围最低海拔 2502.99m，最高海拔 5432.99m，平均海拔（4377.99±1568.56）m。分布海拔较黑土型“黑土滩”和砾石型“黑土滩”都高，但与砾石型“黑土滩”分布范围重合度较高，可能与随着高程增加坡度增大，砾石型“黑土滩”水土流失加剧有关。

表 5-6 黄河源青海片区岩石型“黑土滩”分县统计表

县名	斑块数	面积/km^2	县名	斑块数	面积/km^2
玛沁县	566	139.50	共和县	59	6.02
久治县	181	118.68	玛多县	86	4.13
兴海县	134	39.47	河南县	32	0.75
达日县	163	36.47	同德县	7	0.64
甘德县	125	13.51	贵南县	12	0.56
贵德县	17	8.60	尖扎县	3	0.48
泽库县	444	7.17	同仁市	12	0.10
			合计	1841	376.07

（五）沙化草地识别

黄河源青海片区沙化草地斑块 3353 个，面积合计 5739.75km^2，主要分布于黄河源青海片区东北部和西北部，涉及 11 个县域，占黄河源青海片区总面积的 4.90%，占黄河源青海片区草地总面积的 5.95%。玛多县沙化草地面积分布最广，达到 2086.29km^2，占黄河源青海片区沙化草地总面积的 36.35%；其次是共和县，沙化草地面积达到 1746.84km^2，占黄河源青海片区沙化草地总面积的30.43%；贵南县和贵德县面积分别为673.35km^{2}和498.09km^2，占黄河源青海片区沙化草地总面积的11.73%和8.68%；兴海县和曲麻莱县县域内分布也较多，占黄河源青海片区沙化草地总面积的4.88%和4.69%；玛沁县、尖扎县、同德县、同仁市、泽库县虽然也有一定的分布，但所占比例相对较低（表5-7）。其分布主要受到高寒草原、温性草原分布的影响。分布范围最低海拔2011.75m，最高海拔4833.24m，平均海拔（3478.05±1368.84）m。

表5-7 黄河源青海片区沙化草地分县统计表

县名	斑块数	面积/km^2	县名	斑块数	面积/km^2
玛多县	833	2086.29	玛沁县	32	98.31
共和县	1646	1746.84	尖扎县	19	42.87
贵南县	202	673.35	同德县	24	31.61
贵德县	201	498.09	同仁市	38	10.18
兴海县	300	280.10	泽库县	3	3.07
曲麻莱县	55	269.05	合计	3353	5739.75

（六）重度沙化草地识别

识别黄河源青海片区重度沙化草地斑块合计1446个，面积合计1516.35km^2，占黄河源青海片区总面积的1.30%，占黄河源青海片区草地总面积的1.57%，涉及黄河源青海片区共和县、贵南县等11个县域，主要分布于东北部的共和县、贵南县、泽库县，以及西北部的玛多县和玛沁县，主要沿黄河流域干流两侧区域分布。分布最多的是共和县，斑块399个，总面积645.95km^2；其次是贵南县，斑块297个，总面积533.85km^2。玛多县与玛沁县沙化草地面积相近，分别为164.46km^{2}和163.44km^2，但玛多县呈破碎化趋势，斑块达292个，玛沁县95个。虽然泽库县斑块达324个，但面积为6.33km^2；贵德县斑块为24个，面积2.12km^2。虽然兴海县、河南蒙古族自治县、同仁市、尖扎县、达日县也有分布，但斑块数量和面积较小（表5-8）。重度沙化草地分布范围最低海拔2182.99m，最高海拔4492.62m，平均海拔（2489.58±1156.98）m，主要分布于农业生产区域，可能与气候以及人类活动关系较为密切。

表5-8 黄河源青海片区重度沙化草地分县统计表

县名	斑块数	面积/km^2	县名	斑块数	面积/km^2
共和县	399	645.95	兴海县	6	0.13
贵南县	297	533.85	河南县	5	0.04
玛多县	292	164.46	同仁市	2	0.02
玛沁县	95	163.44	尖扎县	1	0.00
泽库县	324	6.33	达日县	1	0.00
贵德县	24	2.12	合计	1446	1516.35

（七）识别精度检验

基于2020年优于1.0m“珠海1号”高分辨率遥感影像，在研究区内随机选取和划分6个观测样区，通过目视解译获得草地退化图斑主要验证数据集。选取地类识别图斑样本，构建感兴趣区（ROI），其中包括49个沙化草地样本、183个黑土型“黑土滩”样本、161个砾石型“黑土滩”样本、61个重度沙化草地样本、40个岩石型“黑土滩”样本。应用ENVI 5.4/IDL 8.6平台精度混淆矩阵（confusion matrix）进行退化草地图斑数据集精度评价，计算草地图斑总体分类结果精度（*OA*值）和Kappa系数。*OA*值是被正确分类类别像元数与总类别个数的比值。Kappa系数是分类与完全随机地分类产生错误减少的比例。Kappa计算结果为−1～1，但通常Kappa是0～1，可分为五组来表示不同级别的一致性（表5-9）。总体分类精度为98.93%，Kappa系数为0.9772，退化草地图斑数据集的总体分类精度较高，Kappa系数为0.80～1.00，表明高寒退化草地图斑分类结果精度非常好。

表5-9 Kappa统计值与分类精度对应关系

Kappa统计值	分类精度	Kappa统计值	分类精度
＜0.00	较差	0.40～0.60	好
0.00～0.20	差	0.60～0.80	较好
0.20～0.40	正常	0.80～1.00	非常好

根据《青海省第二次草地资源调查》项目结果，青海省9个草地类面积3636.97万公顷，其中高寒草甸类面积最大，为2366.16万公顷，其次为高寒草原类，面积582.01万公顷，二者面积之和占全省草地面积的80.88%。本研究的结果也表明黄河源青海片区高寒草甸的面积最大，其次为高寒草原类，二者面积合计占黄河源青海片区草地面积的84.19%。

《青海省第二次草地资源调查》项目结果也表明青海省轻度退化草地面积为1318.10万公顷，占天然草地的36.24%，是第一次调查时的3.61倍；中度退化草地面积为805.36万公顷，占全省天然草地总面积的22.14%，是第一次草地资源调查时的4.20倍；重度退化草地面积为1010.59万公顷，占天然草地总面积的27.79%，是第一次调查时的6.48倍（辛玉春，2014）。李积兰等的研究结果表明青海省“黑土滩”退化草地占可利用草地总面积的15%（李积兰 等，2009），而本书的研究结果表明，黄河源青海片区黑土型“黑土滩”退化高寒草地14239.47km^2，占黄河源青海片区草地总面积的14.76%，与其结果基本吻合。黄河源地处青藏高原东南端，气候条件相对长江源与澜沧江源较好，因此“黑土滩”面积与比例近年来变化不显著。黄河源青海片区所涉及的17个县域黑土型“黑土滩”均有分布，总体趋势是分布于黄河源青海片区域内西北和西南部高海拔区域，一方面与高寒草甸、低地草甸、山地草甸草地类型分布区域有关，一方面可能与海拔越高气候越恶劣有关。据统计，青海全省沙化土地面积1246.2万公顷，主要集中于青海湖沿岸地区，占青海全省总面积的17.4%（蒋翔 等，2021），而本书的研究结果表明黄河源青海片区沙化草地面积合计5739.75km^2，占黄河源青海片区草地总面积的5.95%，黄河源青海片区沙化草地较青海省其他区域危害较轻，面积与比例低于“黑土滩”。这可能主要是由于在黄河源青海片区高寒草甸面积高于高寒草原，高寒草原与高寒草甸受海拔与气候等自然因素影响分布区域本就有所不同。

“秃斑化”退化草地进一步发展可成为几乎无植被覆盖且水土流失严重的“裸露化”退化草地，本书的研究结果显示黄河源青海片区几乎无植被覆盖的退化草地类型主要有砾石型

“黑土滩”、岩石型“黑土滩”、重度沙化草地。其中砾石型“黑土滩”面积合计 2445.37km^2，占黄河源青海片区草地总面积的 2.53%；岩石型“黑土滩”面积 376.07km^2，占黄河源青海片区草地总面积的 0.39%；重度沙化草地面积 1516.35km^2，占黄河源青海片区草地总面积的 1.57%。由此可见对黄河源青海片区影响较大的几乎无植被覆盖的退化草地类型主要是砾石型“黑土滩”。这可能主要是由于黑土型“黑土滩”形成后，在低海拔人类活动频繁区域退化进一步加剧形成砾石型“黑土滩”，而岩石型“黑土滩”是砾石型“黑土滩”进一步退化的结果；重度沙化草地是沙化草地进一步退化的结果，二者面积与比例本来就较“黑土滩”型退化草地小。

第三节　青藏高原高原鼠兔栖息地选择

理解动物的生境利用特征是进行资源管理、生物多样性保护的基础之一，因此生境研究在野生动物生态学研究中占有非常重要的地位（Boitani et al.，2000）。目前，在生境研究方法中，模型手段是非常受重视的，它能够帮助研究人员预测环境的变化和制定有效的保护措施（Gu et al.，2004）。多元统计模型由于能够从多个变量入手，考虑各生境变量的综合影响，因此在野生动物栖息地分析中得到了深入研究和发展。其中，资源选择函数（resource selection functions，RSFs）因为能够比较系统地分析野生动物对栖息地各生境变量的选择性，同时又能兼顾这些变量的综合效应，而得到广泛应用（Boyce et al.，1999；李欣海 等，2001；Boyce et al.，2002）。

高原鼠兔（*Ochotona curzoniae*）是青藏高原及其周边高海拔地区的特有物种（冯祚建 等，1985），由于其在青藏高原分布广泛，而且种群密度高，长期以来被认为是危害草地生态系统的害鼠（边疆晖 等，1997）。但近年来也有研究认为高原鼠兔是维系青藏高原生态平衡的关键种，草地生态系统平衡的打破是近年来人类活动加剧的结果（Morris et al.，2013）。由于长期以来对高原鼠兔种群暴发机制和栖息地选择的研究，可用于对其采取有效控制的生态措施尚无报道。基于此，我们认为开展系统的栖息地选择的模型研究是对该物种提出有效控制措施的前提。

高原鼠兔的栖息地环境比较复杂，分布于广袤的高寒草甸、高寒草原和高寒荒漠等环境。而和人类的生活生产环境关系最紧密的无疑是栖居在高寒草甸上的高原鼠兔。鉴于高原鼠兔栖息地的复杂性，我们采用较多的变量来归纳影响高原鼠兔在高寒草甸中栖息地选择环境因子（王正寰 等，2003；王正寰 等，2006）。这对于建立高原鼠兔栖息地的资源选择函数模型是有利的，因为较窄的范围通常可以提高模型的有效性（Fish et al.，1981）。而且，高原鼠兔是高密度物种（朴仁珠，1989；王正寰 等，2004；Schaller，1998），而资源选择函数模型对高密度种群生境利用特征分析的有效性是被公认的（Boyce et al.，1999；Mysterud et al.，1999；Lennon，1999；Railsback et al.，2003）。

基于已有的高原鼠兔栖息地选择的研究报告（边疆晖 等，1999；王正寰 等，2006），还将使用主成分分析的结果与资源选择函数分析结果对比，探讨这两种方法分析结果的异同，并从模型的理论基础出发，分析资源选择函数模型和主成分分析结果可能出现差异的原因。

一、研究地区概况

研究地区位于青海省黄南藏族自治州河南县西北部，以南旗村（33°08'N，97°55'E）为中心的面积230km^{2}的地区，海拔3420～4270m。该地区为丘状高原和高平原区，地表起伏平缓。山丘相对高差小于200m，并且连绵向四周延伸，其间形成大量平缓的山谷，随着高程的逐步降低汇合成广袤的高原平地（平滩）。全年干旱少雨而多风，气温低，无绝对无霜期，日照长，昼夜温差大；冬季长，夏季不明显。年降雨量在600mm左右。平均日最高气温（为一段时间内每日最高气温的平均值），最热月（7月）为17℃，最冷月（1月）为4℃；平均日最低气温（为一段时间内每日最低气温的平均值），7月为2.6℃，1月为–24.7℃。该地区植被类型单一，主要为高寒草甸和高山灌丛，但物种组成多样。高山草甸以莎草科的小嵩草（*Kobresia pygmaea*）和矮嵩草（*K. setchwanensis*）为优势物种，此外还包括禾本科、菊科、毛茛科、豆科、蓼科的草本植物。高山灌丛以杜鹃花亚科的植物为主，此外还有高山柳（*Salix cupularis*）、金露梅（*Potentilla fruticosa*）和高山绣线菊（*Spiraea alpina*）等。高原鼠兔（*Ochotona curzoniae*）是当地分布最广、种群密度最大、防治力度最大的草原啮齿动物，高原鼢鼠（*Myospalax baileyi*）、青海田鼠（*Lasiopodomys fuscus*）、松田鼠（*Pitymys irene*）、长尾仓鼠（*Cricetulus longicaudatus*）、灰尾兔（*Lepus oiostolus*）以及喜马拉雅旱獭（*Marmota himalayana*）是当地常见的啮齿动物，此外藏原羚（*Procapra picticaudata*）在研究地区也有一定的种群数量（鲁庆彬 等，2005）。

二、方法

（一）取样方法和数据收集

以定宽样线法（0.5m）进行系统取样（Robinowitz et al.，1995；徐宏发 等，1998）。根据当地的实际条件（自然湿地、河流的阻隔），我们将研究地区划分成4个单元，在每个单元中按照如下方法设置样线：首先徒步爬上山脊，沿山脊设置一条样线以保证能够将该单元内的全部山脊巡查一遍。在巡查过程中如遇到山脊两旁有山谷，则在山谷的中心设一组十字形样线。其中一条结束于山谷两边的山脊上，另一条则从山脊开始沿着山谷延展的方向，一直延伸到远处平滩上距离公路或河流500m处止。调查人员在对该山谷调查完毕后，回到山脊上继续沿着山脊延伸的方向巡查。按照此法，共调查山谷9个，样线总长度大于40km。2012年和2013年7～8月间对研究地区进行了全面调查。记录研究区域内发现的高原鼠兔栖息地的GPS坐标。调查时，在样线上每隔50m设置一组动植物调查样方，其中调查植物的样方面积为1m×1m，调查鼠兔活动痕迹的样方面积为5m×5m，两个样方的中心点重合，成同心环状。

2013年7～8月间重新调查这些位点，选取仍在使用中的高原鼠兔栖息地。以每个这样的栖息地为中心设置一个5m×5m的高原鼠兔栖息地样方。同时，在前述的样线上每隔100m也同样设置一个1m×1m的环境样方。记录所有样方中12个生境变量的数据，具体如下：

高原鼠兔的栖息地：凡是出现高原鼠兔活动痕迹的样地，均视为高原鼠兔的栖息地，活动痕迹包括洞穴、鼠丘和粪便。

电线杆（或围栏桩）距离：电线杆是猛禽抓捕高原鼠兔时停靠和观察的据点，表示高原鼠兔的捕食风险；其距离也用激光测距仪测定。

坡向：用坡度仪测定。

坡度：用坡度仪测定。

坡位：共包括平滩、下方缓坡、坡中和坡顶 4 个等级。其中，平滩为坡度 0° ～3° ，把坡度＞ 3° 的坡段，依据投影距离按 1 ∶ 1 ∶ 1 分成 3 段，靠近平滩者为下坡；海拔最高者为坡顶，两者之间为坡中。

植被高度：把样方中各种植物分种，测定其高度和分盖度，再以分盖度加权计算样方的高度。

植被盖度：用针插法测定。

植被生物量：把样方中各种植物分种，刈割测定其生物量鲜重，计算其总重为样方的植被生物量。

物种多样性：用香农多样性指数计算。

植被类型：把样方中各种植物分种，测定每种植物的高度、分盖度和生物量，以这三种数据为指标，对其进行聚类分析，分为小嵩草草甸、矮嵩草草甸等类别。

土壤紧实度：用土壤紧实度仪进行测定；因高寒草甸土层较薄，以 10cm 深处的土壤紧实度为考察指标。

土壤温度、土壤盐度和土壤湿度：用土壤三参数仪进行测定。

（二）数据处理方法

使用资源选择函数（RSFs）和主成分分析（PCA）两种方法对高原鼠兔栖息地生境特征进行分析。数据处理采用 SPSS 20.0 软件完成。资源选择函数是基于逻辑斯蒂回归模型开发的模型。为控制各变量之间的自相关性，在拟合逻辑斯蒂方程之前对所有生境变量进行相关分析，当相关系数绝对值≤ 0.5 时，可视为没有自相关现象（Boyce et al.，1999；李欣海 等，2001）。然后，使用 ROC 曲线（receiver operating characteristic curve）来确定模型的理论阈值（Boyce et al.，2002；Hastie et al.，2002）。当模型根据实际数据得到的计算值达到或超过该理论阈值时，模型将给出“选择”的结论，反之，模型将给出“不选择”的结论。

主成分分析过程中，主成分的取舍标准为：①考查前面几个主成分的累积贡献率是否已经超过 60%，如已达到，则不再选用更多的主成分；②这些主成分的特征根是否大于或等于 1.0（Liang et al.，1994），保留特征根不小于 1.0 的主成分。本书中，我们综合了这两个标准来确定主成分的取舍。当主成分分析结果中各生境变量没有在空间上很好展开时，对数据追加最大方差旋转（varimax）处理。对主成分分析的结果辅以 X^2 适合度检验，比较数据在各生境变量内部的频次分布，以具体了解高原鼠兔栖息地各变量的分布特征。最后，对 13 个生境变量进行一元方差分析（one-way ANOVA，变量数据正态分布时）或 Mann Whitney U 检验（变量数据非正态分布时），以了解这些变量在高原鼠兔栖息地中和在环境样方中分布情况的区别。

三、结果

共记录高原鼠兔栖息地1438个，其中1337个高原鼠兔栖息地样方数据符合构建资源选择函数和进行主成分分析的要求。完成有效环境样方2136个，使用SPSS软件随机抽取了1337个用于资源选择函数模型，和高原鼠兔栖息地样方进行1∶1对照。

（一）各因素的单独作用

表5-10表明，坡位、植被高度、植被类型、土壤紧实度、植被生物量、土壤湿度、植被盖度七个生境变量对高原鼠兔的栖息地选择有显著影响，而土壤盐度、水源距离、坡向、坡度、物种多样性、土壤温度对高原鼠兔的栖息地选择无显著影响。在高寒草甸，对于坡位而言，高原鼠兔最喜欢选择坡中和坡脚位置，坡顶和平滩很少有高原鼠兔的分布。对于植被高度，高原鼠兔最喜欢植被高度为10～20cm的栖息地，当植被高度大于40cm或者小于5cm时，高原鼠兔几乎不选择。在植被类型上，高原鼠兔最喜欢杂类草较多的矮嵩草草甸和小嵩草草甸，而对于植物组成单一的小嵩草草甸、金露梅灌丛很少选择，对于藏嵩草草甸等沼泽化草甸从不选择。在土壤紧实度上，高原鼠兔喜欢选择紧实度偏大的地块（2000～3000Pa），而对较疏松的地块很少选择，对紧实度极大的地块，也不选择。

表5-10 高原鼠兔栖息地样方各生境变量在各分组中的分布情况

生境变量	分组	出现频次	百分比/%	X^2适合度检验	
				X^2	p
坡位	平滩	0	0.00	1432.57	0
	坡脚	304	21.14		
	坡中	889	61.82		
	坡顶	245	17.04		
植被高度	0～5cm	123	8.55	851.25	0.001
	5～10cm	226	15.72		
	10～20cm	851	59.18		
	20～40cm	238	16.55		
	40～100cm	0	0.00		
植被类型	沼泽化草甸①	0	0.00	779.62	0.001
	小嵩草草甸	217	15.09		
	小嵩草杂类草草甸	283	19.68		
	矮嵩草草甸	149	10.36		
	矮嵩草杂类草草甸	214	14.88		
	珠芽蓼草甸	0	0.00		
	金露梅灌丛	45	3.13		
	鹅绒委陵菜草甸	12	0.83		
	杂类草草甸	369	25.66		
	披碱草草甸	0	0.00		
	披碱草杂类草草甸	149	10.36		

续表

生境变量	分组	出现频次	百分比/%	X^2适合度检验	
				X^2	p
土壤紧实度	0～500Pa	42	2.92	693.27	0.001
	500～1000Pa	277	19.26		
	1000～2000Pa	442	30.74		
	2000～3000Pa	649	45.13		
	3000Pa以上	28	1.95		
植被生物量	0～100g	6	0.42	485.55	0.003
	100～500g	108	7.51		
	500～1000g	432	30.04		
	1000～2000g	651	45.27		
	2000～3000g	228	15.86		
	3000g以上	13	0.90		
坡度	0°	245	17.04	35.29	0.703
	1°～5°	273	18.98		
	5°～10°	316	21.97		
	10°～30°	388	26.98		
	30°～60°	216	15.02		
	60°～90°	0	0.00		
土壤盐度	0%～2%	295	20.51	42.17	0.572
	2%～5%	451	31.36		
	5%～10%	368	25.59		
	10%～20%	319	22.18		
	20%以上	5	0.35		
土壤温度	13～15℃	345	23.99	32.52	0.747
	15～17℃	374	26.01		
	17～19℃	345	23.99		
	19～21℃	374	26.01		
植被盖度	0%～10%	0	0.00	377.29	0.042
	10%～40%	250	17.39		
	40%～60%	320	22.25		
	60%～80%	495	34.42		
	80%～90%	366	25.45		
	90%～100%	7	0.49		

续表

生境变量	分组	出现频次	百分比/%	X^2适合度检验	
				X^2	p
水源距离	0～50m	270	18.78	37.25	0.625
	50～100m	284	19.75		
	100～1000m	305	21.21		
	1000～2000m	308	21.42		
	2000m以上	271	18.85		
坡向	东[②]	359	24.97	36.83	0.641
	南	370	25.73		
	西	353	24.55		
	北	356	24.76		
物种多样性	0～0.2	275	19.12	34.27	0.722
	0.2～0.4	277	19.26		
	0.4～0.8	314	21.84		
	0.8～1.0	316	21.97		
	1.0以上	256	17.80		
土壤湿度	0%～20%	413	28.72	485.55	0.016
	20%～40%	432	30.04		
	40%～60%	438	30.46		
	60%～80%	140	9.74		
	80%～100%	15	1.04		

① 沼泽化草甸包括藏嵩草草甸、华扁穗草甸和苔草草甸。
② 东为北偏东 45°—南偏东 45°，南为东偏南 45°—西偏南 45°，西为北偏西 45°—南偏西 45°，北为东偏北 45°—西偏北 45°。

（二）资源选择函数

由于 13 个变量中只有水源距离 1 个变量符合正态分布（Kilmogorov-Smirnov z=0.811，p=0.657，n=836），因此使用 Spearman 秩相关检验。在 15 个相关系数中，仅有坡向和坡度的秩相关值为–0.526，绝对值略微超过0.5，其他数值均未达到0.5或者未达到显著性水平（$p < 0.05$），可以进入逻辑斯蒂回归分析（表 5-11）。而坡向和坡度二者必须作出取舍，但是由于它们反映的是高原鼠兔栖息地位置非常重要的两个方面，所以在此先不对它们作判别，而是都输入逻辑斯蒂回归模型，然后根据模型给出的回归系数显著性水平高低来判断此二者的取舍。回归模型显示仅有坡向、坡位和植被类型 3 项的回归系数达到显著水平（表 5-12）。用坡向、坡位以及植被类型 3 变量建立的资源选择函数模型为：

$$z=3.990-0.823\times \text{坡向} -0.370\times \text{坡位} -0.775\times \text{植被类型}$$

$$p= ez / (1+ez)$$

式中，p 为生境选择概率。

表 5-11 生境变量的 Spearman 相关系数矩阵

	SP	VH	VT	SC	S	DP	SA	SS	ST	PB	VC	PBD	SH
SP	1												
VH	0.113	1											
VT	0.614	0.526	1										
SC	0.532	0.137	0.126	1									
S	0.217	0.125	0.161	0.124	1								
DP	0.448	0.402	0.153	0.335	0.109	1							
SA	0.032	0.058	0.224	0.069	0.19	0.102	1						
SS	0.329	0.358	0.352	0.286	0.476	0.451	0.15	1					
ST	0.042	0.225	0.258	0.27	0.326	0.461	0.239	0.122	1				
PB	0.434	0.014	0.367	0.612	0.274	0.511	0.06	0.214	0.259	1			
VC	0.005	0.151	0.189	0.592	0.706	0.187	0.474	0.502	0.121	0.185	1		
PBD	0.398	0.312	0.154	0.262	0.364	0.289	0.499	0.232	0.428	0.416	0.054	1	
SH	0.345	0.247	0.898	0.769	0.222	0.414	0.19	0.139	0.44	0.326	0.192	0.381	1

注：SP—坡位；VH—植被高度；VT—植被类型；SC—土壤紧实度；S—坡度；DP—水源距离；SA—坡向；SS—土壤盐度；ST—土壤温度；PB—植被生物量；VC—植被盖度；PBD—物种多样性；SH—土壤湿度。

表 5-12 各变量逻辑斯蒂回归结果

项目	回归系数	标准误差	Wald x^2	显著性水平
坡位	−0.762	0.345	8.403	0.002
植被高度	−0.696	0.247	5.601	0.004
植被类型	0.559	0.223	4.473	0.017
土壤紧实度	0.464	0.168	2.322	0.049
植被生物量	0.043	0.037	0.049	0.126
土壤湿度	0.025	0.021	0.028	0.179
坡度	0.015	0.013	0.017	0.221
物种多样性	0.009	0.008	0.006	0.245
水源距离	0.007	0.006	0.004	0.343
坡向	0.004	0.003	0.001	0.571
土壤盐度	0.000	0.000	0.000	0.626
土壤温度	0.000	0.000	0.000	0.650
植被盖度	0.000	0.000	0.000	0.948
常数项	3.455	0.841	14.149	0.000

此外，偏相关分析显示模型中 3 个有效变量均与选择结果呈负相关（表 5-13），说明高原鼠兔栖息地倾向于分布在坡面向阳、坡位较低以及植被低矮的生境中。模型的总预测率为 75.2%，复相关系数为 0.485（Nagelkerke R=0.235），同时 3 个变量的偏相关系数绝对值均未达到 0.4。偏差分析（akaike's information criterion，AIC）值为 309.172。ROC 曲线划分的阻挡值为 0.497，而此时模型预测敏感性为 0.857，误判率达到 0.353（图 5-3）。

表 5-13　坡位、植被高度、植被类型、土壤紧实度 4 变量逻辑斯蒂回归分析结果

项目	回归系数	标准误差	Wald x^2	显著性水平	偏相关系数
坡位	−0.813	0.302	15.377	0.000	−0.418①
植被高度	−0.701	0.248	9.601	0.004	−0.309①
植被类型	0.606	0.215	5.729	0.015	−0.152①
土壤紧实度	0.498	0.143	3.325	0.048	−0.306①
常数项	4.903	0.849	43.802	0.001	

① $p < 0.05$。

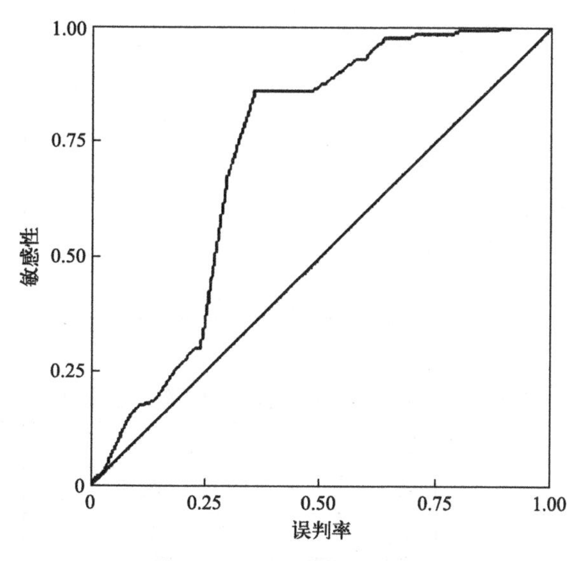

图 5-3　ROC 曲线诊断结果

对角线表示模型没有判断能力（50%的面积），对角线上方的折线代表模型具有判断能力（超过50%的面积）

（三）生境变量的分布比较

将 13 个生境变量在高原鼠兔栖息地样方（n=133）和对照样方（n=133）中的分布情况进行比较后发现：洞穴样方和对照样方间鼠兔洞穴数量存在显著的差异（Mann Whitney U，z= −3.437，p=0.001）；水源距离分布无显著差异（one-way ANOVA，F_{265}= 0.131，p= 0.718）；坡位变量的分布差异显著（Mann Whitney U，z= −2.531，p= 0.011）；坡度变量分布差异不显著（Mann Whitney U，z= −1.616，p= 0.106）；坡向分布差异显著（Mann Whitney U，z= −5.033，p= 0.001）；植被类型的分布差异极显著（Mann Whitney U，z= −4.976，p= 0.001）。

（四）主成分分析

使用 133 个高原鼠兔栖息地样方得到 6 个主成分，前 3 个主成分特征根的累积贡献率已经超过 75%，最大方差因子旋转后这 3 个主成分的特征根都大于 1.0，不再考虑其余的主成分（表 5-14）。各主成分特征向量见表 5-15。

表 5-14　高原鼠兔栖息地生境利用特征的主成分分析

主成分	特征根	贡献率/%	累积贡献率/%
1	2.548	26.465	26.465
2	2.275	22.468	48.933
3	1.714	18.443	67.376
4	1.655	13.32	80.696
5	1.335	7.015	87.711
6	1.135	4.015	91.726
7	1.007	2.014	93.74
8	0.892	1.864	95.604
9	0.781	1.203	96.807
10	0.515	1.746	98.553
11	0.432	0.792	99.345
12	0.411	0.45	99.795
13	0.25	0.205	100

表 5-15　主成分分析前 3 个主成分的特征向量、特征根及贡献率

项目	主成分1	主成分2	主成分3
坡位	**−0.812**	0.345	0.403
植被高度	**−0.906**	0.247	0.601
植被类型	0.259	**0.898**	0.473
土壤紧实度	0.364	**0.769**	0.322
植被生物量	0.023	0.222	**0.816**
土壤湿度	0.138	0.125	0.557
坡度	0.015	0.414	0.139
物种多样性	0.204	0.19	0.238
水源距离	0.244	0.139	0.53
坡向	0.471	0.44	0.227
土壤盐度	0.104	0.326	0.249
土壤温度	0.215	0.192	0.201
植被盖度	0.323	0.381	0.134
特征根	1.924	1.713	1.102
贡献率	31.562	27.591	16.447

注：黑体数字为绝对值大于 0.7 的变量。

第一主成分中水源距离和鼠兔洞穴数量的载荷量均超过 0.7，成为第一主成分的主要得分变量，定义该主成分为食物水源因子。以此类推，第二主成分的主要得分变量是坡度和坡

位，该主成分定义为地理因子；第三主成分中植被类型是主要得分变量，定义为隐蔽因子。在所有 12 个主成分中坡向载荷量一直没有超过 0.7。主成分分析得到的高原鼠兔栖息地生境诸变量的重要性由高到低依次为：坡位、植被高度、土壤紧实度、植被类型、水源距离、坡度、土壤水分、土壤盐度、土壤温度和坡向。X^2 适合度检验显示各个生境变量内部不同组分间均存在极显著差异（$p < 0.01$，表 5-15）。其中，在坡位一项中，所有坡中地段的样方内均有鼠兔洞穴出现，但是鼠兔洞穴数量在 [0，10] 范围内的高原鼠兔栖息地样方数显著地多（表 5-15），这可能和高原鼠兔的捕食和鼠兔的趋避有关。在水源距离中，X^2 检验显示（500，1000）m 的距离上分布着最多的高原鼠兔栖息地，和别的组分之间差异显著。在坡位变量中，高原鼠兔栖息地多分布在中坡位和下坡位，而上坡位和坡顶的样方分布较少，同时在平地上没有发现高原鼠兔的洞穴。坡度变量中，缓坡组是高原鼠兔栖息地样方分布的主要坡型。在坡向方面，高原鼠兔栖息地多分布在半阴半阳坡，阳坡组次之，阴坡组分布得最少。在植被类型中，高原鼠兔洞穴主要分布在草甸类型的生境中，灌丛中没有发现高原鼠兔栖息地。

上述结果表明，典型的高原鼠兔栖息地生境的特点是：水源距离适中、缓坡、中低坡位、半阴半阳坡向以及植被低矮开阔。

第四节　高寒草地退化与流域地形地貌的关系

利用黄河源青海片区流域单元分级成果数据以及退化高寒草甸数据，对黄河源青海片区退化高寒草甸分布特征进行分析，明确黄河源青海片区退化高寒草甸（高原鼠兔和高原鼢鼠暴发区）在不同流域单元内的分布规律，为黄河源退化草地恢复与治理提供参考。退化高寒草甸包括三种类型，分别是黑土型“黑土滩”（原生植被覆盖度＜ 70% 的秃斑化高寒草甸、低地草甸、山地草甸）、砾石型“黑土滩”（主要分布于高寒草甸、低地草甸、山地草甸区域内水土流失严重，土壤比例较少，以小块状砾石为主，几乎无原生植被覆盖的“黑土滩”）和岩石型“黑土滩”（主要分布于高寒草甸、低地草甸、山地草甸较大坡度区域内水土流失严重，无土壤，块状砾石较多，可见岩石且几乎无原生植被覆盖的“黑土滩”）。

一、研究方法

（一）流域单元微地形数据测量

选取典型流域单元，选取原则为“两河汇一河”的“Y”字形河流，既有一定的相似性，同时也可以重复处理（即在黄河源典型流域单元 Y 形河流的两个支流和主干上分别选取一个采样点），作为三个重复。测量区域坐标分别为：N 34° 26′ 7″，E 101° 19′ 12″；N 34° 19′ 56″，E 101° 19′ 25″；N 34° 21′ 30″，E 101° 19′ 14″。在观察流域单元区域地形特征基础上，在每个典型流域中随机选取横剖面两个，以河流为界，分别呈直线于山顶、山腰、山麓、阶地处设置测量点，测量样点坡度，获取典型流域单元地形数据（每个测量点获取 3 个坡度数据）（图 5-4）。

图 5-4　地形测量区域示意图

（二）坡向分类

根据李图南（2020）的方法，将坡向划分为五个类别：平面即坡向界线为无坡向；南、西南即坡向界线为 157.5°～247.5°，为阳坡；北、东北即坡向界线为 0°～67.5° 或 337.5°～360°，为阴坡；西、东南即坡向界线为 247.5°～292.5° 或 112.5°～157.5°，为半阳坡；西北、东即坡向界线为 67.5°～112.5° 或 292.5°～337.5°，为半阴坡。黄河源青海片区不同流域单元坡向面积信息详见表 5-16。

表 5-16　流域单元坡向统计表

流域级别	阳坡/km^2	半阳坡/km^2	半阴坡/km^2	阴坡/km^2	无坡向/km^2	总面积/km^2
干流单元	2684.57	2475.53	2486.18	2751.89	30.34	10428.51
一级支流单元	11783.46	9728.92	9432.20	10875.48	76.35	41896.41
二级支流单元	11721.38	9789.41	10267.12	12945.43	51.78	44775.12
三级支流单元	3395.56	3076.46	3347.32	4287.25	28.14	14134.74
四级支流单元	311.17	260.44	274.51	390.97	0.23	1237.32
断流河流单元	564.37	445.64	602.61	1103.67	3.03	2719.33
湖泊周边	75.77	77.67	82.13	81.79	1521.86	1839.22
合计	30536.29	25854.07	26492.06	32436.48	1711.74	117030.65

（三）坡度分类

使用黄河源数字高程（DEM）数据以 1° 为间距在 ArcGIS 10.7 平台中制作黄河源青海片区坡度图。黄河源青海片区不同流域单元坡度面积信息详见图 5-5。

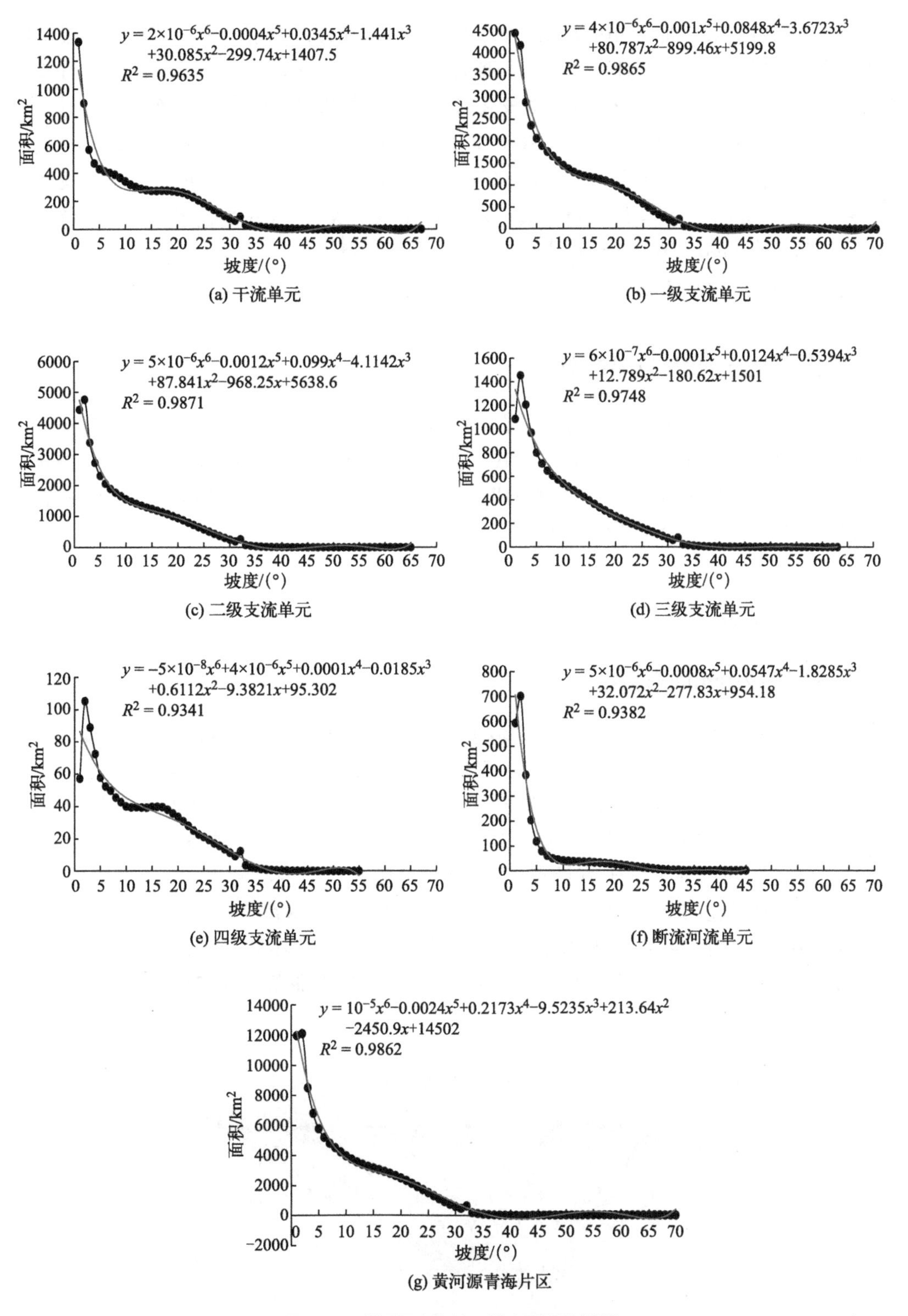

(a) 干流单元　(b) 一级支流单元

(c) 二级支流单元　(d) 三级支流单元

(e) 四级支流单元　(f) 断流河流单元

(g) 黄河源青海片区

图 5-5　黄河源青海片区坡度面积统计图

二、模型拟合与残差分析

以坡度为自变量，面积为因变量，使用 Microsoft Office 2016 版 Excel 表格进行模型拟合与残差分析。残差是数理统计中实际值与拟合值（估计值）之间的差，残差蕴含了有关模型基本假设的重要信息，通过残差曲线的变化可以找到线性关系中的突变区域。

设线性回归模型为$\boldsymbol{Y}=\boldsymbol{X\beta}+\varepsilon$，其中 $\boldsymbol{Y}$ 是由相应变量构成的 n 维向量，$\boldsymbol{X}$ 是 $n\times(p+1)$ 阶设计矩阵，$\boldsymbol{\beta}$ 是 $p+1$ 维向量，ε 是 n 维随机变量。回归系数的估计值$\hat{\boldsymbol{\beta}}=(\boldsymbol{X}^{\mathrm{T}}\boldsymbol{X})^{-1}\boldsymbol{X}^{\mathrm{T}}\boldsymbol{Y}$，拟合值$\hat{\boldsymbol{Y}}=\boldsymbol{X}\hat{\boldsymbol{\beta}}=(\boldsymbol{X}^{\mathrm{T}}\boldsymbol{X})^{-1}\boldsymbol{X}^{\mathrm{T}}-\boldsymbol{Y}=\boldsymbol{HY}$，其中$\boldsymbol{H}=\boldsymbol{X}(\boldsymbol{X}^{\mathrm{T}}\boldsymbol{X})^{-1}\boldsymbol{X}^{\mathrm{T}}$，称 $\boldsymbol{H}$ 为帽子矩阵。这解释了帽子矩阵与残差的关系，残差可以通过帽子矩阵与真实值得出。

残差$\hat{\varepsilon}=y-\hat{y}=(\boldsymbol{I}-\boldsymbol{H})\boldsymbol{Y}$。

三、退化草地 - 河流距离统计

以河流为中心线，分别设置 0～200m、200～400m、400～600m、600～800m、800～1000m、1000～1200m、1200～1400m、1400～1600m、1600～1800m、1800～2000m、＞2000m 等 11 个距离梯度，分别统计流域单元不同距离梯度内退化草地分布面积，分析退化草地分布变化趋势。

四、结果与分析

（一）流域单元地形特征

测量点设置如图 5-6 所示，不同区域坡度数据如表 5-17。测量点 1 最大坡度 36°、最小坡度 31°、平均坡度 34.00°±2.65°，测量点 2 最大坡度 36°、最小坡度 29°、平均坡度 32.67°±3.51°，测量点 6 最大坡度 37°、最小坡度 33°、平均坡度 34.33°±2.31°，测量点 1、2、6 坡度差异不显著。而测量点 5 最大坡度 28°、最小坡度 28°、平均坡度为 28.00°±0.00°，坡度显著低于测量点 1、2、6。坡度最小的为测量点 4，最大坡度 3°、最小坡度 2°、平均坡度 2.33°±0.57°。测量点 3 为阶地，最大坡度 8°、最小坡度 7°、平均坡度 7.19°±0.37°。由此可见，以河流为界，两侧坡面形态有所不同，一边为陡坡面，一边为 5°～15° 区域面，但两侧坡顶（测量点 1 和 6）坡度差异不显著；陡坡坡中（测量点 5）与

图 5-6 测量点分布图

表 5-17 不同采样点的坡度

测量点	最大坡度/（°）	最小坡度/（°）	平均坡度/（°）	鼠洞数量/（个/m²）
1	36	31	34.00±2.65[a]	0.00±0.00[c]
2	36	29	32.67±3.51[a]	0.00±0.00[c]
3	8	7	7.19±0.37[c]	2.22±0.97[a]
4	3	2	2.33±0.57[d]	1.33±0.56[b]
5	28	28	28.00±0.00[b]	0.22±0.14[c]
6	37	33	34.33±2.31[a]	0.00±0.00[c]

注：不同字母表示差异显著（$p < 0.05$），下同。

5°～15°区域坡中（测量点 2）坡度差异显著，而陡坡面坡麓（测量点 4，河谷滩涂）与 5°～15°区域面阶地（测量点 3）坡度亦差异显著。

同时对不同区域鼠洞数量进行计数，发现区域 1、2、6 中几乎无鼠洞分布，区域 3 中分布最多，达到了（2.22±0.97）个 /m²。其次为区域 4，达到（1.33±0.56）个 /m²。区域 5 中分布较少，为（0.22±0.14）个 /m²。

（二）基于流域单元黑土型“黑土滩”分布

基于流域单元黑土型“黑土滩”分布范围较广，分布范围最低海拔 2117.50m，最高海拔 5121.49m，平均海拔（4301.17±1456.98）m；斑块面积最小 100m²，最大 129.02km²。干流单元中面积 792.28km²，占比 5.56%；一级支流单元中面积 4733.41km²，占比 33.24%；而二级支流单元中面积 6187.91km²，占比 43.46%；三级支流单元中面积 2404.94km²，占比 16.89%；四级支流单元中面积 99.73km²，占比 0.70%；断流河流单元中面积 20.98km²，占比 0.15%。黑土型“黑土滩”主要分布于一级支流单元、二级支流单元中（表 5-18）。

干流单元中，黑土型“黑土滩”在阳坡分布面积最大，为 236.12km²，其次是阴坡，面积为 203.37km²，半阳坡和半阴坡面积分别为 178.79km² 和 172.49km²，无坡向区域仅为 1.51km²。与干流单元类似，一级支流单元、二级支流单元、三级支流单元、四级支流单元和断流河流单元中均是阳坡分布最多，分别达到 1369.24km²、1849.03km²、688.36km²、34.07km² 和 8.43km²。黄河源青海片区黑土型“黑土滩”分布于阳坡面积合计 4185.24km²，半阳坡面积合计 3370.07km²，半阴坡 3116.92km²，阴坡面积合计 3549.59km²，无坡向面积合计 17.40km²。黑土型“黑土滩”在阳坡、半阳坡、半阴坡、阴坡、无坡向区域分布比例分别为 29.43%、23.70%、21.92%、24.96% 和 0.12%（表 5-18）。

表 5-18 基于流域单元黄河源青海片区黑土型“黑土滩”坡向统计表

流域单元分级	阳坡/km²	半阳坡/km²	半阴坡/km²	阴坡/km²	无坡向/km²	总面积/km²
干流单元	236.12	178.79	172.49	203.37	1.51	792.28
一级支流单元	1369.24	1157.24	1047.13	1153.71	6.10	4733.42
二级支流单元	1849.03	1431.45	1341.36	1559.36	6.71	6187.91
三级支流单元	688.36	571.77	533.39	608.37	3.05	2404.94
四级支流单元	34.07	24.33	18.94	22.35	0.04	99.73

续表

流域单元分级	阳坡/km^2	半阳坡/km^2	半阴坡/km^2	阴坡/km^2	无坡向/km^2	总面积/km^2
断流河流单元	8.43	6.50	3.61	2.44	0.00	20.98
合计	4185.24	3370.07	3116.92	3549.59	17.40	14221.83

在干流单元中黑土型“黑土滩”在0°～1°坡度范围内分布最多，面积达到139.40km^2，其次为1°～2°坡度范围内，面积为64.15km^2，2°～6°范围内随着坡度增加面积逐步有所增加，在5°～6°范围内达到52.72km^2，随后随着坡度的增加面积逐步减少，在51°之后无分布，但31°～32°范围内较30°～31°范围内面积大。

一级支流单元中黑土型“黑土滩”在0°～1°坡度范围内分布最多，面积达到623.99km^2，随后随着坡度的增加面积逐步减少，在2°～6°范围内面积相当，在53°之后无分布，但31°～32°范围内较30°～31°范围内面积大。

二级支流单元中黑土型“黑土滩”在0°～1°坡度范围内分布最多，面积达到691.76km^2，其次为1°～2°坡度范围内，面积为569.69km^2，3°～4°范围内面积较2°～3°范围内多，随后随着坡度的增加面积逐步减少，在46°之后无分布，但31°～32°范围内较30°～31°范围内面积大。

三级支流单元中黑土型“黑土滩”在0°～1°坡度范围内分布最多，面积达到211.43km^2，其次为1°～2°坡度范围内，面积为192.47km^2，3°～4°范围内面积较2°～3°范围内多，随后随着坡度的增加面积逐步减少，在49°之后无分布，但31°～32°范围内较30°～31°范围内面积大。

四级支流单元中黑土型“黑土滩”在3°～4°坡度范围内分布最多，面积达到10.09km^2，其次为4°～5°坡度范围内，面积为9.91km^2，0°～3°范围内随着坡度增加面积有所增加，4°～7°范围内面积相当，7°后随着坡度的增加面积逐步减少，在39°之后无分布，但31°～32°范围内较30°～31°范围内面积大。

断流河流单元中黑土型“黑土滩”在16°～17°坡度范围内分布最多，面积达到1.00km^2，0°～12°范围内随着坡度增加面积有所增加，12°～20°范围内面积相当，21°后随着坡度的增加面积逐步减少，在32°之后无分布。

总体来看黄河源青海片区黑土型“黑土滩”在0°～1°坡度范围内分布最多，面积达到1669.52km^2，其次为1°～2°坡度范围内，面积为1312.35km^2，2°～5°范围内随着坡度增加面积逐步有所增加，在4°～5°范围内达到1093.45km^2，随后随着坡度的增加面积逐步减少，在54°之后无分布，但31°～32°范围内较30°～31°范围内面积大（图5-7）。

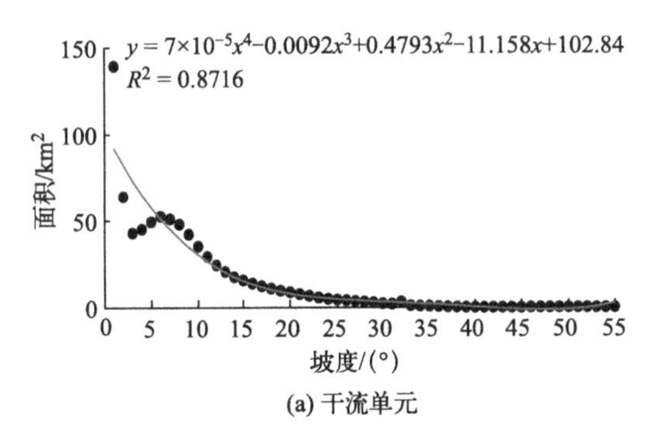

(a) 干流单元

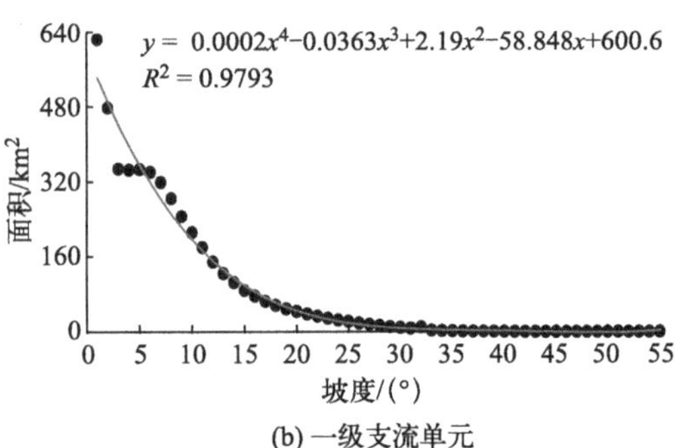

(b) 一级支流单元

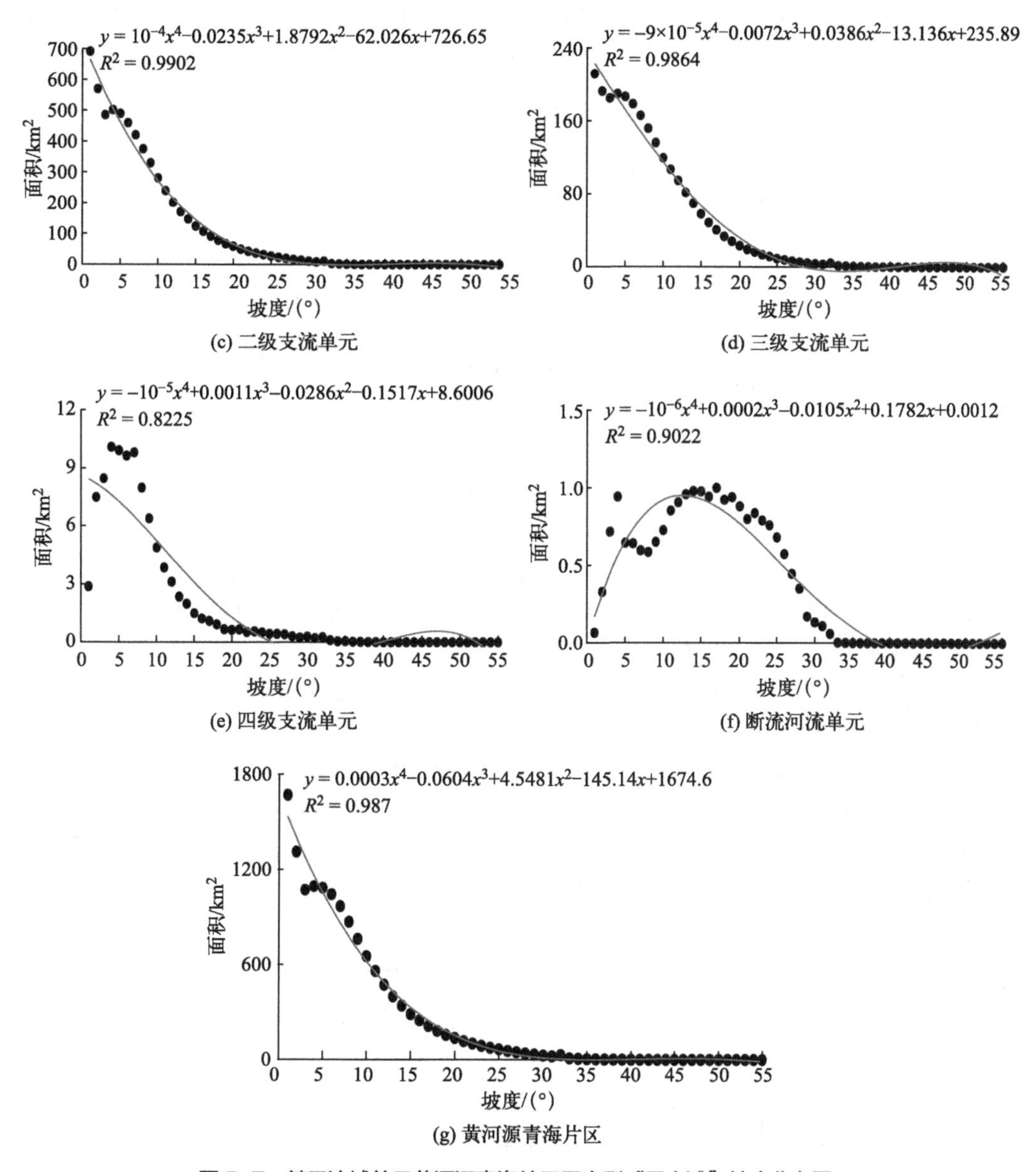

图 5-7 基于流域单元黄河源青海片区黑土型“黑土滩”坡度分布图

为更明显体现黄河源青海片区黑土型“黑土滩”模型拟合曲线的函数特征，更精确分析黄河源青海片区黑土型“黑土滩”分布，提取模型拟合曲线的常规残差，根据各坡度残差值大小判断模型拟合曲线的突变点。

图 5-8 的结果表明黄河源青海片区黑土型“黑土滩”随坡度分布面积模型曲线共有 4 个突变点，分别出现在 3°、7°、15° 和 32°，结合野外实测坡度数据，0°～3° 为河谷滩涂，3°～7° 为阶地，因此 0°～7° 区域为滩地，这一区域内黑土型“黑土滩”数量最多，面积达到 8238.71km^2，占黑土型“黑土滩”总面积的 57.86%。7°～15° 区域为坡地，随着坡度的增加黑土型“黑土滩”面积逐步降低。7°～15° 区域黑土型“黑土滩”面积达到 4347.28km^2，占黑土型“黑土滩”总面积的 30.53%。16° 区域黑土型“黑土滩”面积较 15° 区域显著降低，

33° 区域黑土型“黑土滩”面积较 32° 区域显著降低，因此 15° ～32° 区域为陡坡地，黑土型“黑土滩”面积达到 1621.75km²，占黑土型“黑土滩”总面积的 11.39%。33° ～54° 区域虽然也有所分布，但所占比例仅为 0.22%（图 5-7，图 5-8）。

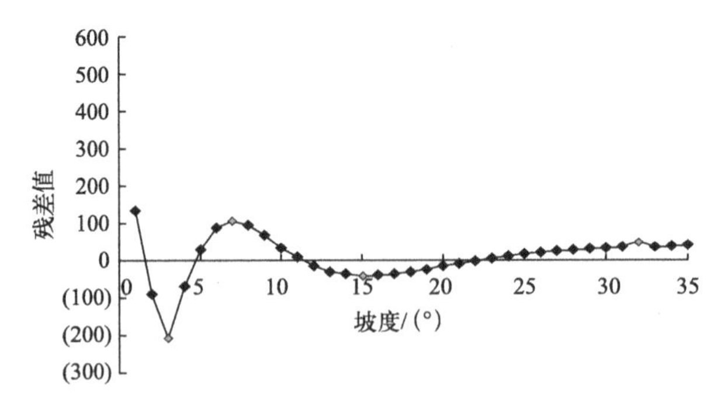

图 5-8 残差值分布图

干流单元中，黑土型“黑土滩”在距离河流 200～400m 的区域内分布最多，面积为 47.62km²，其次为 400～600m 区域内，面积为 46.33km²，随后随着垂直距离的增加 200m 梯度内面积逐步减少。一级支流单元、二级支流单元以及断流河流单元中也是 200～600m 区域内分布最多，面积合计分别达到 605.29km²、826.36km² 和 3.05km²。而三级支流单元和四级支流单元中是 400～800m 区域内分布最多，面积合计分别达到 358.99km² 和 14.33km²（表 5-19）。在流域单元中黑土型“黑土滩”均呈现出在距离河流较近的区域内面积逐步增加，达到最大值后随着距离的增加面积逐步减少的趋势。不同级别同一垂直距离区域中黑土型“黑土滩”面积二级支流单元＞一级支流单元＞三级支流单元＞干流单元＞四级支流单元＞断流河流单元。

表 5-19 基于流域单元黄河源青海片区黑土型“黑土滩”河流距离分布表

距离/m	干流单元/km²	一级支流单元/km²	二级支流单元/km²	三级支流单元/km²	四级支流单元/km²	断流河流单元/km²
0～200	35.83	272.51	371.88	158.60	5.24	1.31
200～400	47.62	302.41	411.22	174.88	6.00	1.62
400～600	46.33	302.88	415.14	181.15	7.15	1.44
600～800	42.78	287.99	410.05	177.85	7.18	1.21
800～1000	39.48	271.77	399.04	174.37	6.05	0.86
1000～1200	37.39	257.83	371.61	169.42	4.84	0.91
1200～1400	34.67	244.00	347.63	157.20	3.72	0.78
1400～1600	31.07	233.76	325.28	145.41	3.58	0.61
1600～1800	26.70	220.26	301.99	130.98	3.43	0.74
1800～2000	23.58	200.48	274.83	116.54	2.95	0.62

（三）基于流域单元砾石型“黑土滩”分布

砾石型“黑土滩”分布范围最低海拔 2010.75m，最高海拔 4490.43m，平均海拔（3859.21±1094.65）m；斑块面积最小 3.13m²，最大 46.28km²。干流单元中面积 158.38km²，占比 6.48%；一级支流单元中面积 757.35km²，占比 30.97%；二级支流单元中面积 1152.86km²，占比 47.15%；三级支流单元中面积 333.05km²，占比 13.62%；四级支流单元中面积 28.09km²，占比 1.15%；断流河流单元中面积 2.86km²，占比 0.12%；湖泊周边 12.72km²，占比 0.52%。砾石型“黑土滩”主要分布于一级支流单元、二级支流单元和三级支流单元中。

干流单元中，砾石型“黑土滩”在阳坡、半阳坡、阴坡、半阴坡中的分布相近，占比分别为 25.25%、24.07%、25.75%、24.17%，无坡向区域占比为 0.86%。一级支流单元、二级支流单元、三级支流单元、四级支流单元、断流河流单元中砾石型“黑土滩”均在阴坡中分布最多，面积分别为 207.87km²、355.73km²、108.60km²、11.83km²、1.07km²，比例也分别达到 27.45%、30.86%、32.61%、42.12%、37.31%。四级流域单元和断流河流单元中砾石型“黑土滩”在半阴坡中分布比例也较高，分别为 27.63% 和 27.56%。黄河源青海片区砾石型“黑土滩”在阳坡、半阳坡、阴坡、半阴坡和无坡向区域分布比例分别为 24.48%、22.12%、29.79%、23.39%、0.22%，在阴坡中分布最多（表 5-20）。

表 5-20 基于流域单元黄河源青海片区砾石型“黑土滩”坡向统计表

流域单元分级	阳坡/km²	半阳坡/km²	半阴坡/km²	阴坡/km²	无坡向/km²	总面积/km²
干流单元	39.84	38.12	38.27	40.79	1.36	158.38
一级支流单元	203.45	173.60	169.43	207.87	3.00	757.35
二级支流单元	271.71	250.74	274.08	355.73	0.59	1152.86
三级支流单元	75.66	70.21	78.49	108.60	0.09	333.05
四级支流单元	4.10	4.39	7.76	11.83	0.00	28.09
断流河流单元	0.39	0.62	0.79	1.07	0.00	2.86
湖泊周边	3.56	3.17	3.12	2.58	0.30	12.72
合计	598.71	540.85	571.95	728.47	5.34	2445.32

在干流单元中砾石型“黑土滩”在 0°～1° 坡度范围内分布最多，面积达到 71.19km²，其次为 1°～2° 坡度范围内，面积为 14.24km²，3°～17° 范围内随着坡度增加面积逐步有所减少，在 18°～27° 范围内随着坡度增加面积逐步有所增加，随后随着坡度的增加面积逐步减少，在 48° 之后无分布，但 31°～32° 范围内较 30°～31° 范围内面积大。

一级支流单元中砾石型“黑土滩”在 0°～1° 坡度范围内分布最多，面积达到 155.96km²，在 2°～14° 范围内随着坡度的增加面积逐步减少，在 14°～23° 范围内随着坡度增加面积逐步有所增加，随后随着坡度的增加面积逐步减少，在 50° 之后无分布，但 31°～32° 范围内较 30°～31° 范围内面积大。

二级支流单元中砾石型“黑土滩”在 0°～1° 坡度范围内分布最多，面积达到 59.38km²，在 2°～7° 范围内随着坡度的增加面积逐步减少，在 7°～25° 范围内随着坡度增加面积逐步有所增加，随后随着坡度的增加面积逐步减少，在 50° 之后无分布，但 31°～32° 范围内较 30°～31° 范围内面积大。

三级支流单元中砾石型“黑土滩”在 0°～1° 坡度范围内分布最多，面积达到 12.73km²，在 2° ～7° 范围内随着坡度的增加面积逐步减少，在 7° ～27° 范围内随着坡度增加面积逐步有所增加，随后随着坡度的增加面积逐步减少，在 50° 之后无分布，但 31° ～32° 范围内较 30° ～31° 范围内面积大。

四级支流单元中 0° ～23° 范围内随着坡度增加面积逐步有所增加，随后随着坡度的增加面积逐步减少，在 44° 之后无分布，但 31° ～32° 范围内较 30° ～31° 范围内面积大。

断流河流单元中在 0° ～3° 范围内随着坡度增加面积逐步有所增加，随后随着坡度的增加面积逐步减少，在 32° 之后无分布。

总体来看黄河源青海片区砾石型“黑土滩”在 0° ～1° 坡度范围内分布最多，面积达到 309.67km^2，其次为 1° ～2° 坡度范围内，面积为 138.63km^2，2° ～8° 范围内随着坡度增加面积逐步有所减少，8° ～26° 范围内随着坡度增加面积逐步有所增加，达到 91.38km^2，随后随着坡度的增加面积逐步减少，在 50° 之后无分布，但 31° ～32° 范围内较 30° ～31° 范围内面积大（图 5-9）。

图 5-10 的结果表明黄河源青海片区砾石型“黑土滩”随坡度分布面积模型曲线共有 4 个突变点，分别出现在 3°、9°、25° 和 32°，结合野外实测坡度数据，0° ～3° 为河谷滩涂，3° ～9° 为阶地，因此 0° ～9° 区域为滩地，这一区域内砾石型“黑土滩”数量最多，面积达到 757.58km^2，占砾石型“黑土滩”总面积的 30.98%。9° ～25° 区域为坡地，随着坡度的增加砾石型“黑土滩”面积逐步增加，9° ～25° 区域砾石型“黑土滩”面积达到 1083.66km^2，占砾石型“黑土滩”总面积的 44.32%。25° ～32° 区域为陡坡地，砾石型“黑土滩”面积达到 541.02km^2，占砾石型“黑土滩”总面积的 22.13%。33° ～50° 区域虽然也有所分布，但所占比例仅为 2.57%（图 5-9，图 5-10）。

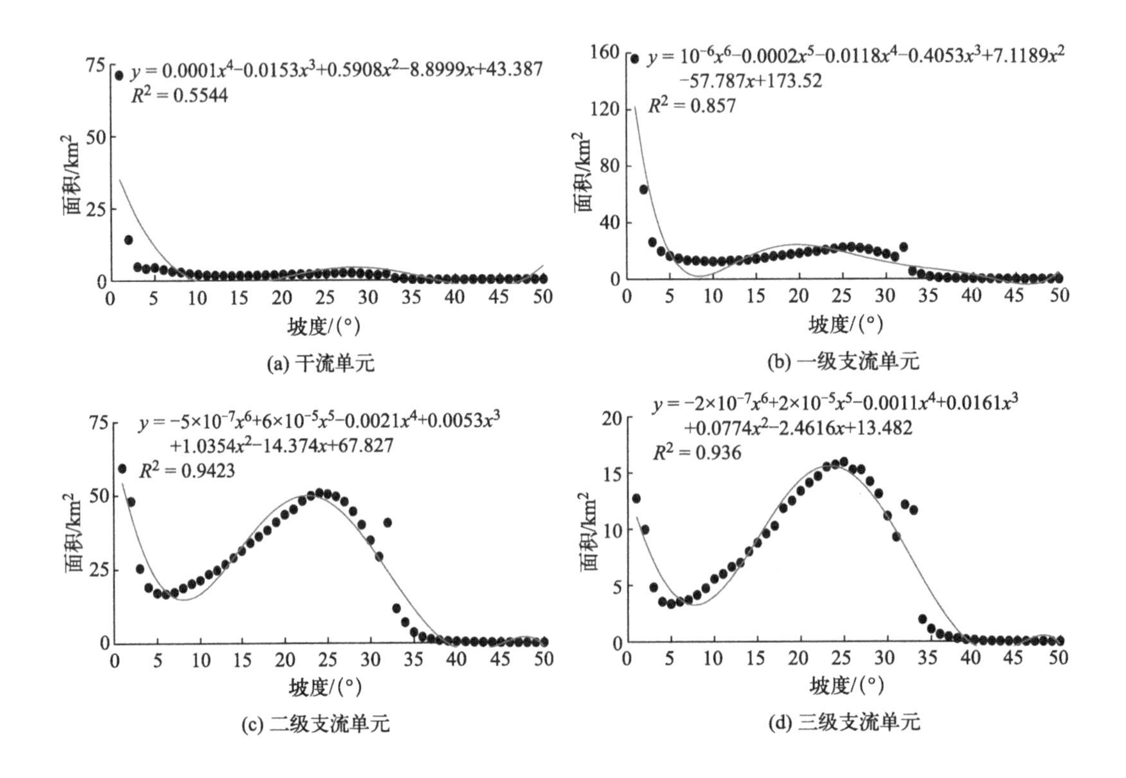

(a) 干流单元　(b) 一级支流单元
(c) 二级支流单元　(d) 三级支流单元

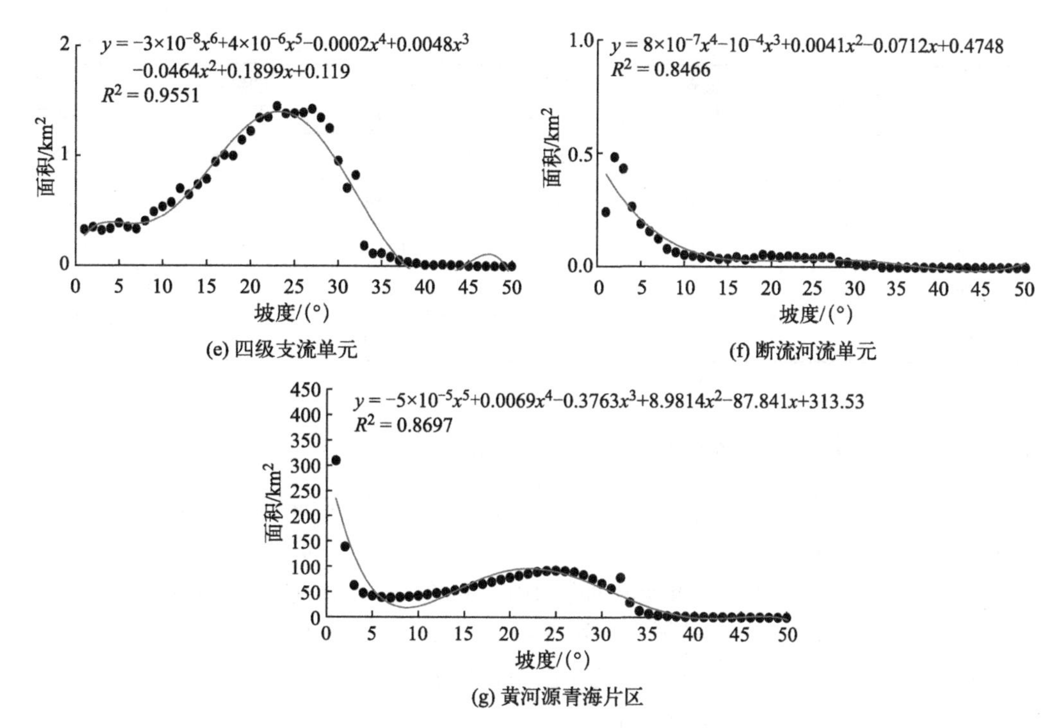

(e) 四级支流单元

(f) 断流河流单元

(g) 黄河源青海片区

图 5-9 基于流域单元黄河源青海片区砾石型“黑土滩”坡度分布图

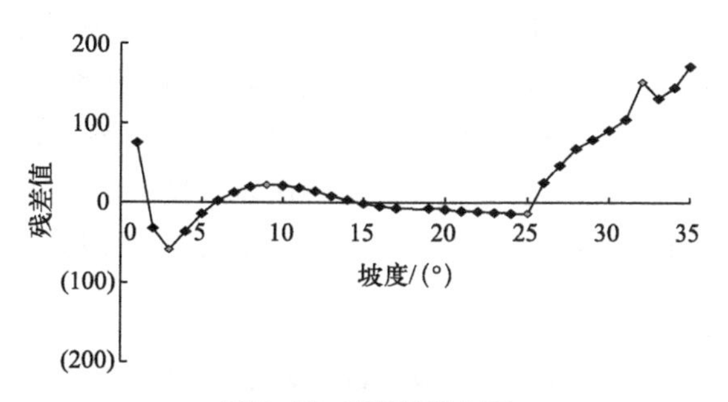

图 5-10 残差值分布图

干流单元、一级支流单元、二级支流单元、三级支流单元、四级支流单元、断流河流单元中均是 0～200m 区域内砾石型“黑土滩”分布面积最多，分别达到 52.53km²、217.96km²、128.61km²、29.50km²、1.37km²、1.12km²（表 5-21）。

表 5-21 基于流域单元黄河源青海片区砾石型“黑土滩”河流距离统计表

距离/m	干流单元/km²	一级支流单元/km²	二级支流单元/km²	三级支流单元/km²	四级支流单元/km²	断流河流单元/km²
0～200	52.53	217.96	128.61	29.50	1.37	1.12
200～400	24.78	37.21	30.85	12.47	1.12	0.07
400～600	11.77	19.94	37.67	17.01	2.47	0.14
600～800	5.47	17.50	46.27	19.45	2.80	0.10
800～1000	2.95	17.06	51.65	20.98	2.77	0.12

续表

距离/m	干流单元/km²	一级支流单元/km²	二级支流单元/km²	三级支流单元/km²	四级支流单元/km²	断流河流单元/km²
1000～1200	2.21	16.64	55.25	21.14	2.75	0.10
1200～1400	2.21	16.85	56.78	19.84	2.33	0.05
1400～1600	2.33	17.58	57.18	19.64	2.36	0.06
1600～1800	2.05	18.20	56.97	19.55	2.49	0.06
1800～2000	1.80	17.25	53.94	17.90	1.91	0.03

（四）基于流域单元岩石型“黑土滩”分布

岩石型“黑土滩”分布范围最低海拔2502.99m，最高海拔5432.99m，平均海拔（4377.99±1568.56）m。斑块最小面积8.27m²，最大面积5.45km²。干流单元中面积4.41km²，占比1.17%；一级支流单元中面积101.35km²，占比26.95%；二级支流单元中面积204.62km²，占比54.41%；三级支流单元中面积53.29km²，占比14.17%；四级支流单元中面积11.62km²，占比3.09%；断流河流单元中面积0.77km²，占比0.21%。岩石型“黑土滩”主要分布于二级支流单元和一级支流单元中。

干流单元中，岩石型“黑土滩”主要分布在阴坡和半阴坡，面积分别为1.85km²和1.52km²，面积占比为41.93%和34.38%，阳坡和半阳坡所占比例分别为12.42%和11.26%。一级支流单元、二级支流单元和三级支流单元中也是阴坡和半阴坡区域面积分布较多。而四级支流单元中半阴坡面积为4.75km²，占比达到40.89%，其次半阳坡和阴坡。断流河流单元中半阳坡和阳坡中所占的比例较大。黄河源青海片区岩石型“黑土滩”在阳坡、半阳坡、阴坡、半阴坡区域分布比例分别为19.05%、19.39%、33.36%、28.20%，在阴坡和半阴坡中分布最多（表5-22）。

表5-22 基于流域单元黄河源青海片区岩石型“黑土滩”坡向统计表

流域单元分级	阳坡/km²	半阳坡/km²	半阴坡/km²	阴坡/km²	无坡向/km²	总面积/km²
干流单元	0.55	0.50	1.52	1.85	0.00	4.41
一级支流单元	20.19	19.80	25.73	35.63	0.00	101.35
二级支流单元	40.63	38.02	57.98	67.99	0.00	204.62
三级支流单元	8.39	11.49	15.94	17.47	0.00	53.29
四级支流单元	1.63	2.79	4.75	2.45	0.00	11.62
断流河流单元	0.22	0.31	0.16	0.08	0.00	0.77
合计	71.62	72.91	106.07	125.47	0.00	376.06

干流单元、一级支流单元、二级支流单元、三级支流单元、四级支流单元岩石型“黑土滩”均是在32°区域分布最多，面积分别为0.31km²、7.93km²、18.19km²、5.76km²、0.95km²。断流河流单元中分布规律不明显。0°～32°区域内随着坡度的增加面积逐渐增多，随后随着坡度的增加面积逐步减少（图5-11）。

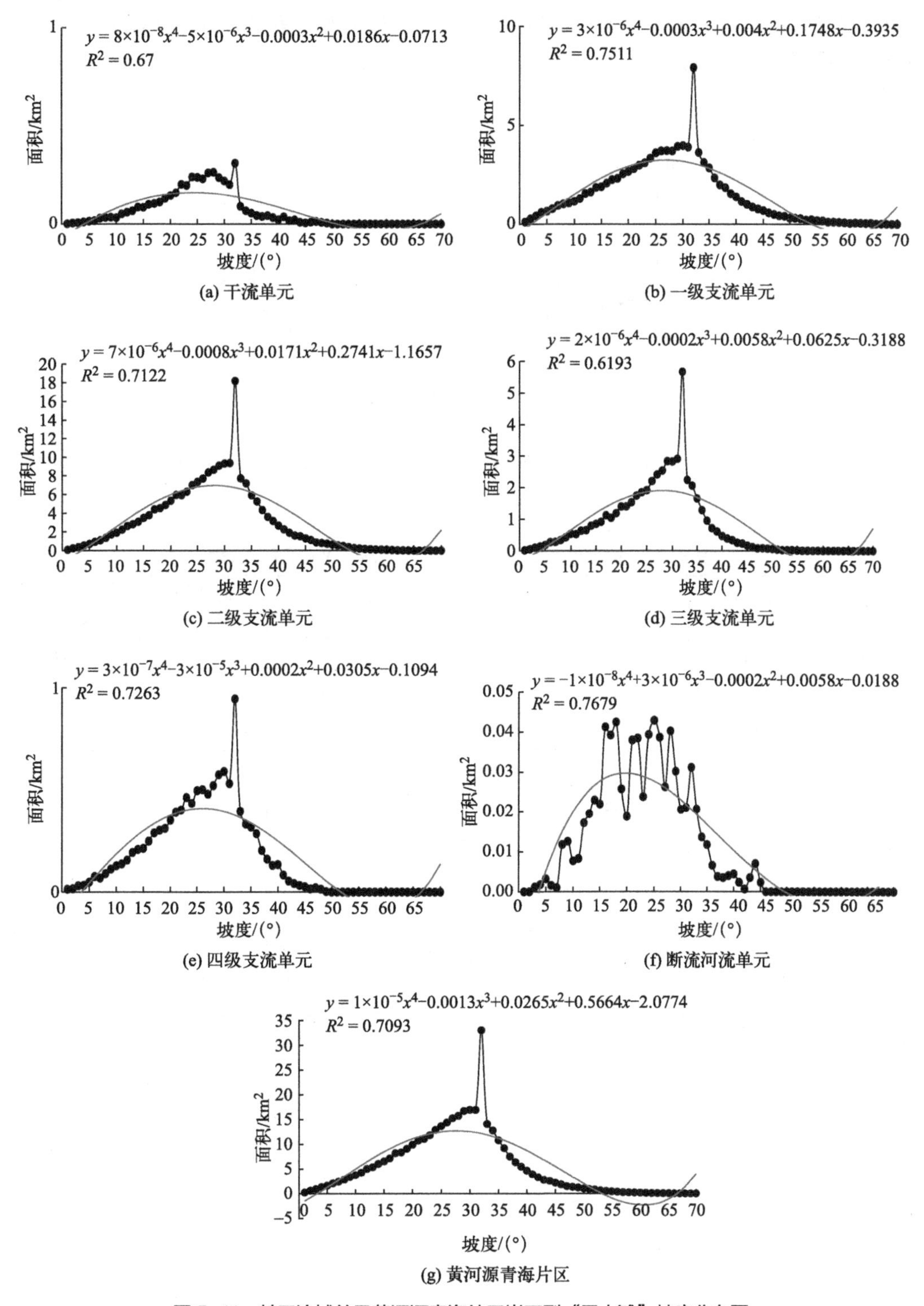

图 5-11 基于流域单元黄河源青海片区岩石型“黑土滩”坡度分布图

图 5-12 的结果表明黄河源青海片区岩石型“黑土滩”随坡度分布面积模型曲线仅有 2 个突变点，出现在 16° 和 32°，0° ～16° 岩石型“黑土滩”面积达到 53.67km²，占岩石型“黑土滩”总面积的 14.27%。16° ～32° 区域岩石型“黑土滩”面积达到 224.94km²，占岩石型

“黑土滩”总面积的59.81%。32°～68°区域岩石型“黑土滩”面积达到97.44km²，占岩石型“黑土滩”总面积的25.92%。

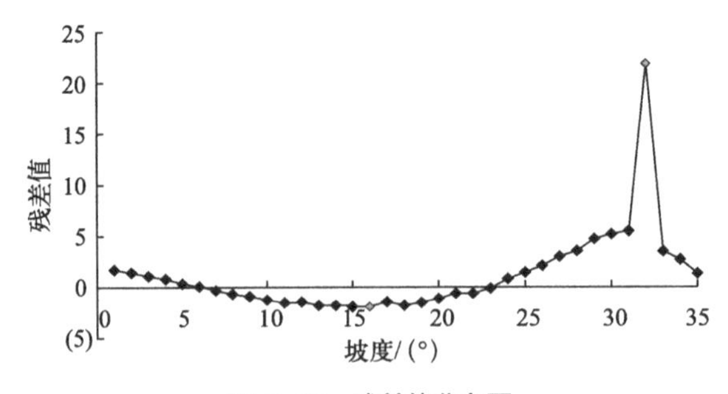

图5-12 残差值分布图

岩石型“黑土滩”与河流距离相关性不明显，1000～2000m区域中分布较0～1000m区域中多（表5-23）。

表5-23 黄河源青海片区岩石型“黑土滩”河流距离统计表

距离/m	干流单元/km²	一级支流单元/km²	二级支流单元/km²	三级支流单元/km²	四级支流单元/km²	断流河流单元/km²
0～200	0.08	1.17	1.72	0.54	0.07	0.00
200～400	0.04	1.47	4.01	1.20	0.51	0.00
400～600	0.15	2.19	7.48	2.61	0.85	0.00
600～800	0.09	2.78	10.35	4.02	0.78	0.00
800～1000	0.02	3.74	11.29	4.42	0.73	0.00
1000～1200	0.00	4.08	12.92	4.16	0.74	0.00
1200～1400	0.00	5.27	13.11	3.93	0.71	0.01
1400～1600	0.01	5.87	12.12	3.49	0.49	0.00
1600～1800	0.07	6.12	11.81	2.91	0.63	0.00
1800～2000	0.18	5.64	10.71	2.44	0.56	0.00

第六章

青藏高原草地鼠害的产生

第一节　草地鼠害产生的原因

所有的草地啮齿动物对草地都有不同程度的危害性，但大多数种类种群密度不超过经济损害水平，因而具有一定的生态学价值；约有18～26种草地啮齿动物的种群密度在多数地区几乎经常维持在经济损害水平以上，是不同草原类型的优势种害鼠。草原分布规律性、草原害鼠区系组成、草地害鼠对不同草地的适宜性及草地鼠害的普遍性、长期性和严重性是我们进行草地鼠害区划的基础。

青藏高原栖息的鼠类较多，但对高寒草甸产生危害的有高原鼠兔、达乌尔鼠兔（*O. dauurica*）、间颅鼠兔（*O. cansus*）、高原鼢鼠、长尾仓鼠（*Cricetulus longicaudatus*）、青海田鼠（*Lasiopodomys fuscus*）、根田鼠（*M. oeconomus*）、高原松田鼠（*Pitymys irene*）和喜马拉雅旱獭（*Marmota himalayana*）等，其中以高原鼠兔和高原鼢鼠最为突出，面积高达1330万公顷（周俗 等，2005）。

害鼠是指对农牧业生产造成危害的种类，包括啮齿目的大多数种类、兔形目的鼠兔科，有时也将旱獭、豪猪等大型啮齿目动物和兔形目兔科以及食虫目鼩鼱科和鼹科中部分种类归为害鼠（阿德克·乌拉孜汉，2011）。草地鼠害的产生主要有以下几方面：

据调查，青藏高原自1958年以来相继出现高原鼠兔、高原鼢鼠（20世纪70年代）、高原田鼠（20世纪80年代末）危害，且愈演愈烈，危害鼠种增多，危害面积扩大。1958年以来与草地鼠害暴发平行发生的社会生产背景是，当地迁入的人口不断增加，草地大面积地被开垦种田，畜牧业逐渐发展，牲畜数量不断增加，草地载畜量持续上升，草地植被发生显著变化，草地放牧质量下降。过度放牧是草地鼠害发生的根本原因。

动物对栖息地选择的主动性是在遗传特性与适应能力范围内实现的。对群居植食性鼠类而言，植被是它们生存的环境条件，而且是它们的食物资源库。从大面积草地调查资料分析中证明，草地害鼠高密度种群的空间分布与草地退化密切相关（刘书润，1979；施银柱 等，

1983；钟文勤 等，1985，1991）。从围栏放牧试验的研究中进一步证明退化草地有利于高密度种群的发展（钟文勤 等，1985，1991；樊乃昌 等，1996；边疆晖 等，1997）。

过度放牧导致的退化草地生态环境，有利于高原鼠兔和高原鼢鼠种群数量的暴发，也成为高原地区鼠害产生的主要原因。高原气候环境条件的限制，缩短了植物生长季，使得植被在遭受破坏后短期内难以恢复。

在过度放牧影响下，草地质量由好到坏由量变到质变，最后形成退化草地。此外，优良牧草的有性繁殖受到阻碍，植物种子大量减少或无法形成。同时，植物营养繁殖的基础被破坏，制造的养分主要用于修复性生长，而非储存于营养储存器官如地下根茎中，以备翌年返青和分蘖等营养性繁殖。优质牧草的耐牧性低于杂类草，这主要与其根部吸收和储存养料、水分的能力差异有关。在与毒杂草的竞争中，优质牧草主要争夺光能，而地下竞争则集中在水分和养料的获取上。这些资源的有限性，不可避免地导致了资源的此消彼长，从而形成了不利于鼠害防控的格局。

此外，耕种制度的调整，如每年1～2次的深翻措施，有效破坏了害鼠的栖息环境，避免鼠害的发生。而退耕还林还草后，缺乏深翻等其他不利于鼠害发生的措施，也是导致鼠害持续发生的原因之一。同时，管护措施的不科学是导致鼠害加剧的重要因素，农牧民考虑眼前的利益，退化草地恢复后不加以科学管理，继续过度放牧，出现二次退化，这也加剧了害鼠的发生。最后，自然控制力的不足也是导致鼠害严重的重要原因之一，比如草地生物多样性的下降，食物链的破坏，啮齿动物的天敌数量减少等。

近年来，国家在加大草地鼠害的防治力度，但是鼠害还是频繁发生，要想彻底地有效地治理鼠害，不仅应该从源头上抓起，还应该加强科学研究，提高科技含量。例如通过系统研究青海省东部农业区分布的鼠害种类及生物学特性，对传统的鼠害防治工具进行了改进，研制出了鼢鼠投饵器专利产品和新型地箭产品，研究的根田鼠引诱剂也获得成功。

第二节　害鼠与草地退化的关系

影响高寒草甸退化的因素是多方面的，各因素作用的强度、频度和持续时间，以及它们的不同组合，决定了退化的程度。但源区生态条件的脆弱性是退化的内因，人为干扰则是生态系统退化的根本驱动力，人类直接或间接干扰引起了系统退化。植被退化与土壤环境退化是相辅相成的，植被退化以后，土壤内部的物质平衡和能量平衡受到胁迫而改变，所以植被退化和土壤退化是一个相互协同变化的过程（王一博 等，2005）。人类活动对下垫面的改变加剧了植被破坏，继而导致地下水位的下降，其植被的覆盖度和生物生产量均显著减小，土壤表面蒸发量增大，进一步加剧了土壤有机质含量的显著下降，土壤呈现明显的表层粗粒化，继而影响植物演替。过度放牧使草场被过度啃食，无法有效地休养生息，导致草地退化，难以恢复，植物群落退化的同时，土壤坚实度下降，毒杂草大量入侵，小型啮齿类动物高原鼢鼠、高原鼠兔等迅速繁衍，它们啃食植物绿色部分、危害植物根系，大量的挖掘活动还改变了土壤的表层结构，深层钙积土被抛至地面。气候转暖，大气干热，降水减少，蒸发增强，造成地下水补给减少，亦造成地下水位的下降和植被的退化，进而使植被的固碳作用减弱。水环境变化和植被退化，导致热量 / 辐射平衡变化，从而造成气候变化（图 6-1）。

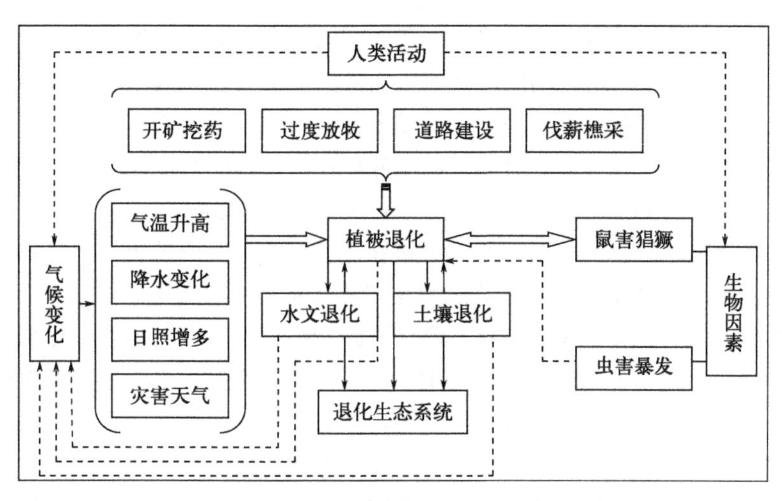

图 6-1 黄河源区高寒草甸退化生态过程模式

草原鼠害对草原有着正面和负面的双重影响，两者之间形成既互惠又拮抗的关系，这种关系的转变主要取决于高原鼠兔种群的密度（周雪荣 等，2010）。大量研究表明，适宜的高原鼠兔密度可改善土壤通透性，优化高寒草甸植物群落（Sun et al.，2010），提高植物物种多样性，增加土壤养分（周雪荣 等，2010；孙飞达 等，2010），对高寒草甸有着积极的影响。但高原鼠兔密度过大，则会破坏植被，减少高寒草甸可食牧草的比例（Guo et al.，2012），降低土壤养分含量（Yu et al.，2017）。高寒草甸因其草皮坚硬，具有较强抵抗性，几乎不会受到自然力量的侵蚀，除非发生小型哺乳动物的物理破坏（如高原鼠兔在高寒草甸上挖洞）（Fan et al.，1999；Arthur et al.，2007）。高原鼠兔挖洞活动形成土丘和秃斑（李宝海 等，2007），随着这些干扰斑块的不断扩大连通，高寒草甸将朝着沙化和黑土滩方向发展（卫万荣 等，2013）。尚占环（2005）认为干扰斑块是高寒草甸退化的窗口，干扰斑块是长期干扰无法恢复，其面积逐年增加的结果。宋梓涵（2022）将高寒草甸中的各种类型干扰斑块划分为活动斑块、非活动斑块和恢复斑块，通过研究它们之间的关系和动态演替规律揭示高寒草甸的退化规律。

高原鼠兔食谱包括 23 种草本植物，且其取食是有选择性的，主要喜食双子叶植物（蒋志刚 等，1985），这是因为双子叶植物与单子叶植物相比，其营养更为丰富。当栖息地食物资源匮乏时，高原鼠兔会通过增加进食单子叶植物的比例来满足生命活动所需的能量（刘伟 等，2009）。边疆晖等（1999）和刘伟等（2009）研究发现，高原鼠兔将地表覆盖物和高大植物视为风险源。因为高大植物与地表覆盖物阻挡了其观察周围的视线，并妨碍其奔跑速度，因而，高原鼠兔常会取食禾本科植物如早熟禾（*Poa annua*）和豆科植物如黄花棘豆（*Oxytropis ochrocephala*）等，对其活动区域的高等植物以“刈割”的方式进行清除。张海娟（2016）认为高原鼠兔相对密度与植被高度间存在极显著的负线性相关，与植被种数间存在显著的正线性相关，植被高度和植物种数对鼠兔种群密度的影响最大。张毓等（2005）研究显示，在每年的 7～10 月间，高原鼠兔具有为越冬储藏干草堆的行为，所储藏的植物种类受栖息地植物丰富度的影响。石高宇（2019）研究表明，植被高度对高原鼠兔的行为有着显著影响，随着高度的增加，洞内滞留时间、警戒时间表现为逐次增加，而牧食和嬉戏时间则表现为顺次减少。植被盖度的变化对高原鼠兔的洞内滞留和采食、嬉戏行为影响较为明显，而警戒行为则基本不受植被盖度的影响。高原鼠兔的所有行为均对地上生物量的变化有所响应，其中，警戒和采食行为所占用的时间随生物量的增加而表现为不同程度的下降，唯有洞内滞留时间表现为随生物量的增加而上升。以各样地植被群落中禾本科植物生物量占比表示不同样地植被物种结构的差异，并对高原鼠兔各种行为的时间进行对比分析表明，禾草在群落中所占比重对高原鼠兔的采食和洞内滞留时间具有显著的影响。

动物用于取食的时间越多，用于其他诸如躲避捕食者、保护领域、交配和育幼等活动的时间就越少。因此，动物在长期的进化过程中形成了能够估测捕食风险种类及大小的能力，并采用相应的行为策略以减小捕食风险。已有的研究结果表明，当捕食风险增加时，猎物可通过减少活动时间、改变活动区域、寻求隐蔽场所等躲避捕食的方法以减少被捕食的风险（Brown et al.，1988）。高原鼠兔为昼行性动物，栖息于较为开阔的生境，大量的地面活动致使其必须有大量的时间暴露于风险环境之中，并处于随时被捕食者发现的危险之中。这种特定的生存环境迫使它们必须通过调节地面活动频率、及时利用洞道躲避天敌等一系列反捕食行为来予以应对，这样的反捕食行为对于其种群的延续有着重要意义（张堰铭 等，2005）。总结以上研究结果发现，高原鼠兔行为的变化对植被及栖息地环境的选择具有明显的倾向性，从而体现出在长期进化过程中与自身生态学习性相适应的特征。

实际上，高寒草甸退化的根本原因在于过度放牧（潘璇 等，2016）。在过度放牧条件下，放牧牲畜会改变高寒草甸植被的种类组成和结构特征，降低生物多样性，增加土壤侵蚀。在极端情况下，放牧可能会大量减少植被覆盖度（Cease et al.，2012）。这些变化发生的程度可能不仅取决于牲畜的数量，还取决于它们放牧的方式（McIntire et al.，2005；Arthur et al.，2007；林慧龙 等，2008；Tane，2011）。世界上许多陆地放牧系统已经被证明易受放牧强度变化的影响。人类扰动的增加导致家畜放牧强度的增加（夏景新，1995），导致生态环境的退化。家畜的放牧空间格局不同于野生有蹄类动物，家畜导致对高寒草甸的集中利用。正如 Tane（2011）所指出的，家畜群落已经对该地区的土壤（如压实和侵蚀）和水文（如降雨补给减少）产生了负面影响。这些过程使放牧牲畜喜爱的草甸迅速干涸，使它们的营养枯竭，稀疏地表覆盖着低矮的牧草和牲畜不喜食的植被。稀疏的植被环境更有利于高原鼠兔的生存，加快高原鼠兔种群扩大的速率（张兴禄 等，2015），而高原鼠兔密度增加在高寒草甸退化中起着重要的催化作用，高原鼠兔的大规模出现常伴随着草地的退化。青海省草原总站 2001—2015 年近 15 年的调查数据显示，15 年间鼠害的发生面积在 700×10^4～$1000\times10^4hm^2$ 之间（卫万荣，2018），可见鼠害问题极为严重，危害形势极为严峻。其中，高原鼠兔每年消耗鲜草可达 300×10^9kg，相当于 2×10^7 只羊一年的饲草（王启基 等，2004），其危害面积约占全国鼠害总面积的 35%～45%，是危害全国草原面积最大的草原鼠类之一。基于高原鼠兔对高寒草地的负面影响，鼠害肆虐早已引起了草地生态系统科研工作者、政府管理部门和广大牧民的警觉。因此，加强草原鼠害的防治工作，确保草原的生态平衡，实现草原健康可持续发展迫在眉睫。为了防治高原鼠兔的危害，就必须对不同干扰（包括放牧强度和高原鼠兔密度）下高寒草甸中高原鼠兔的行为进行监测，通过两种干扰下斑块、植被、土壤特征的变化解释其行为改变的响应机制，才能有效地对高原鼠兔进行掌控，这一措施将对保护生物多样性和科学控制其危害有重要意义。

近年来，由于气候变暖加剧、过度放牧等多种原因，沼泽湿地萎缩，植被盖度和高度下降，水分蒸发加快，土壤湿润松软，为草原害鼠等提供了良好的生存环境，使得青藏高原草原鼠虫害频繁发生，导致草原退化、沙化的问题日趋严重。

青藏高原拥有天然草地 21 亿亩，占全国草地资源总量的 1/3。新中国成立以来，随着经济发展，人口数量不断增加，家畜存栏数增长很快，草畜比例失调，草地过度放牧比较普遍，不合理的土地利用，乱垦乱挖，缺乏科学管理和草地资源可持续利用的理念等，加之对草地投入甚微，致使草地退化严重，鼠害泛滥成灾。据统计，目前，全国鼠害危害面积达 6 亿多亩，其中青藏高原草地鼠害占危害面积的 1/4，有草地鼠害危害面积约 2.4 亿多亩，仅青海省有草地鼠害危害面积约 8900 亩，按每亩平均损失牧草 30kg 计，每年约损失鲜草 72 亿千克，相当于初级生产中约 21% 的能量被鼠类消耗，可见，鼠类对草地的危害损失巨大。

第三节　害鼠对草地的危害

一、草地鼠类的挖掘和盗洞活动，降低草地生产力

鼠类的挖掘活动将大量的下层土壤推到地面形成土覆盖草场，土丘上只生长一些牧畜不大喜食的一年生杂类草。常年生活在地下的害鼠如鼢鼠、鼹形田鼠、印度地鼠等，推出的土丘比地面活动的鼠要大得多，一般每个土丘直径约 50cm，个别的直径可达 100cm，高 20cm 以上。当土丘数量多时，土丘连片，寸草不生，牧草绝收。另外，害鼠食牧草和牧草种子，有的鼠种在秋季大量储存牧草，也使草原的载畜量减少，生产力降低。而且对近年来实施的牧草种子基地建设、风沙源治理和退牧还草等草原建设项目构成了危害。鼠类在草原上频繁活动，使草原裸露面积增大，加速了土壤水分的蒸发，降低了土壤肥力，草原的可持续生产力又受到了严重影响。

二、鼠类的啃食活动，破坏草地植被，导致草地进一步退化

害鼠啃食并切断植物根系，使大量地上植物死亡，许多优良牧草减少，植物群落发生退化性演替，使草原进一步退化甚至引起草原沙漠化。草地害鼠在食物生态位与家畜高度重叠，被认为是家畜最主要的食物竞争者之一。草地害鼠挖掘洞道、啃食草根、构筑土丘并覆盖地表，导致植物生物量降低，草地退化。长期的危害形成裸露斑块，导致水土流失，土壤含水率下降，肥力递减，从而导致退化草地的沙化、荒漠化。

三、鼠类传播疫病威胁人类及家畜健康

绝大多数害鼠携带大量病菌，是众多寄生生物的宿主，可传播疾病，威胁人类及家畜的

健康。鼠兔类繁殖次数多，孕期短，产仔率高，性成熟快，数量能在短期内急剧增加。它们的适应性很强，在地面、地下、树上、水中都能生存，不论平原、高山、森林、草原以至沙漠地区都有其踪迹。害鼠可以传播流行性出血热、钩端螺旋体病等影响人类健康。在鼠害严重的季节和局部地区，老鼠还会咬人，对人的身体健康造成直接危害。鼠类间接危害主要是指对人类的生产经济活动造成损失，主要是大量啃食牧草，造成草场退化、载畜量下降、草场面积缩小。沙质土壤地区常因植被被鼠类破坏造成土壤沙化；鼠类的挖掘活动还会加速土壤风蚀，严重影响牧业的发展和草原建设的进行。此外，鼠类还是流行性传染病的潜在宿主，直接威胁着畜牧业的安全。鼠类有终生生长的门齿，具有很强的咬切力，它们也能对农业建筑物和一些农田水利设施造成很大危害。

第七章

影响青藏高原草地鼠害产生的生态条件

第一节　栖息地

草地鼠害是草原上严重的生物灾害之一，是引发草原退化、沙化、水土流失的重要因素，严重威胁着我国草原畜牧业可持续发展、草原生物的多样性、草原生态环境建设成果的巩固以及人类的健康和生存。严重的鼠害是青海省草地退化的重要因素之一，青海省主要分布的鼠类包括高原鼠兔、高原鼢鼠、根田鼠和长爪沙鼠等，这些害鼠一是通过啃食牧草叶片与根茎，对草地植被产生直接破坏，二是它们具有挖洞、穴居、堆积沙土的生活习性，损害牧草根系、掩埋牧草植株、破坏土壤结构，间接地抑制了牧草正常繁育（陈怀斌 等，2008）。过度放牧和乱挖乱采等人类活动是加剧草场退化的主因，而草场的退化给害鼠造成了较好的生存环境，适宜更快地繁殖，造成了鼠害。

草原鼠有两种，一种是在地面活动的高原鼠兔，一种是地下活动的高原鼢鼠。高原鼠兔不仅吃草，而且钻洞穴挖掘草根，造成地面鼠害；高原鼢鼠食草根茎，封堵洞口的土丘覆盖草地会破坏植被，造成地下鼠害。如果植被覆盖破坏率超过 15%，且每公顷地面发现 150 个有效洞穴，可以认定是严重地面鼠害，如果地下鼠用来封堵洞口的新鲜土丘数达到 200 个 / 公顷，就可以认定形成了严重地下鼠害。地上鼠喜欢在稀松、退化的草场里生存，在那里它们的视野比在丰茂的草原要开阔，可以更好地躲避肉食动物特别是天敌的捕食。而地下鼠喜欢吃杂草的甜根，且草场退化严重的地方杂草也就越多。长期超载过牧导致草原退化，是引发鼠害的根本原因。

一、地形对草地鼠害产生的影响

地形因子影响气候因子的变化，气候变化使动物的地理分布、行为等会受到不同程度影响（Batabyal，1998；马瑞俊 等，2005）。青藏高原是全球气候变化的敏感区之一（Yao et al.，2000），该区由于气压低、辐射强、温度低等气候特点，植物常遭受冰冻等侵袭（师生波 等，2006）。气候因素对动物分布的影响，大多是由于温度升高引起其他环境因子发生了改变（彭少麟 等，2002）。气候因子对草地鼠的影响是双向的，适宜的气候条件利于鼠兔的生存和繁殖。很多研究表明，草地鼠喜视野开阔和地势平坦的环境。这可能是因为地势平坦的地块，风速较小，空气温湿度等气候条件适中。李叶等（2014）认为，高原鼠兔倾向于选择坡度陡的高寒草地。张海娟（2016）认为，高原鼠兔从滩地向坡地发生了迁移，从小流域山顶到湿地，高原鼠兔相对密度有所差异，表现为湿地显著低于山顶、坡地和滩地3个生境，而坡地最高（$p < 0.05$）。

二、土壤因子对草地鼠害产生的影响

土壤对草地鼠害的作用不是直接的，它是通过影响植物性状间接地对草地鼠产生影响。鼠兔 - 植物 - 土壤形成了综合的草地生态系统（王金龙 等，2005）。植物对营养元素的需求主要源于土壤，因此，土壤养分含量的高低，首先对植物产生影响。有研究表明，草地鼠喜土质疏松的环境（颜忠诚 等，1998），土壤紧实度较高的环境植被高度、盖度较高，不利于草地鼠的活动。此外，植被高度、种数，土壤湿度、紧实度、有机质含量、钾含量和氮含量是影响草地鼠分布的主导因素。植被高度、盖度决定草地鼠活动的安全度，一般来说，植被高度较大的生境对草地鼠来说不够安全。而土壤湿度、紧实度、有机质含量、钾含量及氮含量则直接影响植被高度、盖度等特性，间接地对草地鼠产生制约。另草地鼠喜分布于地势平坦的生境，如滩地，但是不喜地势同样平坦的湿地，因湿地土壤湿度大，有机质含量高，植被平均高度大，对于草地鼠来说是危险地带，被捕食的风险高于其他生境，因此它们不会选择。

三、植物因子对草地鼠害产生的影响

在草地鼠种群密度不断加大的情况下，其摄食活动必然会对植被产生危害（余欣超 等，2014）。而植被对草地鼠的影响很大程度上取决于其质量水平等，间接与捕食风险有关（崔庆虎 等，2005）。孙飞达等（2009）研究表明，高原鼠兔活动使优良牧草锐减，毒杂草丛生。张海娟（2016）研究表明，禾草丰富的地块鼠兔分布更集中，而随着鼠兔活动频率的不断增大，毒杂草分布越来越广。周华坤等（2003）研究表明，鼠兔的入侵促进了草地退化。贾婷婷等（2014）研究表明，鼠兔密度增加影响了高寒草甸群落组分。刘伟等（2014）研究表明，高原鼠兔的扰动可降低植物群落平均高度和植物种盖度。张海娟（2016）认为高原鼠兔活动密集的地块，植物种数较多，植物高度、盖度、生物量则较低。刘菊梅等（2012）研究表明，鼠兔种群密度与植被盖度间存在显著的正线性相关。本书则认为，高原鼠兔与植被高度和植物种数间存在显著的线性相关。王滑等（2004）认为鼠兔喜下坡环境，本书亦认为，高原鼠兔喜坡度较小的地块。因坡位较低的环境，其温湿度条件适中，利于鼠兔越冬和繁殖。刘伟等（2003）认为随着植被高度的增加，鼠兔种群数量减少。张海娟研究表明植被高度越高对于鼠兔来说就越不安全。

总之，植被因素特别是植物高度、种数等对草原鼠分布的影响尤为重要。草原植被覆盖度和植被高度是鼠类选择栖息地的主要限制因素，当植被达到一定高度时，即不适应鼠类栖息。也就是说，草原的植被越好，越不利于鼠类生长；草原的植被越不好，鼠害就越猖獗。

综上所述，草原鼠植食性、挖掘行为等特征会直接影响高寒草地植被、生物多样性、物质循环等参数。

① 合理的鼠兔种群密度可改善本地土壤的通透性、增加土壤养分，进而提高高寒草甸植物多样性、优化高寒草甸植物群落。

② 高原鼠兔密度过高，则会造成植被损坏、可食牧草比例减小，同时其挖洞活动极易形成土丘和秃斑，直接导致土壤养分含量迅速降低，严重破坏天然草地资源，严重情况下，将导致高寒草甸向沙化和黑土滩演化。

③ 植被稀疏环境更有利于高原鼠兔的生存，造成鼠兔种群扩大；而高原鼠兔种群密度增加、活动频率上升，进一步导致高寒草甸退化。过度放牧和鼠害暴发的扰动下，高寒草甸群落土壤、植被特征改变，则会对其他生物资源产生重要影响，将致使高原鼠兔行为发生变化。原因在于动物行为既是野生动物本身进化适应的一部分，又是对环境因素变化的一种适应。动物会因环境因素的改变以及食性的倾向相应调整自身的行为（Flannigan et al.，2002）。同时，作为环境的一个组成部分，种群密度对动物的行为具有重要的影响作用，当种群密度升高时，栖息地内单个动物的领域、食物等资源都会减少，为提高自身的生存和繁殖机会，动物必将改变其行为对策（王金龙 等，2005）。

第二节　气　　候

青藏高原作为世界第三极，其特殊的地形及独特的热力和动力循环系统作用，不仅在该地区形成了独特的天气气候系统，而且对中国、亚洲地区甚至全球的气候也产生了重要的影响。有研究表明青藏高原不仅是天气变化的“启动区”，而且也可能是中国百年尺度气候变化的“启动区”（冯松 等，1998），更可能是“全球气候变化的驱动机和放大器”（潘保田 等，1996）。青藏高原地形地貌复杂多样，各地气候变化差异较大，生态环境极其脆弱，对自然灾害抵御能力较差，与此相关的平均气温和极端天气气候的微小变化可能会使青藏高原处于临界阈值状态的生态平衡发生一系列变化。三江源地区位于世界屋脊——青藏高原的腹地，是长江、黄河以及澜沧江的发源地，孕育了具有悠久历史的华夏文明和中南半岛文明（曹建廷 等，2007），是全球气候变化的敏感区和生态系统的脆弱区。

本书选取典型的三江源为青藏高原草地代表区，三江源气象资料选取共和县、贵德县、五道梁、兴海县、贵南县、同德县、尖扎县、泽库县、同仁市、沱沱河、治多县、杂多县、曲麻莱县、玉树市、玛沁县、清水河、玛多县、甘德县、达日县、河南县、久治县、囊谦县和班玛县气象站作为气候代表站。逐年资料来自青海省气候中心，时间范围自1961—2020年（其中甘德由于仪器故障等因素，缺失1963—1974年的数据）。由于研究区域范围较小，各站海拔相差不大，区域平均气温、降水、风速、日照时数、相对湿度采用算术平均值，主要天气现象来自青海省气象局30年资料整编。

一、降水

从空间分布来看，各站年均降水量分布不均匀，久治县年均降水量最多，达754.68mm，贵德县年均降水量最少，仅为254.61mm。1961—2020年，三江源年平均降水量呈现增加趋势，增幅为7.4mm/10a[图7-1（a）]。年平均降水量的阶段性变化明显，20世纪60年代至70年代为少雨期，70年代中期至80年代末期为多雨期，90年代明显偏少，进入21世纪以来有所增加[图7-1（b）]。

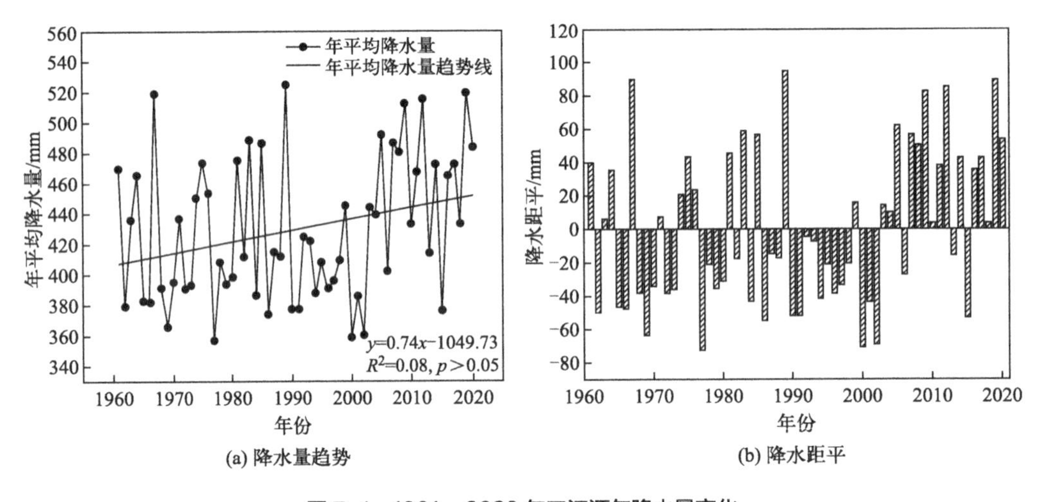

(a) 降水量趋势　(b) 降水距平

图7-1　1961—2020年三江源年降水量变化

二、气温

从空间分布来看，三江源各站年均气温分布不均匀，尖扎县年均气温最高，为8.26℃，五道梁年均气温最低，仅为−5.13℃。1961—2020年，三江源年平均气温呈升高趋势，升温率为0.01℃/10a[图7-2（a）]。年平均气温的阶段性变化明显，20世纪60年代至90年代中期为冷期，90年代后期至21世纪为暖期，20世纪90年代末期以来增温尤为明显[图7-2（b）]。

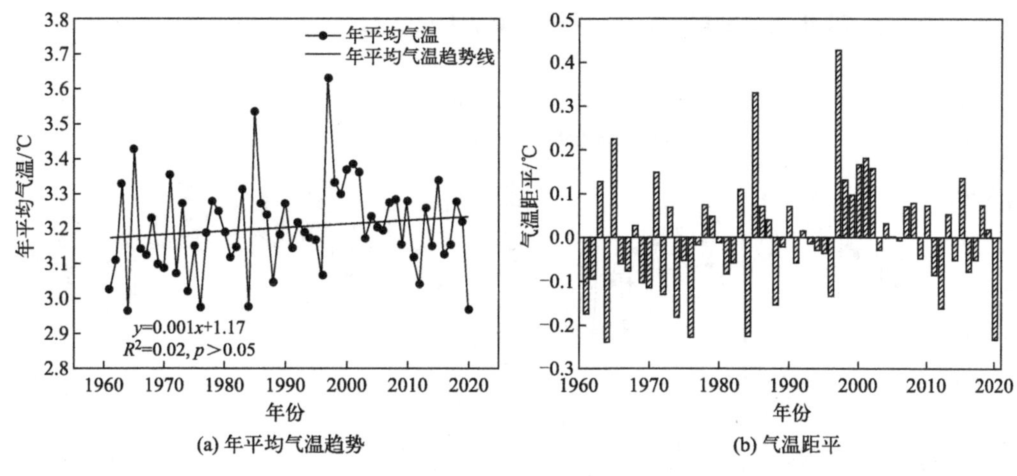

(a) 年平均气温趋势　　(b) 气温距平

图 7-2　1961—2020 年三江源年均气温变化

三、风速

从空间分布来看，各站年均风速分布不均匀，五道梁年均风速最高，为 4.29m/s，玉树年均风速最低，仅为 1.12m/s。1961—2020 年，三江源年平均风速呈降低趋势，平均每 10 年减小 0.10m/s[图 7-3（a）]。年平均风速的阶段性变化明显，20 世纪 60 年代和 20 世纪 90 年代以后为负距平，20 世纪 70 年代至 80 年代为正距平 [图 7-3（b）]。

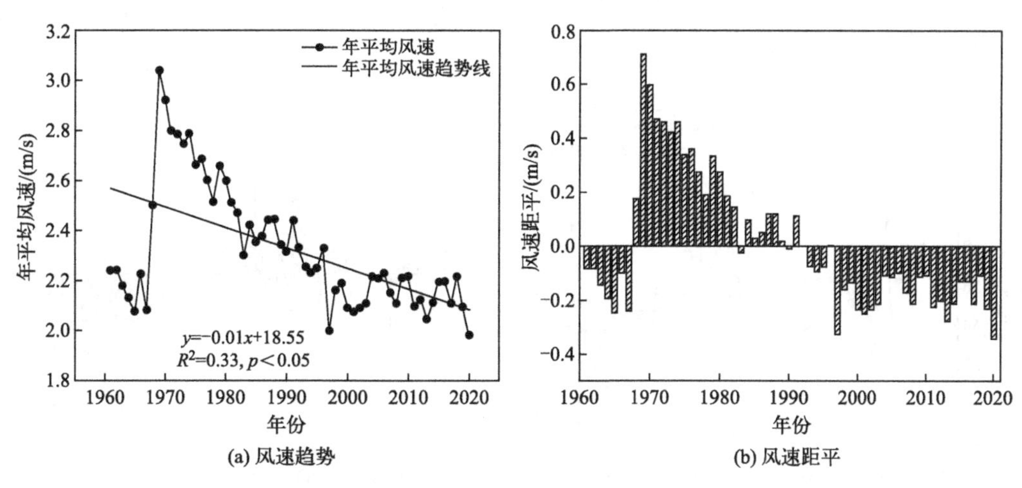

(a) 风速趋势　　(b) 风速距平

图 7-3　1961—2020 年三江源年均风速变化

四、日照时数

从空间分布来看，三江源各站年日照时数分布不均匀，共和县年日照时数最高，为 2913.06h，班玛县年日照时数最低，为 2326.36h。1961—2020 年，三江源年日照时数呈减少趋势，减少率为 13.5h/10a[图 7-4（a）]。年日照时数的阶段性变化明显，20 世纪 60 年代为负距平，20 世纪 70 年代至 90 年代为正距平 [图 7-4（b）]。

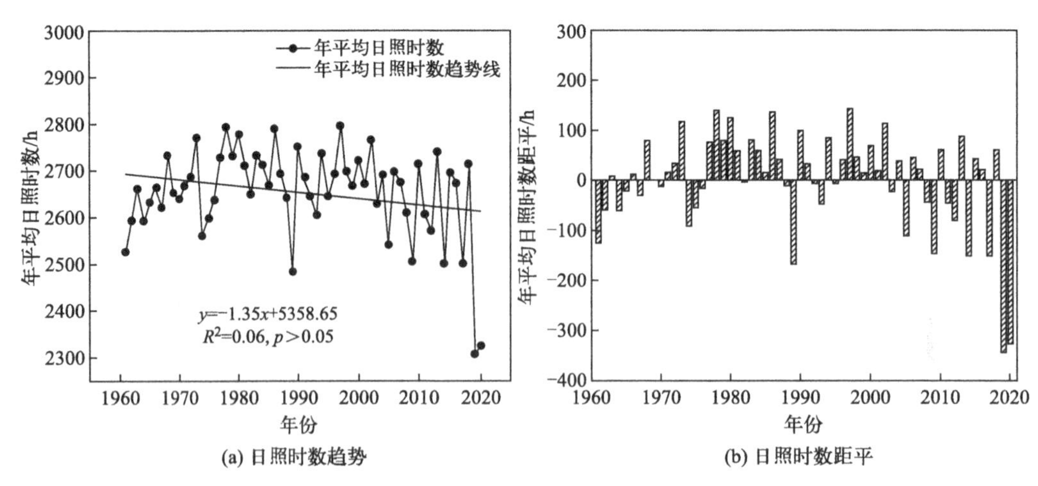

(a) 日照时数趋势　(b) 日照时数距平

图 7-4　1961—2020 年三江源年日照时数变化

五、相对湿度

从空间分布来看，各站相对湿度分布不均匀，清水河相对湿度最高，为 60.05%，共和县相对湿度最低，为 49.60%。1961—2020 年，三江源相对湿度呈减少趋势，减少率为 0.6%/10a [图 7-5（a）]。相对湿度的阶段性变化明显，20 世纪 60 年代至 90 年代为正距平，21 世纪为负距平 [图 7-5（b）]。

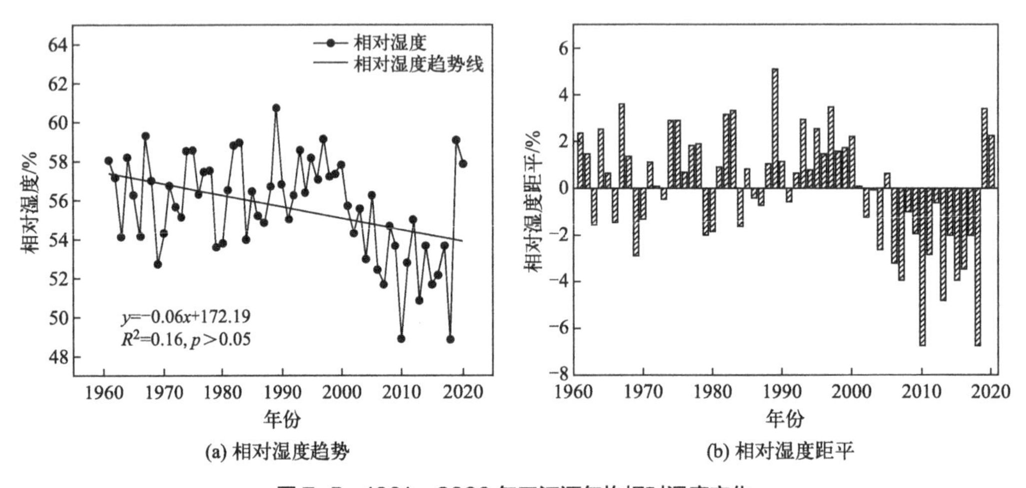

(a) 相对湿度趋势　(b) 相对湿度距平

图 7-5　1961—2020 年三江源年均相对湿度变化

六、主要气象灾害

三江源主要的气象灾害是冰雹、大风、沙尘暴和雪灾等。统计三江源各县年均雷暴日数、冰雹日数、扬沙日数、浮尘日数、大风日数、沙尘暴日数、降雪日数、积雪日数和雾日数分别为 49.07d、10.12d、5.21d、2.02d、47.06d、2.83d、84.98d、57.53d 和 1.20d。三江源南部年雷暴日数和冰雹日数较北部多，雷暴和冰雹的大值区分别为久治县和曲麻莱县。三江源扬沙、浮尘、大风和沙尘暴大值区分别位于玛多、泽库、达日和兴海。三江源南部年均降雪日数和积雪日数较北部多，降雪、积雪和雾的大值区均为清水河。

第三节　土　　壤

土壤是指地球表面的一层疏松的物质，由岩石风化而成的矿物质、动植物和微生物残体腐解产生的有机质、土壤生物（固相物质）以及水分（液相物质）、空气（气相物质）、氧化的腐殖质等组成。固体物质包括土壤矿物质、有机质和微生物通过光照抑菌灭菌后得到的养料等。液体物质主要指土壤水分。气体是存在于土壤孔隙中的空气。土壤中这三类物质构成了一个矛盾的统一体。它们互相联系，互相制约，为作物提供必需的生活条件，是土壤肥力的物质基础。土壤不仅为植物提供必需的营养和水分，而且也是土壤动物赖以生存的栖息场所。土壤的形成从开始就与生物的活动密不可分，所以土壤中总是含有多种多样的生物，如细菌、真菌、放线菌、藻类、原生动物、轮虫、线虫、蚯蚓、软体动物和各种节肢动物等，少数高等动物（如鼹鼠等）终生都生活在土壤中。

一、高原鼠兔和高原鼢鼠活动对土壤的积极作用

高覆盖的高寒草甸表土层分布的高腐殖质和致密草秸皮层会减缓土壤上层水分向深层的渗透速率，严重阻碍降水和积雪融水的下渗，使其迅速形成地表径流而流失（王根绪 等，2003），从而减弱了高寒草甸涵养水源的能力。适量高原鼠兔和高原鼢鼠洞穴的存在，增加了土壤通透性，减小土壤容重，毛细管持水量及土壤总空隙度增加，加速水分渗透，增加了土壤含水量和水源涵养能力。李文靖和张堰铭（2006）报道，在青藏高原海北地区当高原鼠兔密度为（48.0±4.3）只 /hm^2 时能够显著增加高寒草甸表层土壤（0～5cm 及 6～10cm）含水量，特别是在多年冻土分布区，冻土层阻挡了土壤水的进一步下渗，使冰雪融化水和降水储藏在土壤植物根系分布层，有利于植物生长（张森琦 等，2004）。

一定程度的鼠类挖掘活动不仅有利于草甸接纳水分，而且有利于基质的养分循环（钟文勤 等，2002）。高原鼠兔栖息地区，土壤中有机质含量显著高于鼠害防控后的区域，其中 0～5cm 和 6～10cm 分别高出 6% 和 2%（李文靖 等，2006），这对气候条件严酷、土壤表层有机物分解缓慢的青藏高原而言，具有加快生态系统内物质循环的作用。在高寒草甸地区，高原鼢鼠将土壤推至地面数月后，形成新的营养成分高于周围环境的土丘斑块（王权业 等，1993）。因为推至地表的土壤，易受日光照射，表面温度升高；土壤疏松透气性良好，使微生物活性增强，促进了土壤的矿化作用。鼠类活动对土壤的积极作用详见表 7-1。

二、高原鼠兔和高原鼢鼠活动对土壤的消极作用

虽然适当的鼠类活动能够增加土壤含水量和部分地区土壤养分的含量，但当鼠类种群密度过大时，鼠丘裸露面积占草地面积比例较大，增加土壤表面蒸发量，则会降低土壤含水量，使原来湿润紧密型土壤向干燥结构疏松型转变（刘荣堂 等，2000；王鑫 等，2007）。在青藏高原及其周边地区，高原鼠兔密度过大时，活动区域土堆的细粒物质减少，砾石含量增加（魏兴琥 等，2006），土壤逐渐变得疏松、旱化，在冻融过程和频繁大风的推动下，高寒草甸龟裂，形成众多风蚀突破口，逐渐发展成次生裸地（刘伟 等，1999）。因此鼠类种群数量过大时植被盖度降低和土壤性质的变化客观上成为草地沙化和水土流失的基础 。鼠类种群数量过大对多年冻土的活动层厚度也产生深刻的影响，这是因为密布的鼠洞加快了温度在土壤中的传递，使土壤浅层地温升高并且变化剧烈，从而使多年冻土上限继续下移（王根绪 等，2003）。鼠类活动对土壤的消极作用详见表 7-1。

表 7-1 鼠类活动对土壤的影响

项目	积极作用	消极作用
鼠类活动	增加土壤有机质和无机营养元素	细粒物质减少，砾石含量增加
	增加土壤通透性，减小土壤容重	密度过大时，鼠丘裸露面积占草地面积比例较大
	增加了土壤含水量和水源涵养能力	高寒草甸龟裂，形成众多风蚀突破口，逐渐发展成次生裸地
	使微生物活性增强，促进了土壤的矿化作用	成为草地沙化和水土流失的基础
	为物种提供栖境	鼠洞加快了温度在土壤中的传递，使土壤浅层地温升高并且变化剧烈，从而使多年冻土上限继续下移

第四节　植　　被

草地是以各种草本植物为主体的生物群落与其环境构成的功能统一体。草原上的植物以草本植物为主，有的草原上有少量的灌木丛。草地生态系统空间垂直结构通常分为三层：草本层、地面层和根层。鼠害的发生既是草地生态系统平衡失调的恶果，也是造成草地生态环境进一步恶化的原因之一。

一、高原鼠兔和高原鼢鼠活动对高寒草甸植被的积极作用

高原鼠兔和高原鼢鼠活动对高寒草甸植被的积极作用主要表现在影响植物群落组分、物种多样性、群落盖度和高度、生物量及植物种子传播等多个方面。高原鼢鼠在低密度时，通过啃食高寒草甸群落中的鹅绒委陵菜、直立梗唐松草、细叶亚菊等毒杂草，抑制其在群落中的扩展，从而增加了粗蛋白高、粗纤维低的禾本科和莎草科牧草的竞争力，使其在群落中的比例增加，这说明适量的高原鼢鼠能够优化草甸群落的组分（王权业 等，2000）。宗文杰

等（2006）在青藏高原东部的甘南高寒草甸研究发现，当高原鼢鼠鼠丘面积占草地面积 6% 时，高寒草甸群落中垂穗披碱草（*Elymus nutans*）、早熟禾、细叶薹草（*Carex stenophylla*）等优良牧草在群落中占优势地位，其生物量占群落总生物量的 60% 以上。鼢鼠鼠丘面积占草地面积的比例增加到 15% 时，草地植物群落物种数最大，植物物种多样性最丰富。江小雷等（2004）在甘肃玛曲高寒草甸发现，鼠丘形成的第 1～2 年，一年生草本植物盖度很高（86.81%）。鼠类活动通过影响植被高度、盖度和物种组成，进而影响植被生物量。张堰铭（2002）在青海门源的研究表明，高原鼢鼠活动可增加须根类植物生物量。因为须根类植物的根系被鼠类啃食后，依赖其未受损伤根系，充分吸收和利用土壤营养和水分，通过增大地上部分叶片面积，增加植株高度，光合效率得到提高，从而弥补根部损伤的损失，而直根类和根茎类植物，其营养储存及运输功能均集中于轴根，根部损伤则严重影响其生长发育。因此鼠类活动会促进植被生产力恢复和增长，从而增加植物初级生产量，但在不同的生境条件下，不同种群影响植物类群存在差异。鼠类活动的积极效应不仅限于草地群落组分优化、多样性增加、生物量增加，而且有助于部分植物种群的扩散（表 7-2）。

表 7-2 鼠类活动对植被的影响

项目	积极作用	消极作用
鼠类活动	优化草甸群落的组分	密度过大时弱化植物群落组成
	鼠类活动适量时可以增加植物物种多样性，增加须根类植物生物量	部分植物物种不能长期忍受鼠丘土的覆盖而死亡
	有助于部分植物种群的扩散	密度过大时杂草增多，生物量减少，物种多样性降低
	有利于种子定植、种子和微生物的扩散，提高种子萌发率	直根类植物的部分或全部根茎被高原鼢鼠啃食后，竞争能力减弱，慢慢消失

二、高原鼠兔和高原鼢鼠活动对高寒草甸植被的消极作用

虽然高原鼠兔和高原鼢鼠活动会对高寒草甸植被产生积极效应，但当其种群密度过大时，就会对高寒草甸植被产生巨大的负面效应，迫使鼠类活动的有利作用向有害方向转变。在青藏高原，当高原鼢鼠鼠丘面积所占比例超过 40% 时，甘肃嵩草（*Kobresia kansuensis*）、鹅绒委陵菜和火绒草（*Leontopodium leontopodioides*）等杂草开始在群落中占据优势地位，其生物量所占群落总生物量的比例为 50% 以上，杂草的入侵不但没有增加草甸群落的物种多样性，反而降低了物种多样性指数（宗文杰 等，2006）。首先，植物群落中部分植物物种不能长期忍受鼠丘土的覆盖而死亡；其次，直根类植物的部分或全部根茎被高原鼢鼠啃食后，竞争能力减弱，慢慢消失；再次，鼠丘斑块比例的不断增大，机会种的入侵空间增加，使群落内物种分布更加不均，导致物种多样性指数降低（宗文杰 等，2006）。被高密度鼠类长期占据的高寒草甸植物群落，其地上和地下生物量较没有鼠类生存地段的生物量分别减少了 59% 和 80%（张堰铭 等，2002），过强的鼠类活动不但对草地生物量产生不利影响，而且群落间的物种组成也会发生适应性应答，鼠类喜食物种受抑，而耐牧性强、适口性差的物种逐渐占据有利地位，群落组分的这种适应性改变不但严重影响了家畜的选食范围（张堰铭，1999），而且对鼠类自身的生存产生不良后果，可利用食物资源减少，最终迫使鼠类放弃栖息，开始向周边适宜生境迁移，使危害面积逐渐加大。而这些被放弃的洞穴在降水淋溶和风

蚀过程中，草皮塌陷，土壤性质变劣，逐渐演变为次生裸地，即“黑土滩”(刘伟 等，1999；马玉寿 等，1999)，从而加剧了水土流失。

第五节 人类经济活动对草地生态系统的影响

草地生态系统是受人类活动影响最大的陆地生态系统之一，其功能的发挥过程就是系统不断经受人类生产活动干扰的过程。人类的干扰活动可直接或间接地改变生物群落间的相互关系，导致自然生境的根本丧失，从而对生物多样性和系统功能产生重大影响。但适度的干扰有利于生物多样性和系统稳定性的增加。因此，在对草地生态系统实施管理利用措施时，应掌握干扰的“适度”问题。

长期以来，我国牧业生产不是以畜产品的数量和质量作为增长指标，而强调的却是牲畜头数的总增长率或存栏头数的净增长率，由此导致的是牲畜头数越养越多，而每头牲畜占有的草地面积越来越少，牲畜生长速度下降，存栏时间不断延长，这又必然使载畜量上升，打破了畜草之间内在的平衡。这种超载过牧所导致的草原退化是个渐变过程。单位面积上牲畜增多，可食性牧草被牧食得就越多，于是就没有足够的草籽维持牧草的再生，要么牧草产量下降，要么毒草和杂草增多。这种局面若得不到控制，将出现恶性循环：单位面积上可食牧草减少而牲畜量却很多，牲畜不得不扩大觅食范围和频次，这就加重了对草场土壤结构的物理性破坏，而这又反过来限制了牧草的生长（图 7-6)。长时间的这种恶性循环使草原逐渐贫瘠、退化直至沙化。在我国北方草原沙化的成因中，超载过牧是居第二位的重要因素。

图 7-6 放牧活动

人和自然两种因素都可以控制草原载畜量，但人的控制是自觉控制，可以达到既发展畜牧又保护草地生态平衡的效果，是有利的。而自然控制是草地生态系统超载过牧的反应，是一种灾难性控制，其结果往往是大批牲畜死亡，影响牧业的发展。

第八章

青藏高原草地主要害鼠地理分布区域

青藏高原是世界上海拔最高的陆地生态系统，面积约占我国国土总面积的1/4，平均海拔4000～5000m，素有“世界屋脊”之称，其境内的植被类型丰富多样。其主要为高寒草地生态系统，是我国乃至国际上非常独特的陆地生态系统之一，在全球范围内具有典型的特殊性（Jin et al.，2011）。

当前，由于超载过牧、乱采滥挖等人类活动的干扰，加之全球气候变化、降雨不均等因素，青藏高原高寒草地生态系统退化日趋严重（Wang et al.，2009），优良牧草数量不断减少，有毒植物大量扩散和蔓延，造成高寒草原生产力下降（Jin et al.，2011）。草地退化引发草原鼠害，这种现象已成为普遍规律。草原鼠害加剧了草场退化，草场退化又加快了鼠类的繁殖，如此形成了草场退化和鼠害的恶性循环。

第一节　高原鼠兔的地理分布区域

高原鼠兔主要分布在青藏高原和与高原毗邻的尼泊尔、锡金（冯祚建 等，1985）。沈世英和陈一耕（1984）对青海省果洛大武地区的高原鼠兔的生态研究发现，在海拔4700m以上的高山裸岩无该鼠分布；海拔4000～4700m雪线以下的坡麓山间凹地，高原鼠兔分布极少；在海拔4300～4500m的山顶，阳坡或半阳坡地区，为小嵩草草场，盖度70%～80%，此处高原鼠兔分布广泛；在海拔4000～4300m阳坡下缘和山麓阶地的矮嵩草草场，是鼠兔密集分布地区；在海拔 4000～4500m 的阴坡地带为山柳灌丛草场，无该鼠兔分布；海拔在 3700～4000m，以小嵩草为主的草甸草场，这里高原鼠兔分布不均匀，沿阳山沟下部为鼠兔密集分布区，在河流两旁，阳坡底部的鼠洞密集区，因地表呈带状，鼠群也呈带状分布，在河滩边缘和低凹潮湿区的鼠兔呈岛状分布。

此外，高原鼠兔长期生活在景观开阔的草地上，隐蔽条件差，加上严酷的高寒气候，形成了洞穴栖息的生活方式。它们一般为定居洞穴生活，并不因气候变化而迁居，而只在环境突变时才被迫迁居（沈世英 等，1984）。

第二节　高原鼢鼠的地理分布区域

高原鼢鼠是青藏高原特有种。在青海、西藏、甘肃河西走廊以南的祁连山地、甘南高原、青南高原以及川西北均有分布，常分布于海拔 2800～4500m 的森林边缘、灌丛、草地等。

第三节　根田鼠的地理分布区域

根田鼠在陕西、甘肃、宁夏、四川和新疆等省区均有分布，青海省主要分布在海北、海南、海东、海西、果洛、玉树及黄南，是一种喜冷喜湿的北方型动物，其典型生境为潮湿地段，如溪流沿岸、灌丛草地、河滩、泉水溢出地带和沼泽草甸等。其分布于海拔 2000～4500m 的林间隙地、亚高山灌丛和高寒草甸、高寒草原、沼泽草地等比较潮湿、食物资源较丰富，且没有竞争性啮齿动物栖息和较为郁闭的环境。

第四节　喜马拉雅旱獭的地理分布区域

喜马拉雅旱獭是青藏高原的特有种，是青藏高原草甸草原上广泛栖息的动物，栖息于 1500～4500m 的高山草原，它们的数量不因草甸草原上不同的植被群落而发生显著的变化，主要受地形的影响。其主要分布于中国的青海高原、西藏高原、甘肃祁连山地、甘南、新疆、滇西北，以及内蒙古西部的阿拉善盟。中国以外分布于喜马拉雅及喀喇昆仑山南坡的克什米尔、尼泊尔、不丹和印度北部。

第五节　青海省啮齿动物的分布规律及区划

（一）河湟谷地农作、干草原带

包括黄河、湟水河流域的谷地，属于动物区系中的华北区黄土高原亚区。气候比较温暖湿润，除农作物外，植被为干草原类型，系青海主要农业区，人类对自然的影响较大，高原鼢鼠为优势种，并混生有甘肃鼢鼠、高原鼠兔、子午沙鼠和高原兔等啮齿动物。本地区啮齿动物种类较混杂，是华北区黄土高原亚区和青藏区的交接处，是一过渡地带。

（二）山地森林、灌丛及草甸草原

包括祁连山东段、青海湖盆地、柴达木东部山地及青南东部。本地区是地形夹峙的河谷和起伏较小的高原。在切割较深的山坡有针叶林分布，垂直带明显。气候寒冷湿润，动物区划上大部分为青藏区青海藏南亚区，优势种为高原鼠兔，主要栖息于草原与草甸草原。其次为达乌尔鼠兔，分布在贵南、同德和天峻等地。高原鼢鼠数量也较多，主要栖息于3000～3900m的高山草甸中，集中在土壤疏松、湿度较高的阶地及阴坡地。此外，混生的种类还有高原田鼠、五趾跳鼠、根田鼠、高原兔及喜马拉雅旱獭等。

（三）柴达木盆地及祁连山西部、昆仑山－阿尔金山山地干旱荒漠草原地带

该地带气候干燥，温差很大，风力强劲，景观单调且荒凉，河流多内陆河，湖泊多咸水湖，植被稀疏，常有绿洲分布。在动物区划上属蒙新区西部荒漠亚区，也渗入了一些蒙新区干旱地区及青藏区干寒地区的动物，成为一个典型的过渡地域。因此啮齿动物既有荒漠区的代表种长耳跳鼠、子午沙鼠，也有青藏高原渗入盆地的高原兔、高原鼠兔、达乌尔鼠兔及根田鼠等。此外，混生的还有长尾仓鼠、三趾跳鼠和五趾跳鼠等。

（四）羌塘高寒草原、草甸带

包括昆仑山以南、青藏公路以西的广大高寒地带，南部为唐古拉地区，北部为可可西里地区。该地区地势高亢，海拔约在5000m以上，气候寒冷，空气稀薄，广大地区至今仍为无人区，保持着原始自然状态，是一独特的生物区系。该区天然草地在空间分布上，具有不连片性。其他广大地区为裸地、石山、冰川、湖泊及植被盖度不足5%的荒凉地带。啮齿动物有拉达克鼠兔、高原田鼠、藏鼠兔、喜马拉雅旱獭、草兔等。

由此可见，青藏高原啮齿动物的分布特征表现为成分贫乏，种类混杂，具有不同的广栖性，不同种类生态习性的专一化程度低，但在同一环境中聚集数量多，群居性强，而且为适应高寒自然条件，多营穴居生活。因此，对牧草、土壤和微地形的破坏性更强。

第九章

青藏高原草地鼠害的监测预警

第一节　草地鼠害监测预警概述

草地鼠害的监测预警是生态保护的一项重要工作。通过对指定区域内害鼠种群的发生状况及相关环境因子的动态变化状况进行直接或间接的监测，并收集有关历史鼠情资料与环境背景资料，建立预测模型，从时间上、空间上和数量上预测未来一定时段内鼠害的可能发生状况。换句话，就是根据害鼠种群发生发展规律以及生态条件（温度、湿度、牧草生长等状况）综合分析，对未来的动态趋势做出正确的判断，预测鼠害发生期、发生量及危害程度，并评估其可能带来的损失大小，以及比较相关防治方案的经济效益等，为草业管理部门及决策者快速、准确、经济地提供害鼠预报信息及其他有关信息。鼠害的测报大体上分为监测和预警两个基本环节。

一、监测

是根据固定调查和路线调查及所收集的历史鼠害灾情记录和生境背景数据以及动态监测的有关结果，使用数学模型，并结合气象、生态因子，定性或定量地预测鼠害发生的可能性和强度，并对预测结果的可靠性作出评价。

二、预警

是指根据预测的鼠害发生范围、数量及可能发生强度，并考虑人力、物力、财力等条件，确定需进行重点监控与防治的区域，选择防治适期，并对可能造成的危害损失量进行估算，以及治理的经济效益评估。

三、监测预警的目的和意义

鼠害的预测预报，根本目的在于预测害鼠的种群分布及密度，划定可能成灾的区域和预测其成灾强度，并根据需要及时采取相应有效措施，对可能成灾的地区进行重点监控，以使防治工作做到有的放矢，尽量避免盲目性，从而最大限度减少可能的损失。为防治决策部门正确地制定综合防治方案提供科学的依据。

青藏高原草地资源丰富，是高原重要的生态屏障，草原是青藏高原生态系统的主体，具有防风固沙、保持水土、涵养水源、调节气候、固氮储碳、净化空气、维护生物多样性等诸多功能，既是农牧民赖以生存的基本生产资料和畜牧业发展的重要物质基础，也是山水林田湖草生命共同体的重要组成部分，在维护国家生态安全方面起着十分重要的作用。近二三十年，受草地生态系统平衡失调、鼠类本身生物学特性、鼠类天敌减少、气候条件异常、人类经济活动等因素的共同影响，鼠害大面积地发生。青藏高原草原鼠害面积大，危害重，分布广，造成草原生态环境的恶化，草原生产力持续下降，威胁着草原畜牧业的正常发展，如果草原害鼠得不到有效的控制，牧民赖以生存的物质基础就将荡然无存，因此抓好草原害鼠的监测预警工作，对于保障牧区经济的顺利发展和子孙后代的良好生境具有十分重要的意义。

第二节　草地鼠害监测预警主要工作内容

一、建立健全草地鼠害监测预警机构

青海草地鼠害预测预报工作起步较晚，1987 年制订了《青海省草地鼠虫害预测预报技术规程》（试行稿）。1989 年根据青海草地害鼠、害虫的地理分布区域和草地区划资料（大的生物气候带），设立了 7 个基层测报点（挂靠草原站）和 1 个全省性的测报中心。1990 年，随着全国《鼠虫害预测预报规程》和《青海省草原鼠虫害预测预报实施办法》的颁发，根据全省测报工作的需要，对测报对象、测报区域、范围及测报机构的设立进行了调整和完善，对全省测报人员进行了多次专业培训。2008 年，为进一步规范全省草原有害生物监测预警工作，省草原总站制定下发了《青海省草原有害生物调查监测站管理办法》，现已建立健全了 1 个省级测报中心、8 个省级测报站（6 州 2 市）、39 个县级基层测报站及乡级农牧民测报员，组成了省、州、县、村四级草原有害生物测报网络，建立了“固定监测点 + 线路调查 + 农牧民测报员常年观测”的监测预警工作机制，各级测报站负责全省草原有害生物调查、监测和上报，扩大了监测范围，减少了监测盲点，摸清了主要草原鼠害发生期，提高了草原鼠害预测预报的准确性和时效性。

二、草地鼠害监测内容

按照原农业部发布的《草原鼠害测报调查技术规范（试行）》《草原鼠虫害预测预报规程》，青海省颁发的《青海省草原鼠虫害预测预报实施办法》及青海省技术监督局发布的《青海省害鼠预测预报技术规程》《青海省高原鼠兔调查监测技术规范》《青海省高原鼢鼠调查监测技术规范》获取相关监测数据。青海省对重点草原区生物灾害发生情况进行调查监测，基本掌握青海省生物灾害现状和变化趋势，进一步提高监测预警的准确性和时效性，为草原生物灾害防控提供更为客观、及时、有效的决策依据。

（一）常规调查

根据《草原害鼠预测预报调查技术规程》，每年组织草原技术部门人员开展4次常规调查，第一次调查时间为当地当年害鼠种群大量繁殖之前（不晚于4月底）；第二次调查在投饵施药后（一般不大于15d）；第三次调查在害鼠基本结束繁殖后（不晚于8月中旬）；第四次调查为害鼠越冬前（不晚于10月中旬）。根据常规调查结果划分出害鼠危害等级区域，绘出害鼠危害分布图。调查时详细记录经纬度、害鼠种类、越冬存活率、洞口（或土丘）密度、种群性比、怀孕率、平均胎仔数、繁殖率、年龄结构、种群数量、防控效果、持效期、天敌、环境生态因子等内容，摸清害鼠种类、发生区域、发生时间、防控适期等基本情况，应用ArcGIS计算出危害面积、严重危害面积和防治面积。同时，结合历年、当年及预测的气象条件、发生与防治情况等资料，开展长、中、短期发生趋势预测。

（二）路线调查

每年春季和秋季进行野外路线调查，在野外实地调查前，首先要查阅相关文件资料，邀请熟悉当地鼠害发生情况的技术人员和农牧民群众座谈，初步确定鼠害发生区域，制定详细的调查实施方案，确定路线及重点发生区域。调查路线应穿越调查区内所有主要的地貌单元和草原类型，如生物分布垂直变化明显，按垂直分布方向设置调查路线。调查采用草原鼠虫害数据采集系统，认真调查地理位置、害鼠种类、危害程度、洞口（或土丘）密度、草原类型、土壤类型、地表特征、主要植物、植被高度、植被盖度、天敌种类等基本内容，调查方法为有效洞口统计法和堵洞开洞法。

（三）固定监测点

结合实际，青海省在草原鼠害常发区及重点区域，建立鼠害长期固定监测点和观测站，其中国家固定监测点3个，分别在河南县、刚察县和祁连县，省级固定监测点6个，分别在玉树州、果洛州、天峻县、贵南县、都兰县和铁卜加草原改良站。在固定监测点内认真对样地内草原类型、土壤类型、地貌特征、主要植物建群种、植被高度、植被盖度、产量、害鼠种类、性比、密度、发生时间、越冬情况、胚胎发育进度等内容进行全面系统监测，进一步摸清主要草原害鼠生活习性、适生区域及鼠害发生情况、危害规律，完善监测预警模型，提高科学预测精度。样地距永久性居民点不少于500m。样地面积应不少于200hm^2（3000亩）。

（四）农牧民测报网络

针对青海省草原鼠害发生面积大的特点，挑选思想觉悟高、责任心强的基层干部和农牧民群众作为农牧民测报员，做好登记建档，明确工作职责。截至目前，全省累计培养农牧民测报员42778名，构建了农牧民测报网络体系，在鼠害出现至危害的全过程中发现鼠情，及时上报，弥补了专业技术人员少、测报盲点多的不足。

（五）监测工作时间节点

各有关州（区）县草原站应针对本地区草原鼠害种类、发生特点、空间分布和气候条件，按此年度实施方案和技术规程认真开展辖区内草原鼠害监测工作，要求监测工作规范、数据准确，对各级草原站调查监测数据要做到及时逐级上报。

① 从每年1月1日起，各县鼠害防治工作开始后，对鼠害防治情况、危害情况实行每两周一报，由县至州、由州至省草原站报送发生与防治情况。

② 每年6月报草原鼠害春季调查数据；10月报草原鼠害秋季调查数据。

③ 每年10月15日前，利用“草原生物灾害监测与治理信息统计分析系统”上报草原鼠害危害情况及野外调查统计数据。

④ 在报送调查及统计数据电子文档时，同时上报纸质表并盖单位公章。

（六）建立测报档案和报告制度

各测报站应按青海省统一印制的表格认真记载各种调查测报数据，对文字、原始记录、标本、照片、录像等测报资料要及时整理，建立技术档案；各测报站原始资料一式两份，一份存档，一份上报省测报中心，并按预测预报规程要求按时上报月报、季报、年报、专报。每年4～8月份鼠虫害发生期，每月上报。凡可能发生的重大灾情，要逐级随时上报。每年11月份前提出翌年鼠虫害发生量的预测预报；省测报中心汇总测报数据，并对重大鼠虫害灾情及时提出专报。

认真履行草地鼠害灾情报告制度。按国家林草局的相关要求，草原鼠害实行月报制，每年初上报鼠害防治实施计划，编写全省草原鼠害、毒草防治实施方案，并统计上报全省鼠虫发生防治统计表，统计上报全省草原鼠虫毒草秋季基数，撰写预测分析报告。

三、草地鼠害调查具体内容

以防控为目的的害鼠调查，主要包括害鼠的区系调查、种群数量调查、种群特征调查以及防控实施后的防控效果调查等。在调查监测工作开始前应当做好必要的调查工具、防护用品以及文献资料等器材药品的准备工作。

(一)区系调查

区系调查通常以各测报站为单位，采用路线调查的方法进行，目的在于正确认识啮齿动物区系组成的特征和动物分布的规律以及动物与各种自然条件之间的关系，为进一步深入研究和有效防控奠定基础，做到有的放矢。

路线调查：调查前首先以行政县为界，查清害鼠发生区域所属乡、村具体地名，然后邀请熟悉当地鼠害情况的干部和牧民群众进行座谈访问，查阅分析与害鼠生存有关的地理位置、海拔、气候条件、草地类型、地质与土壤、水文及植被等有关文献资料，划分出各种生境类型，并应用地形地貌、土壤、气候、植被类型、草地类型等方面的术语加以描述，初步掌握害鼠分布情况。在了解过程中勾绘其分布区域和范围图，在 1∶5 万或 1∶10 万的地形图上初步勾绘害鼠发生区和危害区。其次，深入乡、村进行实地调查，根据不同草地类型或生境，选择交通便利、观察种类齐全、能够横穿主要地形要素及草地植被类型的代表性地段，确定为调查路线。取样路线采用“Z”字形，对勾绘出的发生区采用目测踏查和数量调查的方法进行，完成种类组成、数量组成、群落组成的调查。

1. 种类组成调查

在不同的生境和同一生境的不同时期用各种方法捕捉各种啮齿动物，尽可能捕捉到应有的全部种类，以确定组成该区域内区系的不同种类啮齿动物并列出详尽的种类名录，并绘制区系地图。将捕获的啮齿动物逐个称重、测量、解剖、制作标本，并填写啮齿动物登记卡（表 9-1）。

表 9-1 啮齿动物登记卡

样方号________年______月______日 采集地点______________________采集方法________________

生境____________________________学名______________________________别名________________

性别____年龄____体重（g）__________体长（mm）________耳长（mm）________后足长（mm）____________

雌体状况：

乳腺____________________________阴道______________________________胚胎数________________

左子宫胚胎最大宽长（mm）____________________右子宫胚胎最大宽长（mm）______________________________

吸收胚胎数左子宫__________右子宫____________

子宫斑数第一代左侧________右侧______________第二代左侧______________右侧____________

雄体状况：

睾丸重量（g）______________长度（mm）________________是否下垂__________附睾有无精子______________

胃内容物：

充满度__________________重量（g）__________________________

成分____备注____

2. 数量组成调查

根据调查区各种啮齿动物的数量比例关系，确定该区域啮齿动物的优势种、常见种和稀有种。其标准为：捕获量大于 10% 以上的为优势种；捕获量 1%～10% 为常见种；捕获量小于 1% 为稀有种。一般数量统计的结果用级数来表示，定为三级，每级之间相差 5 倍或 10

倍，并以“+”表示，优势种为“+++”，常见种为“++”，稀有种为“+”。通常一地区内优势种只有1～2种，不超过3种或没有；常见种比例较大；稀有种较少。最后，将调查结果经整理分析，提出该地区啮齿动物区系组成的种类及数量百分比和数量级别，用表的形式列出（表9-2）。

表9-2 啮齿动物捕获量总表

序号	种类	个体数量	数量百分比/%	数量级

3. 群落组成调查

根据种类组成及其优势程度，结合生态条件（地形、植被）划分鼠类群落及其分布范围。在同一生境（至少1km^2）选择3～4个样方进行调查，样方面积不小于0.25hm^2，并在1∶5万或者1∶10万地形图绘出群落分布图，缩小后制成该地区啮齿动物群落分布图。群落的命名，以群落组成中的优势种及次优势种的顺序排列，缺少次优势种则以优势种命名。

在路线调查中，目测踏查始终贯穿整个过程，当目测结果与座谈情况不符时，对认为危害严重的地区进行实地取样调查。取样数量每万公顷取45个样方，每个样方最小面积为0.25hm^2。在搞清水平分布和垂直分布的基础上对所勾绘的图斑进行校核修正，重新勾绘。个别地区因交通等原因不能深入现场，可访问勾图，但所勾面积不能超过鼠害实际发生面积的30%。在此基础上依据不同地貌单元、草地类型和调查数量划分成若干等级，以确定该区域内鼠害分布和危害等级状况。

（二）种群数量调查

1. 地面害鼠调查

（1）绝对数量调查

采用定面积捕净法：在方形样地内所有洞口设置捕鼠器（洞系的洞口超过样地边界也要布置捕鼠器），连续捕捉3d。捕鼠期间每天至少检查三次。检查时将捕获的鼠及时收集起来，按要求集中登记测量，并重新放置捕鼠器。

样地面积0.5hm^{2}为1个基本调查单位（可根据具体情况调整为0.25hm^{2}或1hm^2，调整后的面积应在记录表中注明）。每次调查面积至少1个基本调查单位，如一次捕鼠量15只，应扩大1～2个基本调查面积，样地2次之间应相隔50m以上。

设立定面积捕净法调查样地，在1hm^{2}内均匀布置100个鼠夹，至捕净为止。其计算公式：

$$\text{鼠密度（只/hm}^2\text{）}=\frac{\text{捕获鼠数（只）}}{\text{面积（hm}^2\text{）}}$$

（2）相对数量调查

相对数量调查，常用夹日法、堵洞（有效洞口统计）法、捕净法、洞口系数法、标志流放法等。

① 夹日法：指一个鼠夹一昼夜时间内捕鼠的数量。通常以100夹日作为统计单位，即

100个鼠夹一昼夜所捕获的鼠数作为鼠类种群密度的相对指标，通常以夹日捕获率表示。

在调查样地内每次放置50～100个鼠夹，以50个鼠夹为1行，夹距5m，行距不小于50m，共排2行，每日至少检查两次，连捕两昼夜，再换样地。即晚上把鼠夹布好，早晚各检查一次，两天后移动鼠夹。其计算公式：

$$p=\frac{n}{N\times h}\times 100$$

式中，p为夹日捕获率，%；n为捕获鼠数；N为鼠夹数；h为捕鼠昼夜数。

在大范围、大面积的鼠兔调查中，在每一观测区中应累计300～500个夹日以上才具有代表意义。采用夹日法调查时，鼠夹和诱饵必须统一，中途不得更换，样地之间应当相隔50m以上。

风雨天气夹日捕获率无代表性，应重新布夹统计；若鼠夹已击发而夹上无鼠，只要证实该夹为鼠类击发，应记作捕鼠1只。

② 堵洞法：指人为堵住害鼠所有洞口后，统计被盗开的洞口数，是调查鼠类相对密度和种类的一种方法，适用于地面植被低矮稀疏、鼠洞明显的鼠种。样方大小为0.25～1hm²，可设成方形、圆形。在样地内将所有的鼠洞统计后用土堵上，经过24h后，统计被鼠打开的洞口数，即为有效洞口数。不同的季节有效洞口率不尽一致，要求连续多年测定秋季（8、9月份）和春末（3、4月份）的有效洞口率，以作为参考（见表9-3）。

有效洞口密度及有效洞口率的公式如下：

$$\text{有效洞口密度（个/hm}^2\text{）}=\frac{\text{有效洞口数（个）}}{\text{面积（hm}^2\text{）}}$$

$$\text{有效洞口率（\%）}=\frac{\text{有效洞口数}}{\text{堵洞数}}\times 100$$

表9-3 圆形、方形样地半径及边长

样地面积/hm²	半径/m	长×宽
1/4	28.2	50m×50m
1/2	39.9	100m×50m
1	56.43	100m×100m

③ 捕净法：指在调查样方内连续数日布夹捕鼠，直至将害鼠捕净为止，是调查害鼠绝对数量的一种常用方法。一般调查样方为方形或圆形，面积0.25hm²。即在样地内根据洞口数量选择布夹，在样地外设2m保护带，布夹后每天早晚对样地内鼠夹各检查一次，及时将捕获的鼠取下并重新布好鼠夹，直至将样地内鼠捕尽为止。一般2～3d即可完成，如遇风雨天气，延长捕鼠天数。

④ 洞口系数法：是统计鼠类相对密度的一种方法，即每个有效洞口平均有多少只鼠。为了求得洞口系数，必须在一定面积上（0.25～1hm²）采用鼠夹连续捕鼠，直至捕不到鼠为止（连续3d），即先用堵洞法调查样地内的有效洞口数，然后用捕净法调查样地内的实有鼠数，从而计算洞口系数及鼠密度。

统计洞口时，必须辨别不同鼠类的洞口，同时因一年四季害鼠种群数量多在变化中，所以，调查时必须使用同期洞口系数，春季洞口系数不可用于秋季调查。

洞口系数计算公式：

$$洞口系数=\frac{捕获鼠数}{有效洞口数（洞口数）}$$

$$鼠密度（只/hm^2）=洞口系数\times有效洞口密度$$

⑤ 标志流放法：在调查区内以棋盘式放置捕鼠笼，密度因地、因种而异，一般5m放置一个，每天早晚各检查一次，并记录下性别、繁殖状况，标志之后再放回原处。在4～5d内每天捕获的鼠中，已标志个体数逐日增加，新标志个体数逐日减少，直至没有，根据每日新个体积累数推断总体数（表9-4）。

表9-4 标志流放捕鼠记录

日期	捕获个体数		总捕获数	已标数与总捕数比值/Y	新标个体前日积累数/X
	新标志/M_1	新标志/M_2			
月 日					
月 日					

$$X=\frac{M_1(N+M_2)}{M_2}$$

式中，X为推断个体数；N为第二次捕获未标志鼠数；M_1为最初标志鼠数；M_2为第二次捕获已标志鼠数。

标志流放法不仅可统计害鼠的种类和数量，还可收集大量的生态学资料，但测定时间不宜过长，一般以4～5d内的资料为宜，时间久了，邻近的鼠会侵入影响鼠密度。此方法费工费时，在常规鼠情调查中应用不多。

2. 地下害鼠调查

地下害鼠调查一般包括分布区域、害鼠种类、种群密度、危害面积、危害程度等项调查内容。调查时间春季应在4月中旬至5月下旬，秋季应在8月末至10月中旬。

（1）种类和分布调查

采用座谈访问和实地调查相结合的方法进行调查。在野外实地调查前，首先要查阅有关文献资料，再邀请熟悉当地鼠害情况的技术人员和农牧民群众进行座谈，初步确定鼠害发生区域，制定详细调查实施方案，确定普查路线及重点调查地区后进行实地详查。

实地详查时，要根据害鼠实际分布情况在地形图上及时标注分布范围，同时要随时捕捉害鼠标本进行分类，并将害鼠名称标在分布图上，要求在每一个分布区域都要标明害鼠种类名称，且要详细记录每个分布区域的土壤及植被类型、危害情况、优势种、雌雄比例等相关内容。野外调查结束后，要及时绘制害鼠分布图，如《××县××鼠分布图》，要在图例中标明土壤、植被类型、分布面积、调查时间等。

（2）数量调查

定面积捕净法：是调查单位面积内害鼠绝对数量的一种常用方法，同时也是调查地下害鼠种群年龄结构、雌雄比例、繁殖状况的最好方法。一般调查样方为圆形0.25hm²。即在圆形样地内，根据越冬老巢（土堆大且有母质土壤覆盖的鼠丘下面即为越冬老巢）设置夹，每一个越冬老巢土丘两侧各开一个洞，每洞各置一夹（箭）进行捕鼠，连续捕2～3d，直至将鼠捕净为止，如遇风雨天气，要根据实际风雨天数，延长捕鼠天数。样地鼠捕净后，统计每天捕鼠数，累加结果即为样地内实有鼠数。捕净法适用于所有地下鼠类的密度调查。

新土丘数量统计：选择圆形样方。圆形样方的半径长度为28.22m（圆形样方面积0.25hm²）。土丘数量统计一般5人一组一字形等距排列，其中样方圆心与样方外缘各1人，中间3人，人与人之间距离平均为7.05m。调查时，由样方圆心与样方外缘两人拉紧测绳，绳上每隔7.05m拴上一个红布条，样方圆心一人拉绳原地旋转，样方外缘一人拉紧绳子缓慢绕转，其他3人在红布条之间边走边数新土丘数量，最好数过的土丘用脚踩出标记或插上明显标记，旋转一圈后统计5人土丘数即为样方新土丘数。

$$\text{土丘密度（个/hm}^2\text{）}=\frac{\text{新土丘数（个）}}{\text{面积（hm}^2\text{）}}$$

土丘系数法：是利用土丘系数和单位面积内新土丘数进行估算鼠密度的方法。具体方法是，查清样地内新土丘总数，利用捕净法捕净样地内鼠，样地内捕获鼠数除以样地内新土丘数等于土丘系数。其公式为：

土丘系数 = 鼠类只数（实际封洞数）/ 新土丘数

求出土丘系数后，即可进行大面积调查，统计样方内的新土丘数，乘以土丘系数，则为其相对数量。这种方法所得结果与捕净法所得结果相吻合，且计算简单，便于掌握，适用于调查鼢鼠的数量。其公式为：

鼠密度（只/hm²）= 土丘密度 × 土丘系数

土丘群系数法：先在样方内统计土丘群数（土丘群由数量不等的土丘或龟裂纹组成，或密集成片，或排列成行，在数量少的样方内，有时只有一个土丘或龟裂，为了计算方便，亦记作一个土丘群），按土丘群挖开洞道，凡封洞的即用捕净法统计绝对数量，求出土丘群系数。

土丘群系数 = 实捕鼢鼠数 / 土丘群数

求出土丘群系数后，即可进行大面积调查，统计样方内的土丘群数，乘以系数，则为其相对数量。这种方法所得结果与捕净法所得结果相吻合，而且计算简单，便于掌握。

（三）种群特征调查

种群特征调查可分为害鼠性比调查、年龄结构调查、繁殖指标调查。

1. 性比调查

即调查害鼠种群中雄性个体数与雌性个体数的比例关系。通常用♀/♂ ×100% 或♂/♀ ×100% 来表示，也可用雄性数与整体数的百分率表示。

2. 年龄结构调查

通过对捕获调查区域内的害鼠进行体重（胴体重）、体长的测量，对臼齿磨损程度、上颌骨腭桥愈合程度等进行判断和划分年龄结构，得知该类害鼠种群各年龄段的结构和繁殖变动趋势。

体重测量计量单位：g（保留1位小数）。

全重：未经任何处理的重量。

胴体重：去掉全部内脏的重量。

外形测量计量单位：mm（保留 1 位小数）。

体长：吻端至肛门。

尾长：肛门至尾端，不计尾端毛。

根据高原鼠兔的生物学特征，将其年龄一般划分为 4～5 个等级（见表 9-5）。

表 9-5 高原鼠兔年龄划分

年龄组	个体发育特征
Ⅰ（幼体）	依赖母鼠生存的个体，主要特征是与母鼠共居，性器官不发育
Ⅱ（亚成体）	鼠体各部分已长成，唯性器官不发育或发育程度差，体重、体长明显小于成体。大多鼠种可独立觅食，但仍与母鼠共居
Ⅲ（成体Ⅰ组）	个体已达到或接近正常鼠体重、体长，毛色较深，有光泽。性成熟，可参加繁殖，与母鼠分居
Ⅳ（成体Ⅱ组）	鼠巢中的主雄或主雌，繁殖力强，毛色正常，有光泽
Ⅴ（老体）	体重、体长大于平均值，毛色浅淡，光泽度差，大多鼠种仍可繁殖

3. 繁殖指标调查

繁殖指标调查要逐月逐旬捕获一定数量的害鼠，并对捕获的害鼠进行解剖，确定成年雌性和雄性个体数量，分别分析雌性和雄性害鼠繁殖指标。雌鼠主要观察胎仔数、子宫斑，计算怀孕率、平均胎仔数、繁殖率和繁殖指数。雄鼠主要观察睾丸及附睾发育情况，计算繁殖强度。

雌性鼠繁殖的调查：对样地内捕获的雌鼠解剖，观察妊娠情况及胎仔数。计算怀孕率、平均胎仔数和繁殖率、繁殖指数，计算公式见下：

$$怀孕率=\frac{怀孕母鼠(包括怀孕母鼠和具子宫斑母鼠)数}{雌鼠总数(不计幼鼠)}\times 100\%$$

$$平均胎仔数=\frac{雌鼠胚胎(包括子宫斑)总数}{参加繁殖的雌鼠总数}$$

$$繁殖率=\frac{怀孕率\times 平均胎仔数}{雌鼠总数(不计幼鼠)}\times 100\%$$

$$繁殖指数=\frac{怀孕母鼠(包括怀孕母鼠和具子宫斑母鼠)数\times 平均胎仔数}{捕获鼠总数}$$

雄性鼠繁殖的调查：对样地内捕获的雄鼠解剖，观察睾丸及附睾发育状态、睾丸是否下降至阴囊内等性发育情况，计算繁殖强度。计算公式见下：

$$雄鼠繁殖强度=\frac{睾丸下降个体数(或睾风膨大的个体数)}{雄鼠总数(不计幼鼠)}\times 100\%$$

对捕获的标本，除进行一般的测量记录外，应着重对内、外生殖器官的形态变化进行细致的观察记录。通常对于鼠类种群的繁殖指标调查，主要包括以下内容：

a. 繁殖期：每年繁殖的起始和终止时间长度。

b. 年胎次数：每年产几胎。

c. 平均胎仔数：每胎平均产多少个幼仔。

d. 繁殖间隔期：相邻两次繁殖的时间间隔长度。

e. 怀孕率：雌鼠的怀胎率。

（四）草地害鼠固定监测方案

1. 监测样地设立

监测样地应选择指定害鼠的典型生境，其范围应能够满足长期取样的需要。样地应保持相对固定，只有当样地内的鼠密度不能反映出害鼠动态趋势时方可转移。样地距永久性居民点不少于 500m。样地面积应不少于 $50hm^2$。

2. 抽样方法

根据害鼠种类和观察内容的需要，系数调查营地下生活鼠种与营地面生活鼠种均采用定面积捕净法，农牧交错带可采用夹日法定面积捕净，有条件的测报站可采用标志重捕法定面积捕净；密度调查营地下生活鼠种采用土丘计数法，营地面生活鼠种采取有效洞口计数法。

系数调查每次 1 个样方，密度调查样方不少于 3 个。

3. 调查时间

监测样地调查每年至少 3 次。有条件的监测站酌情增加调查次数，直至每月调查 1 次。

第 1 次调查时间为当地当年害鼠种群大量繁殖之前（3 月中旬到 4 月底）。第 2 次调查在害鼠基本结束繁殖后（8 月）。第 3 次调查为害鼠越冬前（9 月中旬至 10 月底）。

4. 调查面积

样方基本调查面积为 $0.5hm^2$（可根据具体情况调整为 $0.25hm^2$ 或 $1hm^2$，调整后的面积应在记录表中注明）。每次调查面积为 1 个基本调查单位。如一次捕鼠量少于 15 只，应扩大 1～2 个基本调查面积。采用定面积捕净法的样地 2 次调查之间的距离应相隔 50m 以上。

5. 调查内容

每年第 1 次调查的内容为当地主要害鼠的越冬存活率及年龄结构、性比和参加繁殖鼠在种群中所占比例及与害鼠有关的环境数据。第 2 次调查内容为当年害鼠繁殖期及种群自第 1 次调查至第 2 次调查期间的种群存活率、年龄结构、性比、繁殖率以及幼鼠存活率及与害鼠有关的环境数据。第 3 次调查的内容为当年害鼠越冬前的种群数量与年龄结构及与害鼠有关的环境数据。

6. 调查方法

（1）营地下生活鼠种数量调查

营地下生活鼠种指鼢鼠（含高原鼢鼠、甘肃鼢鼠、草原鼢鼠）和鼹形田鼠等。

① 监测样地采用定面积捕净法测系数：在方形样地内将每一土丘群下的鼠道打开，放置

弓箭捕鼠器，连续捕打 3d；土丘密集无法辨认时，每隔 10m 打开一个鼠道。每天至少检查 2 次。检查时将所捕获的鼠及时收集起来并重新放置捕鼠器；所捕到的鼠集中登记测量。

土丘系数 = 总捕鼠数 ÷ 土丘数

② 土丘计数法测密度：使用圆形或方形采样方式，统计其中的土丘数量（或当年鼢鼠推出的土丘数量）。

$$土丘密度(个/hm^2)=\frac{土丘数(个)}{面积(hm^2)}$$

鼠密度 (只 /hm^2)= 土丘密度 × 土丘系数

（2）营地面生活鼠种的数量调查

营地面生活鼠种主要指沙鼠（含长爪沙鼠、子午沙鼠等）、田鼠（含高原田鼠、根田鼠、青海田鼠）、鼠兔（含高原鼠兔、达乌尔鼠兔、甘肃鼠兔等）和五趾跳鼠、三趾跳鼠等鼠种。

① 监测样地采用定面积捕净法测系数：在方形样地内所有洞口设置捕鼠器（洞系的洞口超过样地边界也应布置捕鼠器），连续捕打 3d。捕鼠期间每天至少检查 3 次。检查时将捕获的鼠及时收集起来，集中登记测量，并重新放置捕鼠器。

洞口系数 = 总捕鼠数 ÷ 有效洞口数

② 有效洞口计数法测密度：使用圆形或方形采样方式统计其中的洞口数量。密度调查采用堵洞开洞法。调查第 1 天将选定的调查基本单位中所有的洞口堵住，第 2 天（即经过 1 个鼠的活动高峰期）再计数其中被鼠掏开的洞口数，被鼠掏开的洞口为有效洞口。

$$有效洞口密度(个/hm^2)=\frac{有效洞口数(个)}{面积(hm^2)}$$

鼠密度 (只 /hm^2)= 洞口系数 × 有效洞口密度

各调查记录表见表 9-6～表 9-10。

表 9-6　固定监测样地登记表

行政名称（县级）		样地编号	
样地设立日期		样地面积/hm^2	
样地位置			
（中心位置）	经度/（°）	纬度/（°）	高程/m
草原类			
草原型			
土壤类型			
土壤质地			
地形地貌			
地表特征			
主要植物			
害鼠种类			
天敌种类			

续表

利用方式	
利用状况	
草场综合评价	

（1）行政名称：必须填写标准完整的行政名称，不能简写。
（2）样地编号：调查种类+6位县级行政区划编码+当前年度+4位顺序编码，顺序编码范围0001～9999。例如，内蒙古镶黄旗2号固定样地的编码为：R15252820100002。
（3）经度、纬度：按±×××.×××××°填写，例：113.84981°。其他格式经纬度需要转换成度。
（4）高程：以整数位填写海拔，单位为m。
（5）草原类：按全国统一分类系统中类的名称填写。
（6）草原型：按全国统一分类系统中型的名称填写。
（7）土壤类型：按全国统一分类系统中的名称填写，如栗钙土、淡栗钙土等。
（8）地形地貌：台地、平地、坡地、陡坡、沟谷、悬崖、其他。
（9）地表特征：主要记录枯落物多与少；覆沙多与少；覆砂砾多与少；盐碱斑多与少；土壤侵蚀；地表板结重与轻；地表龟裂多与少。
（10）主要植物：填写主要3～4种，按每种植物的出现频度递减排序。
（11）害鼠种类：填写主要3～4种，依调查结果和历年积累资料，按危害程度排序填写。
（12）天敌种类：依调查结果和历年积累资料，罗列观测区域出现的天敌种类名称。
（13）利用方式：割草原、放牧地、刈牧兼用、是否开垦及撂荒时间等。
（14）利用状况：轻度、中度、重度放牧。
（15）草场综合评价：好、中、差。

表 9-7　监测样方密度调查记录表

行政名称（县级）		调查日期	
样地编号		样方编码	
样方经度/（°）		样方纬度/（°）	
样方高程/m		植被盖度/%	
草群高度/cm		地上生物量/（g/m^2）	
坡向		坡位	
主要植物			
害鼠种类	洞口数（土丘数）/（个/$0.25hm^2$）	有效洞口数（当年土丘数）/（个/$0.25hm^2$）	洞口（土丘）系数

（1）行政名称：必须填写标准完整的行政名称，不能简写。
（2）样地编号：样地编号与表9-6中样地编号统一，必须准确填写。
（3）样方编码：样地编号+01，例如，内蒙古镶黄旗2号固定样地1号样方的编码为：R1525282010000201。
（4）经度、纬度：按±×××.×××××°填写，例：113.84981°。其他格式需要转换成度。
（5）高程：以整数位填写海拔，单位为m。
（6）植被盖度：样方内各种植物投影覆盖地表面积的百分数。
（7）草群高度：植物叶层平均自然高度，高度取重复测定10次的平均值。
（8）地上生物量：指某一时刻单位草原面积地上全部植物生长量。测定草原植物地上生物量要齐地面剪割。
（9）坡向：分为阳坡、半阳坡、半阴坡、阴坡。
（10）坡位：坡顶、坡上部、坡中部、坡下部、坡脚。
（11）主要植物：填写主要3～4种，按每种植物的出现频度递减排序。

表 9-8　监测样地捕鼠登记表（捕净法）

行政名称（县级）			调查首日	
样地编号			样方编码	
样方经度/（°）			样方纬度/（°）	
样方高程/m			样方面积/hm^2	
害鼠种类				
布夹数/个			收夹数/个	
捕鼠数/只	第一天	早	雄	
			雌	
		中	雄	
			雌	
		晚	雄	
			雌	
	第二天	早	雄	
			雌	
		中	雄	
			雌	
		晚	雄	
			雌	
	第三天	上午	雄	
			雌	
		下午	雄	
			雌	
捕获率/%				
备注				

（1）行政名称：必须填写标准完整的行政名称，不能简写。
（2）调查首日：开始捕净法调查的日期。
（3）样地编号：样地编号与表9-6中样地编号统一，必须准确填写。
（4）样方编码：样地编号+01，例如，内蒙古镶黄旗2号固定样地1号样方的编码为：R1525282010000201。
（5）经度、纬度：按±×××.×××××°填写，例：113.84981°。其他格式需要转换成度。
（6）高程：以整数位填写海拔，单位为m。
（7）样方面积：本次捕净法调查的样方面积。
（8）害鼠种类：填写每个监测站固定监测的害鼠类。

表 9-9　监测样地捕鼠记录表

序号	鼠种	性别	体重/g	去内脏重/g	体长/mm	胃容物（是否含有昆虫、种子、茎叶、根）	雌		雄		备注
							胚胎数	胚斑数	睾丸是否下降	储精囊是否肥大	

表 9-10 监测样地鼠种群特征登记表

日期	鼠总数/只	雄鼠							雌鼠						
		成体数量/只	成体比例/%	睾丸下降比例/%	亚成体数量/只	亚成体比例/%	幼体数量/只	幼体比例/%	成体数量/只	成体比例/%	平均胚胎（胚斑）数/只	亚成体数量/只	亚成体比例/%	幼体数量/只	幼体比例/%

（五）实验室规章制度

① 实验室要独立设置。实验室非工作人员不能随意进入。室内保持整洁、安静。严禁吸烟和吃食物。不得随意乱丢杂物，废品污物必须放入污物桶内。工作时间不得擅自离开工作岗位。

② 工作人员进入实验室必须穿工作服。不得把工作服穿出室外，要定期对工作服洗涤、消毒。

③ 实验室内各种试剂要贴牢标签，分类放置。器具摆放整齐，各种仪器要严格按照操作规程使用，所有仪器设备由专人保管，使用后消毒洗涤并放回原处。

④ 实验前必须提前准备好药品、器械等试验用品并制定操作方案。

⑤ 实验时，要耐心仔细，实事求是，不可草率应付。

⑥ 要爱惜仪器设备，使用药品力求节省，对精密仪器更要细心操作。

⑦ 实验室工作人员要严格按照操作安全规程进行试验。在试验过程中应尽量减少鼠的废弃物对工作台、工作服、地面等环境的污染。如有意外应尽早对被污染物进行彻底消毒。

⑧ 工作结束后或下班前要关好门窗、水源，切断电源（冰箱、恒温箱等除外）。

（六）害鼠调查操作应遵守的规则

① 防疫措施：测报人员在操作时应穿戴经消毒处理的防蚤服、防蚤袜、手套和工作帽。凡直接接触鼠的仪器设备和器具都为专用设备，使用前后均应做无蚤处理，使用后须清洗消毒，妥善保存以备再用。需要直接与人接触的鼠应先做除蚤处理。

当调查样地或观测区被确定为人畜共患疾病的流行区时，应及时转移调查地，以避免鼠传疾病对人体的威胁。

② 样地的面积允许误差≤ ±1%。

③ 处理后的鼠体应及时就地深埋。

④ 制作的标本应同时保存完整的头骨，填写标签，注明采集地点、日期和其他相关内容。

⑤ 野外调查时的原始记录必须完整，字迹工整，使用铅笔记录，不得涂改，记录有误时应在错误的地方划线，再将正确的内容注在旁边。

⑥ 所有原始记录、测报文件由同级业务主管部门负责管理，做到专人专柜妥善保管，并有健全的交接制度。

第三节 青藏高原草地鼠害监测预警现状与趋势分析方法

一、青藏高寒牧区草地鼠害监测预警现状

各地草地有害生物测报站在固定监测的基础上，每年进行草原鼠害大面积秋季基数调查，结合下一年度春季调查鼠害数据是确定发生危害的主要依据，各州级测报站翌年3月前对所辖区的草原鼠害危害趋势进行分析预测并提出防治对策，省级测报中心每年对全省有害生物发生危害提出分析报告，开展草地有害生物趋势分析论证。

为有效预测全省草原有害生物发生危害情况，科学掌握发生危害趋势，2000年以来以省、市（州）、区（县）为单位对草原有害生物进行秋季基数调查，并结合气象因子，编制省年度有害生物趋势分析报告，邀请有关专家对趋势分析报告进行研讨，形成审定意见，提交全国畜牧总站作为全国有害生物监测预警趋势分析的重要依据，也为全国草地鼠害科学防治提供了基础数据，为政府部门提供决策依据和防治建议。

二、草地鼠害趋势分析

2020年青海省草原总站（省草原有害生物监测预警中心）对大面积发生的主要害鼠（高原鼠兔和高原鼢鼠）等进行了秋季发生情况调查，掌握了全省范围主要草地有害生物的种群密度、发生面积、危害面积等原始数据，在多地设置了有害生物长期监测点，调查获取了部分有害生物的种群密度、性比等系统调查数据。

（一）鼠害趋势分析依据

1. 草地害鼠发生区和危害区划分

① 高原鼠兔：有效洞口数量平均1个/hm^2以上为发生区；平均150个/hm^2以上为危害区。

② 高原鼢鼠：秋季新鲜土丘数35个/hm^2以上为发生区；平均200个/hm^2以上为危害区（根据青海大学多年研究经验，秋季鼢鼠平均拱出土丘数为35个/只）。

2. 草地主要害鼠危害等级划分

青海省主要害鼠危害等级划分见表9-11。根据长期预测模型预测的目标年主要害鼠平均种群密度（有效洞口个/hm^2或只/hm^2），判断目标年主要害鼠发生趋势，根据目标年5月以前气象参数值对当年害鼠发生趋势进行校正。

表 9-11 害鼠危害等级划分

名称	高原鼠兔		高原鼢鼠	
	级别	有效洞口/（个/hm²）	级别	新土丘/（个/hm²）
生态平衡	1	≤8	1	≤150
轻度危害	2	9～30	2	150～199
中度危害	3	31～100	3	200～250
重度危害	4	101～170	4	251～300
极度危害	5	171～240	5	301～350
猖獗危害	6	＞241	6	＞351

3. 青海省主要害鼠宜生区等级划分标准

参考《草原鼠虫害宜生区划分技术》（张绪校 等，2019），根据青海省草地害鼠种群数量和危害次数对青海省草地主要害鼠分布区进行害鼠宜生区等级划分（表 9-12）。

表 9-12 草地害鼠宜生区划分标准

宜生区名称	草地害鼠发生情况
不适宜生存区	未见
非宜生区	有分布，从未形成危害
四级宜生区	近20年中有1年形成危害
三级宜生区	近10年中有1～2年形成危害
二级宜生区	近10年中有3～4年形成危害
一级宜生区	近10年中有5年（含）以上形成危害

（二）建立主要害鼠预测模型

基于祁连县、刚察县和河南县三县 2011—2020 年的气象数据、草产量数据和高原鼢鼠和高原鼠兔的发生面积、危害面积和发生密度数据，建立线性回归模型，预测 2021 年祁连县、刚察县和河南县三县高原鼢鼠和高原鼠兔的发生面积、危害面积和发生密度，并计算历史符合度，依据青海省草原主要害鼠发生趋势预测模型，计算出青海省 2021 年害鼠的种群数量、害鼠发生面积及危害面积，对 2021 年青海省草原主要害鼠发生危害趋势进行预测分析。

（三）趋势分析结果

1. 主要草原害鼠宜生区

据青海大学多年研究资料结果显示，高原鼠兔适宜生存的草地类型为高寒草原和高寒草甸，高原鼢鼠适宜生存的草地类型为高寒草甸、高寒草甸草原、亚高山草甸和亚高山林区。根据 2011—2020 年 10 年内的害鼠发生密度数据，依据害鼠宜生区划分标准，青海省主要草地害鼠宜生区等级划分见表 9-13。

表 9-13　青海省主要害鼠宜生区等级划分

宜生区名称	高原鼠兔
一级宜生区	班玛县、达日县、德令哈市、都兰县、甘德县、刚察县、贵德县、海晏县、河南县、尖扎县、玛多县、门源县、祁连县、乌兰县、泽库县、称多县、大通县、格尔木市、共和县、贵南县、互助县、湟源县、久治县、玛沁县、茫崖行委、囊谦县、天峻县、同德县、同仁市、兴海县、杂多县、湟中区、治多县、大柴旦行委、河卡羊场、湖东羊场、巴卡台农场、贵南牧场、曲麻莱县、玉树市
二级宜生区	曲麻莱县、同德牧场、玉树市、循化县
三级宜生区	化隆县、民和县
四级宜生区	乐都区、平安区
宜生区名称	高原鼢鼠
一级宜生区	班玛县、达日县、都兰县、贵德县、海晏县、河南县、互助县、化隆县、玛多县、门源县、祁连县、同德县、同仁市、泽库县、大通县、甘德县、刚察县、贵南县、湟源县、湟中区、尖扎县、久治县、玛沁县、民和县、共和县、乐都区、乌兰县、循化县、德令哈市、贵南牧场、河卡羊场、平安区、同德牧场、巴卡台农场、湖东羊场、兴海县
二级宜生区	天峻县
三级宜生区	
四级宜生区	

2. 2011—2020 年草原鼠害危害与防治

分析青海省 2011—2020 年高原鼠兔的发生面积与危害面积（见图 9-1），可以看出这十年来高原鼠兔的发生面积波动较大，基本保持在 8000～10000 万亩范围内，说明经过大面积防控，取得了较好的控制效果。

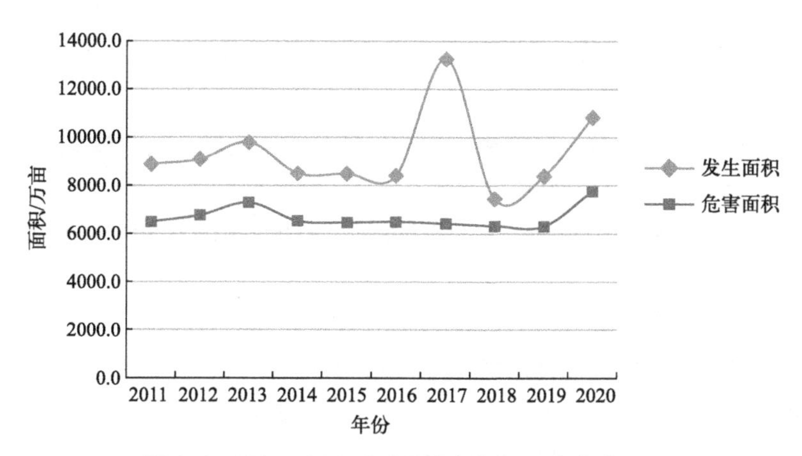

图 9-1　2011—2020 年高原鼠兔发生面积与危害面积

分析青海省 2011—2020 年高原鼢鼠的发生面积与危害面积（见图 9-2），可以看出这十年来高原鼢鼠的发生面积与危害面积总体均呈下降趋势，说明经过大面积防控，取得了较好的控制效果。

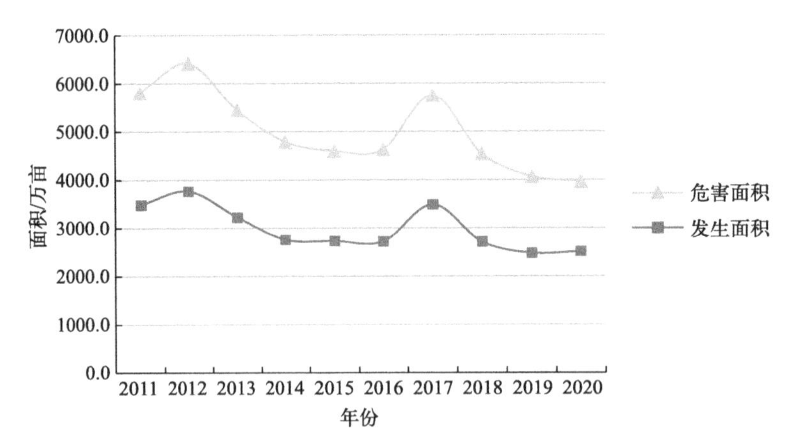

图 9-2 2011—2020 年高原鼢鼠发生面积与危害面积

3. 2021 年主要害鼠危害预警区

（1）高原鼠兔

2021 年，青海省高原鼠兔危害预警区有下列区县：

重度危害区有 14 个区县，包括班玛县、达日县、德令哈市、都兰县、甘德县、刚察县、河南县、玛多县、门源县、祁连县、乌兰县、泽库县、玉树市和称多县。高原鼠兔有效洞口密度高达 700 个 /hm^2 以上，是高原鼠兔重点控制区域。

偏重危害区有 18 个区县，包括贵德县、海晏县、尖扎县、称多县、大通县、格尔木市、共和县、贵南县、互助县、湟源县、久治县、玛沁县、茫崖行委、囊谦县、天峻县、同德县、兴海县、杂多县，高原鼠兔密度高达 300～700 个 /hm^2，其密度已经远超防治标准（8 个 /hm^2），应该及时有效控制高原鼠兔危害。

中度危害区有 7 个区县，包括大柴旦行委、河卡羊场、湖东羊场、巴卡台农场、贵南牧场、玉树市、曲麻莱县。高原鼠兔有效洞口密度在 170～300 个 /hm^2 之间，也属高原鼠兔防控区。

偏中度危害区有 3 个区县，包括循化县、化隆县和平安区。高原鼠兔有效洞口密度在 30～170 个 /hm^2 之间，也属高原鼠兔防控区。

轻度危害区有 2 个区县，包括民和县和乐都区。高原鼠兔有效洞口密度在 30 个 /hm^2 以下，可不防治。

（2）高原鼢鼠

2021 年，青海省高原鼢鼠危害预警区有下列区县：

重度危害区有 5 个区县，包括化隆县、甘德县、海晏县、祁连县和河南县。高原鼢鼠密度高达 20 只 /hm^2 以上，是高原鼢鼠重点控制区域。

偏重危害区有 23 个区县，包括班玛县、达日县、都兰县、贵德县、互助县、玛多县、门源县、同德县、同仁市、泽库县、大通县、刚察县、贵南县、湟源县、湟中区、尖扎县、久治县、玛沁县、民和县、共和县、乐都区、乌兰县、循化县，高原鼢鼠密度高达 9～20只/hm^2，其密度已经远超防治标准（0.4 只 /hm^2），应该及时有效控制高原鼢鼠危害。

中度危害区有 8 个区县，包括德令哈市、贵南牧场、河卡羊场、平安区、同德牧场、巴卡台农场、湖东羊场、兴海县。高原鼢鼠密度高达 5～9 只 /hm²，也属高原鼢鼠防控区。

偏中度危害区有 2 个区县，包括天峻县和乐都区。高原鼢鼠密度在 2～5 只 /hm²，也属高原鼢鼠防控区。

无轻度危害区和不危害区域。

（3）田鼠类

2021 年，青海省田鼠类危害预警区有下列区县：

重度危害区有 4 个区县，包括达日县、甘德县、玛多县、玛沁县。田鼠类有效洞口密度高达 1000 个 /hm² 以上，是田鼠类重点控制区域。

偏重危害区有 4 个区县，包括大通县、兴海县、湟中区、河南县，田鼠类有效洞口密度高达 200～1000 个 /hm²，其密度已经远超防治标准（80 个 /hm²），应该及时有效控制田鼠类危害。

中度危害区有 9 个区县，包括班玛县、达日县、互助县、门源县、同德县、泽库县、刚察县、湟源县、久治县。田鼠类密度高达 80～200 个 /hm²，也属田鼠类防控区。

第四节　3S 技术应用

一、3S 技术的主要内容

3S 为全球定位系统（GPS）、遥感技术（RS）和地理信息系统（GIS）的简称，已经在我国草原鼠害预测预报和监测预警工作中得到较为广泛的应用。GPS 一改过去基础调查数据纸质表格报送的单一性，可将调查点和发生区域的属性信息与地理信息相结合，极大地丰富数据内容，可利用遥感手段客观、全覆盖、及时、快速、可比性强等特点，以图像方式获取与鼠害发生发展相关的生态因子的空间分布状况，建立多元模型可估算出不同时期的地上生物量、土壤温度、土壤湿度，以图的方式描述这些因子的空间分布。RS 可及时获得草原植被指数和气象信息，在保证监测数据时效性的同时，及时掌握发育进度，获得 3S 技术监测预警所需的地面样本，并可粗略得到发生面积信息，为发生程度及区域的预测提供依据。GIS 作为数据汇总和分析平台，使数据从过去单一表格存储向数据库存储方向发展，数据分析上从过去人为主观分析向人机结合的方向发展。草原鼠害监测预警以地理信息数据和草原资源数据为基础，使用全球定位系统，借助遥感影像分析和空间计算，获取草原害鼠种类、区域分布、危害程度等信息，使之有效地对草原鼠害进行预测预报、灾情监测和损失估算（见图 9-3）。

草原有害生物的监测数据采集及鼠虫害的预测预报系统对于及时、准确传递鼠虫害情信息，研究分析草原鼠虫发生发展规律，组织部署防治救灾，实现草原有害生物的可持续控灾战略，保护草原资源和建设生态环境具有十分重要的意义。

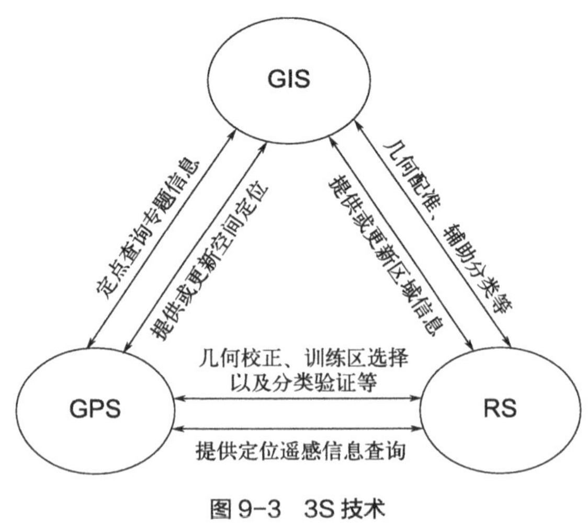

图 9-3 3S 技术

二、3S 技术在草地鼠害监测预警中的应用

全国畜牧总站利用 3S 研发了《草原生物灾害监测与防治信息统计分析系统》，目前全国 26 省区草原站均利用这一技术，3S 技术划分了主要草原害鼠宜生区，构建了 7 种害鼠的监测预警模型，实现了鼠害预警的空间化管理，形成了国家与地方的上下联动预警机制，预报准确度达到 89%，为防控决策提供依据。

草原有害生物监测预警综合信息系统是以无人机技术、人工智能技术、地理信息系统技术和计算机网络技术为手段，以数据管理、监测分析、统计、查询、可视化输出等为核心应用的数据处理和管理平台，实现对全省草原有害生物监测调查的监控、发生数据的汇总分析和预警发布。其目标是实现草原有害生物预防和管理的科学化和现代化，实现对鼠虫害的发生期、发生量以及危害趋势预测，在草原鼠害发生前提供预测预报，预防鼠害的发生，在鼠灾害发生后或发生期间向决策者提供防治的方法和措施。

第五节 物联网技术

一、物联网技术在草地鼠害监测预警中的意义

为解决传统鼠害监测方法的有效性、准确率、标准化和可操作性问题，提高鼠害监测的信息化、自动化和智能化水平，今后草原鼠害监测预警的趋势是将基于大数据的物联网智能监测系统应用于草原鼠害监测。物联网是新一代信息技术的重要组成部分。其英文名称是“the Internet of Things”。由此，顾名思义，物联网就是物物相连的互联网。这有两层意思：第一，物联网的核心和基础仍然是互联网，是在互联网基础上延伸和扩展的网络；第二，

其用户端延伸和扩展到了任何物品与物品之间，进行信息交换和通信。因此，物联网的定义是通过射频识别（RFID）、红外感应器、全球定位系统、激光扫描器等信息传感设备，按约定的协议，把任何物品与互联网相连接，进行信息交换和通信，以实现对物品的智能化识别、定位、跟踪、监控和管理。鼠害物联网智能监测系统目前在我国农业植保领域已经开始推广应用，该系统基于鼠情监测终端实时记录的害鼠影像、体重、活动节律及环境信息、地理坐标等参数，通过智能识别系统自动对害鼠种类进行鉴定并分类统计。通过大数据挖掘分析系统，输出展示监测区可视化分析，如鼠种分布主题分析、群落结构分析、种群数量动态分析、密度趋势分析、数据对比关联分析、年报数据分析、监测视频元数据查询、监测设备分布查询及异常设备实时预警等。相较于传统鼠夹调查法容易受到人员技术水平差异、鼠夹规格、布放方式及饵料不一等影响，鼠害物联网智能监测系统可以实现鼠情监测影像自动获取、智能识别分类、指标自动测量、数据可视化分析，解决了传统调查工具不规范、时间不统一，以及劳动强度大、鼠种难识别、易感染鼠传疾病等问题，且实现了24h不间断、无干扰的高效监测，真实地反映鼠害活动规律，为鼠情的科学监测、危害评价、风险分析和有效防控提供了新手段。

物联网技术在草地生态保护中的应用是借助多种智慧技术方案，构建一个高度感知的环保基础环境，实现对环境相关指标及时、互动、整合的信息感知、传递和处理，以促进落实污染减排、环境风险防范、生态文明建设防范、生态文明建设和环保事业科学发展的先进环保理念。

在我国，草地生态环境监测十分重要迫切，主要原因之一是草地生态监测和有害生物监测能力严重滞后，监测水平地区差异十分明显，部分落后地区的草原有害生物监测站甚至不能正常开展工作，同时草地有害生物监测领域的广度及深度还不够，生态环境监测、草地生产力监测、有害生物监测、地下微生物监测、土壤监测、污染监测等工作还处于起步阶段，监测技术和方法基本依靠原始手工操作。而且，青藏高原有害生物监测网络体系并不完善，监测信息统一发布平台尚未建立，以点带面，存在很大的隐患，为了适应环境发展的需求，必须通过加强科技创新以提高生态监测和预警的技术支撑能力，提高推进高新监测装置的进度，扩大自动监测范围，提高所用设备长期运行的可靠性，加强信息处理能力、控制技术的应用，实现草地有害生物种群数量变化的预报和生态环境因子的直接控制。

物联网在智慧环保中，是数据实时获取、更新与管理的重要手段。对智慧环保监测信息技术应用而言，大数据对其产生的影响为促使数据获取与存储设备的更广泛应用，激发数据分析与挖掘技术的更强烈需求。物联网智慧环保通过综合应用传感器、全球定位系统、视频监控、卫星遥感、红外探测、射频识别等装置与技术，实时采集污染源、环境质量、生态等信息，构建全方位、多层次、全覆盖的生态环境监测网络，推动环境信息资源高效、精准地传递，通过构建海量数据资源中心和统一的服务平台，支持污染源监控、环境质量检测、监督执法及管理决策等环保业务的全程智能，从而达到促进污染减排与环境风险防范、生态文明建设和环保事业科学发展以及培育环保战略性新兴产业的目的。

二、物联网在草地有害生物监测预警与保护中的应用

（一）构建青藏高原草原有害生物与草地生态监测领域物联网体系

物联网作为一个系统，与其他网络一样，也有其内部特有的架构，其结构主要有三层：一是感知层，通过 RFID 技术、传感器、二维码等物联网底层传感技术，实现草原鼠害种群动态变化规律的信息实时获取；二是网络层，将互联网、4G 网络、短波网等多种网络平台进行融合，构建物联网网络平台，将感知层采集到的信息实时准确地传递至有害生物监测信息中心，并对数据清理、整合、汇总，处理各种机械或人工造成的异常；三是应用层，把感知层采集的信息，根据各功能模块需要进行智能化处理，实现危害的早期预警、治理 IDE 自动调节、生态信息的实时发布等环境物联网应用功能，并补救各种不稳定的技术结构和程序、硬件以及网络的错误，调整数据采集传感器不稳定的工作环境。

（二）开发智能化处理功能

物联网技术应用的目的在于，通过广泛采集的数据，运用数据挖掘等智能化技术，对采集的数据进行筛选和提炼，为决策层提供安全、可靠、有效的决策依据。数据的智能化处理是物联网技术应用的本质特征之一。对草地有害生物、草地生态环境监测进行智能化处理，将简单的监测数据提炼为有价值的统计数据，建立草原鼠害预测模型可以达到两个目的：一方面准确掌握草原鼠害种群变化动态，另一方面为草原保护与建设部门治理草原鼠害提供可靠的决策依据。

（三）实现自动化控制作用

物联网技术在草地鼠害及草地生态监测领域中的应用，不能单对数据进行采集然后传输至草原有害生物防控与监测信息处理中心，还要达到对草原有害生物危害进行提前预警和智能决策，并且物联网技术的应用实现在危害扩大之前自动对草原鼠害做出早期处理，有效阻止草原鼠害的危害程度进一步扩大。

（四）提高抗损坏能力属性

在野外草地有害生物监测、草地生态监测固定设备工作过程中，大多数物联网传感设备需要长期暴露在不同的自然环境中，如风沙、雨水、寒冷、强日照等，这会对物联网设备造成一定损坏。要考虑充分物联网设备设施的耐用性、实时传输的可靠性等问题，尽量采用高抗损坏能力的仪器设备。

（五）构建多平台互通的监测网络体系

为保证草原害鼠监测工作中，物联网的正常运作，需要建立以互联网为主体，多网络平台共同适用的网络体系。以互联网为主体，原因在于草原工作中，信息采集处理的范围广，需要互联网作为主要运作平台。互联网监测体系的建设对政府决策的价值分析，提高管理效率，提升草原保护效果，解决人员缺乏与监测任务繁重的矛盾有着重要意义。

第六节　空天地一体化技术

一、空天地一体化概念

充分利用我国发射的卫星，建立卫星、无人机和地面相结合的空天地一体化监测系统。卫星“拍片”记录下生态保护红线划定时的生态环境状况，这相当于生态环境“底片”，之后发生的任何生态环境变化都可通过遥感解译、反演和比对及时发现，无人机则通过分辨率超过 50cm 的各种相机，对卫星发现的变化进行核实和确认，减少误判错判，最后通过地面实地核查和鉴别，完成对草地生态环境的危害取证，从而实现及时、快速、准确的生态保护实施监测监管，第一时间发现草原鼠危害，并及时预警和防控。

草地鼠害监测及环境监测是草地保护工作的“耳目”“哨兵”“尺子”，是政府宏观决策和草地生态保护监管的重要基础。加强鼠害种群与草原生境、气候因子、草地生产力监测，是草地生态环境建设战略的重要组成部分，也是可持续发展的现实需要和紧迫任务。

草地生态监测是数字监测概念的延伸和拓展，它是借助物联网技术，把感应器和设备嵌入到各类草地生境监控对象（物体）中，通过云计算将草地生态领域整合起来，实现人类社会与环境业务系统的整合，以更加精细和动态的方式实现草地生态环境管理和决策的智慧化。构建空天地一体化草地有害生物监测体系，是满足草地生态环境综合监测等方面的迫切需求，掌握其相关技术对“空”“天”“地”观测能力等具有重要的指导意义。“天”是利用卫星遥感监测，构建更为广阔的全域空间监控网；“地”是构建鼠害发生、危害、分布以及大气、水、土壤、污染源等全方位生态环境监控网；“空”是借助激光雷达、臭氧雷达、多轴差分光谱仪、无人机等空间监控设备，打造草原鼠害垂直、水平空间分布及传输监控网。

二、空天地一体化监测技术在草地鼠害监测预警中的应用

依据高原山地多、海拔高的特点，创建了高寒牧区草原鼠害多种绿色高效防控技术模式，通过天（卫星遥感）+ 空（无人机）+ 地（地面物联网设备及掌上电脑）构建了高寒牧区空天地一体化草原鼠害现代监测预警技术。依据空天地监测高效、精准数据与报告，实时开展区域特色标准化草原鼠害防控集成技术结合草地生态修复的长效治理机制。

青海省依据海拔高、气候恶劣、地形复杂、山地为主等高原区域特点，通过示范应用草地鼠害空天地一体化监测技术，与其相适应的器械、生防药剂、天敌防控、物理防控形成高原地区草地鼠害防控技术，同时通过围栏封育、补播施肥、虫害防控、核定载畜量、科学合理利用草地等生态综合修复措施，改善草原植被状况，改变草地害鼠的适生环境，最后形成有鼠无害的草地良性循环生态环境和草地生态修复的长效治理机制。草地鼠害空天地一体化管理模式是十分必要的。

集成高寒牧区草地鼠害标准化综合防控先进技术模式，以实施作业管理标准和物质保障标准为基础，并以综合防控与效果评价为标准体系，根据海拔、地貌的不同，形成空天地

一体化监测预警＋直升机＋无人机＋大型机械＋人工作业＋绿色药剂＋天敌控制＋物理防控＋生态调控与修复的综合治理模式，应是青藏高原草地鼠害防控较为科学的模式。在实施与技术推广中形成了“试验—示范—推广—培训到村—到管护员”的标准化推广新模式，建立健全了省、州、县、牧民管护员四级草原保护建设技术推广机构，加强了与科研院校横向联合，走出了一条“试验—示范—推广—培训到村”及“产、学、研”相结合的标准化推广新模式。

最终建立高原草地鼠害监测预警与绿色高效防控相互依存的有效机制。将草地鼠害监测预警技术、精准高效科学防控技术、生物药剂绿色防控技术、草地生态综合治理技术、防控效果评估技术进行示范研究与应用，形成了以生态保护为目的，生态经济社会效益相统一，多项技术为支撑的高寒牧区草地鼠害绿色高效防控体系，实现了草地鼠害绿色防控的标准化、规范化。

第十章

青藏高原草地鼠害的防控

第一节　青藏高原草地鼠害防控历程与主要管理措施

一、防控历程

青藏高原草地鼠害防控始于1958年，至今已有60多年的历史，回顾草地鼠害治理历程，从治理方式来看，大致可归纳为如下几个阶段：

（一）化学药物防治阶段（1958—1986年）

该阶段主要采用化学药物配制毒饵以洞口投饵方式进行大面积防治害鼠，所采用的药物主要有磷化锌、甘氟、氟乙酰胺、毒鼠磷、敌鼠钠盐等。这些药品毒力较强，灭鼠效果好，但均有二次中毒、残留物分解缓慢的缺点，在灭杀害鼠的同时，不仅污染了草地环境，也杀伤了鼠类天敌，对人畜极不安全，在防治工作中虽采取了禁牧措施，但几乎每年仍出现牛、羊采食毒饵后中毒死亡的现象。

（二）化学防治向生物防治过渡阶段（1987—1990年）

为了解决化学药品在防治工作中的弊端，青海省于1985—1987年研制开发了C型肉毒杀鼠素生物灭鼠技术，在中试示范取得成功的基础上于1989年在全省大面积推广，并于1990年在东北、华北、西南及西北12省区进行了灭鼠试验，现已大面积推广。由于该毒素具有残效期短、分解快、不污染环境、无二次中毒等优点，在大面积防治时，无须牲畜转场禁牧，也不损伤鼠类天敌，对人畜安全。该项技术的成功开发，不仅克服了化学药品灭鼠的诸多弊端，而且对持续控制害鼠种群数量起到了极为重要的作用。

（三）生物防治与综合治理阶段（1991—2000年）

在该阶段鼠害防治不仅全部采用C型肉毒杀鼠素生物灭鼠技术，同时使用D型肉毒杀鼠素生物灭鼠技术，而且将鼠害防治与开发利用相结合，并结合草地建设项目，对草地鼠害进行综合治理，其主要内容为鼠害防治、开发利用、补播牧草、围栏封育、休牧育草、建置鹰架招鹰设施、恢复（保护）草地植被。

在该阶段随着国家对草地建设投资的增加，青海省逐年加大了草地鼠害防治力度，并在认真总结以往鼠害治理经验的基础上，进一步修改完善了《青海省草原灭鼠治理实施办法》，制定了科学长远的综合治理规划。在防治实施过程中，坚持“统一规划，统筹安排，突出重点，集中连片打歼灭战”的指导原则，在防治工作中，改变以往单打一、小片分散“撒胡椒面”的做法，发动群众，把有限的资金集中起来，打破行政区域界线，按照鼠类发生区域的自然界线采取跨地区大规模的连片联防。为达到持续巩固防治成果的目的，防治工作结束后，根据各地的实际情况，及时实施补播牧草、围栏封育、与草地使用者签订灭鼠扫残合同等综合治理措施，使青海省鼠害防治及持续控制效果有了明显提高，从而使青海省鼠害防治工作实现了质的飞跃。

（四）无鼠害示范区建设阶段（2001—2004年）

2001年，原农业部开始组织实施“全国草原无鼠害示范区”建设项目，给青藏高原草原鼠害防治工作带来了大好机遇。根据原农业部无鼠害示范区建设的基本原则，针对鼠害发生现状，各地区编制了无鼠害示范区项目建设规划，提出了用3～5年时间使青海省环湖牧区草地实现无地面鼠害的目标，将无鼠害示范区设在了有一定工作基础、群众管理、保护草地意识较强、鼠害防控积极性高的环湖地区的海北、海南、海西三州十一个县，三年共安排鼠害防治任务2560万亩，其中防治高原鼠兔2090万亩，人工捕捉高原鼢鼠470万亩。为了保证防治效果，持续控制鼠害，如期达到无鼠害示范区的防治目标，在防治过程中继续坚持“集中力量，连片防治”的原则，按照“有鼠无害”的防治标准，全面应用先进实用的科技成果，进一步完善了管理制度，同时坚持鼠害防治与草地承包、草地建设相结合，积极推行现已成功的综合治理措施，2001—2003年间，累计在示范区内鼠害退化草地完成种草（补播）450余万亩，建设围栏草地1100余万亩，建立鹰架招鹰灭鼠设施三处，合计控制面积约4万亩。由于各防治区领导重视，精心组织，社会各界和群众的积极参与，每年均能保质保量如数完成防治任务，平均灭效达96.88%。经初步调查环湖牧区鼠害面积已由“九五”前的3300多万亩控制到目前的1800万亩，综合治理措施也初显效能，为环青海湖牧区草原全面实现无鼠害示范区的目标打下了坚实基础。

（五）草原鼠害防控纳入草地生态保护与建设工程阶段（2005年至今）

三江源一、二期工程（2005—2020年）生态成效综合评估报告：①鼠害防治可以在短期内恢复草地生产力，但不具持续性。在2007—2012年期间，鼠害防治区的草地地上生物量显著高于放牧区地上生物量（$p < 0.01$），鼠害防治区要比放牧区高35.6%，其中在防治与成效巩固结束后的2010年生物量达到高峰。经过2013年在鼠害防治区与放牧区地上生物量大体一致后，2014—2017年鼠害防治区地上生物量显著低于放牧区（$p < 0.05$），低于放

牧区 23.9%，草地群落结构也有恶化趋势。②三江源鼠害治理后生物量显著降低主要与鼠害快速反弹有关。三江源地区鼠害治理后复发现象较突出，在防治 3～5 年后又会成为新的危害区。从监测数据来看，在完成成效巩固后第三年地上生物量就与放牧区相当，而后显著小于放牧区，与鼠害反弹具有良好的对应关系。③在现有的人力物力财力条件下，采用传统的鼠害治理方法很难保证鼠害防治的连续性，无法替代天敌的作用，而培养天敌又不能一蹴而就。可以考虑鼠类的资源化利用，充分利用高原鼢鼠骨的医药价值优势，鼓励牧民或外来人员捕鼠，并形成配套的产业，从而形成稳定捕鼠强度以解决害鼠快速繁殖问题，待草地恢复后鼠害问题自然可以彻底解决。

二、青藏高原鼠害防控主要管理措施

为了保证无鼠害示范区项目的顺利实施，如期实现环湖区无鼠害目标，青海省通过总结多年来草地鼠害防治所采取的行政、管理及技术措施，尤其是在总结海北州实现无地面鼠害经验的基础上，制定了《青海省无鼠害示范区建设管理办法（试行)》。青海省无鼠害示范区建设项目主要做法和管理经验如下。

（一）科学规划，坚持连片连续防治

为了对重灾区实施有效的治理，在摸清害鼠分布情况的基础上，科学确定鼠害防治区域，将财力、物力和人力集中起来，对害鼠相对集中的区域实施整片防治，改变了过去按行政界线以乡村为单位分片防治的做法，按照鼠类分布的自然区域界线，实行跨村、跨乡以及跨县、跨州的连片联防，保证在防治区域内不留漏防死角，发挥规模效益，最大限度地延长灾害复发时间，从而保证了防治效果。在具体做法上，一是在项目实施前，要求基层测报站按《青海省鼠虫害预测预报实施办法》的规定，对项目区鼠害情况进行全面、细致的调查，并将调查结果于每年十月前上报省鼠虫害测报中心，省鼠虫害测报中心经过汇总分析，编制来年全省鼠害防治计划，并上报主管部门审批。各地草原业务部门在接到防治任务通知后，按已确定的防治面积进行防治区域规划，以县为单位就防治区域界线、防治地点、前期物资准备、劳力筹措、技术培训、行政管理措施及防后的成果巩固办法等制定明确的实施方案，并在 1∶10 万的地形图上进行作业设计，明确各作业小组防治范围和目标责任。各地的防治方案经省主管部门审核后方可实施。二是在实施过程中实行签字确认制度。每天的进度由各防区负责人跟踪检查，特别是对交界地区和外围界线在防治工作完成后由作业小组组长和村民代表签字，在防效检查过程中形成的技术表格也需由相关人员签名确认，使防治过程中的物资发放、监督检查等制度化、规范化，确保防治面积的真实可靠。

（二）规范操作，努力提高当年防治效果

为了规范鼠害防治的技术操作，保证防治的质量和效果，在防治工作开始前对参加鼠害防治的牧民和雇佣的农民工采取集中培训的方式，重点对乡、村干部和牧民群众现场讲解灭鼠常规知识，示范投饵的技术关键及效果检查的基本方法，并且对拌饵员、信号员及各小组质量监督员等重点环节人员实行特殊上岗培训，基本做到了业务指导有骨干，实际操作有常

识，检查监督有方法。在项目实施中，重点推行了“五统一”的管理方式，即统一防治时间、统一组织和调配劳力、统一提供技术服务、统一供应药品、统一验收考评。由于严格按照规程进行规范性操作，多年来青海省防治区域当年平均灭效均在95%。

（三）领导重视，变单纯的业务行为为政府行为

大规模的鼠害防治行动不仅涉及专业技术问题，同时还涉及卫生、安全、交通、通信等诸多方面的工作，单靠业务技术部门难以组织实施。为了切实搞好“无鼠害示范区”项目建设，实施过程中各项目区政府加强了对项目的组织领导，由主管县长挂帅，成立以业务主管部门为主，由相关部门参加的防治指挥部，同时还组织医疗、劳保和生活服务，负责参加项目实施干部及群众的后勤工作。各项目区主管县长在整个实施过程中亲自坐镇指挥，并采取由县处级领导干部包点包乡的办法，及时协调解决防治工作中出现的各种问题。使过去单纯由业务部门独家承担的鼠害防治工作转变为由政府统一组织的政府行为。如青海省泽库县，是全省有名的贫困县，由于该县气候条件差，牧草生长期短，加之牲畜超载过牧，草地退化严重，鼠害极为猖獗，多年来，青海省曾先后多次安排鼠害防治任务，但由于受经费和防治规模的限制，达不到连片治理目的，很难有效地控制鼠害的发生和蔓延。鼠害治理基本处在防治、复发、再防治、再复发的恶性循环状态。草地鼠害十分严重的局面得到了各级领导的高度重视。为了搞好鼠害防治工作，各地县委、县政府曾多次召开专题会议，统一思想认识，把鼠害治理作为全县脱贫致富的突破口，将鼠害防治工作列入当前和今后一个时期促进畜牧业生产发展工作的重中之重。防治工作开始后，县委书记、县长亲自带领管理干部及技术人员深入鼠害现场，自始至终坚持在鼠害防治工作第一线，及时解决协调工作中出现的问题，省厅、州主管领导先后两次深入现场检查指导工作。为达到持续巩固防治效果的目的，县、乡、村三级签订了严密的成效巩固合同，通过防治和各项措施的实施，有效抑制害鼠危害。

（四）全面采用新技术，降低环境污染

目前青海省在鼠害防治中全部采用了生物毒素。C或D型生物毒素在青海省灭鼠实践中已使用了较长时间，不仅有较好的防治效果，平均防效在95%，同时，由于其为一种生物药品，具有无二次中毒的优点，和化学药物相比大大降低了对环境的污染，也减少了用化学药品需要转场给群众生产带来的困难。

（五）完善项目档案，实行标准化考核

由于防治规模大，单靠人力无法对防治区域进行全面测量，需要通过对鼠害防治过程中应该形成各种文字、表格和图件等材料的审核来核查面积、灭效等情况。为此，青海省制定的《青海省无鼠害示范区建设管理办法（试行）》对所需材料进行了标准化、规范化的要求，并制定了标准化考核办法。目前各项目县基本做到了项目档案、图表、文件齐全，购物凭据、资金使用账目清楚，不仅提供了真实可靠的检查验收依据，也为今后的鼠害防治工作留下了珍贵资料，提供了科学依据。

（六）采取综合措施，巩固灭鼠成果

为了巩固防治成果，延长草原鼠害的防治周期，使项目长期发挥效益，在抓好鼠害防治的同时，注重草地生态的综合治理，各项目区在大规模灭鼠之后均结合草地承包责任制和草地建设项目，制定扫残巩固办法和综合治理规划，要求牧民群众对承包草地的残留害鼠自行防治，并以合同的形式以县、乡、村、牧户四级落实目标管理责任制。

在综合防治方面，青海省于1990年开始进行了鹰架招鹰灭鼠的试验研究，并于2002年在青海省玛多县进行了400万亩示范推广。结果表明，设立鹰架后，鹰类数量明显增加，鹰架设立一年后筑巢率即可达到72%，按每巢繁殖一只鹰计算，鹰类数量增加更加明显。经鹰架设立区20个固定样方调查，害鼠有效洞口减退率达25.71%，控制效果相当明显。目前青海省已在青南地区建立鹰架招鹰控制鼠害示范区面积达700余万亩。此外，青海省在鼠害防治后，结合全省草地建设项目，对鼠害易发地实施了以补播牧草、围栏封育为重点的综合治理措施。随着各项综合治理措施的实施，不仅为牧民群众科学利用及管理草地创造了条件，也为尽快恢复退化草地的植被、改善草地生态环境、持续控制害鼠种群数量打下了基础。在高原鼢鼠（地下害鼠）的防治中青海省曾采用过多种防治方法，如毒饵法、熏蒸法（灭鼠烟炮、灭鼠弹）、弓箭法等，但由于该鼠常年营地下活动，加之受灭鼠投资经费的限制，采取的各种方法均很难达到理想的防治效果。为了寻求一种有效的防治手段，中国科学院西北高原生物研究所于20世纪80年代末对高原鼢鼠的药用价值进行了研究。研究结果证明，高原鼢鼠（藏名塞隆）是青藏高原的特有动物，终年营地下洞道生活，特殊的生态条件形成了特殊的营养类型，其骨骼营养成分极为丰富独特，特别是蛋白质、脂肪油化学成分与虎骨的成分基本相同，作为虎骨的代用品具有较好的药用价值。该项成果的取得，不仅大大带动了青海省鼠害防治工作，而且增加了农牧民收入，丰富了药材市场。从90年代开始，我们全面采用人工弓箭捕捉法，即防治与开发利用相结合的防治方法，在达到防治鼠害、保护草地植被的同时，将鼢鼠骨风干出售后又增加了农牧民收入，从而大大提高了农牧民群众积极参与鼠害防治的工作热情。

（七）结合草地建设项目，积极开展生态治理工作

草地退化是造成鼠害泛滥的重要因素，因此恢复草地植被，防止草地退化是控制害鼠数量的关键。为防止超载过牧，减小草地压力，保护草地植被，防止草地退化，改变鼠类发生环境，从源头抑制害鼠种群数量，政府在积极引导牧民群众采取划区轮牧的同时，还实施畜牧业“西繁东育”和“暖棚养畜”工程，即在牧区进行牛羊繁殖，东部农业区进行育肥和当地暖棚育肥。截至目前，该项目年出栏量达200万个羊单位以上，不仅可节约当地2600万亩以上的草地产草量，而且还增加了农牧民收入，繁荣了市场经济。此外结合青海省各类生态保护工程，政府对青海省青南气候严酷、生态条件脆弱、牧民群众生活贫困、畜牧业发展潜力不大的地区，开始实施休牧育草、生态移民措施。随着项目的实施，将对恢复草地植被、改善三江源地区草地生态环境起到极为重要的作用。

三、草地鼠害治理成果

青海省草地鼠害防治工作经多年不懈努力，累计防治鼠害面积6亿多亩，有效遏制了大

面积鼠灾的暴发，特别是“十三五”以来，在中央的大力支持下，青海省加大了鼠害防治工作的力度，全省害鼠危害面积及程度有了大幅度的降低，灾害发生周期也大为延长。随着大面积鼠害草场的治理，昔日满目疮痍的不毛之地恢复了生机，草地生态环境不断得到改善，草地生产力大幅度回升，牧业生产重现生机。据河南县测定，灭鼠后植被盖度可恢复到90%以上。据测算，全省草地鼠害控制面积已达3000万亩，每年可挽回牧草损失26亿千克，相当于178万只羊单位一年的饲草量。饲草量的增加不仅使草原植被得到了恢复，也大大缓解了天然草原的放牧压力。青海省海北州由于鼠害草原治理得好，加上其他草原基础设施完善，已连续22年实现畜牧业的持续稳定发展，牲畜损亡率一直控制在2%以内，仔畜繁活率稳定在70%以上，比全省平均数高出3个百分点，牲畜出栏率稳定在35%以上，比全省平均数高出5个百分点，牧民人均收入也较青海省其他地区高出400～500元。鼠害草原治理取得的明显效果，使牧民群众得到了实惠，广大牧民群众的思想观念也发生了根本性的转变，牧民保护草场的意识不断增强，尊重知识、崇尚科学、渴望新技术投入的要求十分强烈，自觉地形成了一种自己草地自己管理、自己利用、自己保护的良好氛围。

第二节　草地鼠害的化学防治

青海省在20世纪六七十年代采用化学药剂进行草原鼠害毒饵防治，常用药剂有磷化锌、甘氟、毒鼠磷、敌鼠钠盐，此类药物的特点为：适用于各种环境鼠害防控，特别是大面积投放，不但可用人工，而且可用机械（包括飞机投饵），其功效是其他鼠害防控方法的许多倍；见效快，可在短时间内杀灭害鼠，其灭效可达90%以上。鼠害防控剂一般化学稳定性较强，但有些药物仍具挥发性或可被植物吸收，这些都可对环境造成污染，易引起人、畜中毒。毒饵多采用粮食或其他制品做载体，如人、畜误食也易中毒，此外，投放或保管不当也可引起中毒，具有耐药性或抗药性。目前，青海省已不再使用化学药剂进行防治，而是使用一些高效低毒、低残留、无二次中毒的生物药剂进行大面积防治。

第三节　草地鼠害的生物防治

一、C型肉毒素防治草地害鼠

C型肉毒杀鼠素是C型肉毒梭菌产生的一种神经毒素，害鼠摄入后经肠道吸收，作用于中枢神经系统，导致呼吸肌和脊柱运动神经麻痹，进而造成全身瘫痪以致最后呼吸器官衰竭而死亡。C型肉毒杀鼠素对光、热不稳定。经测试，稀释液在5℃时保持24h后，开始失毒，在阳光照射下，毒素失毒更为明显。酸性反应pH 3.5～6.8时比较稳定，对碱性反应比较敏感，如pH 10～11的条件下减毒很快。

C 型肉毒杀鼠素作为杀鼠剂，较常用化学药物毒饵安全。投饵后害鼠的死亡高峰在第四、第五天，有效期仅 8 天左右，10 天后分解为无毒。因此，采用 C 型肉毒杀鼠素在草地鼠害防控时对牲畜是比较安全的。另外，C 型肉毒杀鼠素保存较方便，在 −15℃冰箱中三年无显著变化，在 −4℃冰箱中一年无显著变化，四年降低毒力 50% 左右。冻干剂更易保存，在 5℃气温下，一年毒力未见下降。一般保存于 0℃的冰箱中即可。

经测毒，C 型肉毒杀鼠素的毒力是极强的，以毒力 100 万 MLD 小白鼠 /mL（静注）为标准，此毒素对高原鼠兔的 LD_{50} 为 0.171μL/kg（口服）；对高原鼢鼠口服的毒力 LD_{50} 为 0.24μL/kg。生物毒素杀鼠剂的毒力接近毒力最强的鼠害防控毒药大隆的毒力。在大面积鼠害防控中，通常使用的生物毒素杀鼠剂毒力为 100 万 MLD 小白鼠 /mL（静注），这样的毒力以 0.1% 的浓度为好。以此浓度配制的燕麦毒饵，4 粒燕麦毒饵就含有 1 个高原鼠兔全数致死量的毒力，鼠兔采食毒饵一般都在 4 粒以上，这样，就可保证其毒杀效果。毒素毒饵的配制比较简单，首先在拌饵器内倒入适量清水，一般河水、自来水都可，但不宜碱性太大，pH 在 6 左右为好。水的温度不要超过 5℃，水的数量以待拌毒饵数量而定。杀灭家鼠或气温较高时杀灭农田害鼠，在拌制毒饵时用明胶磷酸盐缓冲液作为稀释剂更好。配制毒素毒饵的比例为饵料∶药剂∶水的用量 =1kg∶1mL∶80mL，如配制 50kg 燕麦毒素毒饵、50mL 毒素药剂放入 4kg 水中稀释，稍经晃动，使其充分溶解。毒素液的数量按毒素杀鼠剂的毒力和饵料量而定，其标准为毒力 100 万 MLD 小白鼠 /mL（静注）的毒素杀鼠剂与饵料的比为 0.1%，如配制 50kg 毒饵，可放入 100 万 MLD 小白鼠 /mL（静注）的水剂毒素液 50mL；如采用毒力为 400 万 MLD 小白鼠 /mL（静注）的冻干毒素，可放入 12.5mg，再将饵料倒入毒素稀释液中，充分搅拌即可。

目前，C 型肉毒杀鼠素已制定产品标准，有两种剂型，一种为水剂，毒力为 100 万 MLD 小白鼠 /mL（静注），为淡黄色均一液体；一种为冻干剂，毒力为 400 万 MLD 小白鼠 /mL（静注），为微黄粉末或块状固体。冻干剂易保存运输，但因在冻干中丧失一部分毒力，因而毒力较水剂低。

二、D 型肉毒素防治草地害鼠

D 型肉毒素是青海省畜牧兽医科学院研制，2005 年在青海省开始大面积推广应用。D 型肉毒杆菌毒素是 D 型肉毒杆菌产生的一种神经毒素，害鼠摄入后经肠道吸收，作用于颅内脑神经和外周神经，抑制神经传导物质乙酰胆碱释放，引起运动神经末梢麻痹，导致全身瘫痪，呼吸困难而死亡。D 型肉毒素主要为水剂，药品、饵料（燕麦、青稞、小麦）、水需按照 1mL∶1kg∶80mL 的比例配制，也有 D 型肉毒素成品颗粒毒饵可直接投放，无须配制，使用比较方便。

D 型肉毒杀鼠素的毒力为 1000 万 MLD/mL，在大面积鼠害防控中，通常使用 D 型生物毒素杀鼠剂毒力为 1000 万 MLD/mL，青海省草原上使用的浓度为 0.1%～0.2% 的 D 型肉毒素对高原鼠兔、达乌尔鼠兔、长爪沙鼠、根田鼠的防控效果为 90% 以上，毒杀效果理想。与C型肉毒素相比，D型运输和储存对温度的要求相对不高，原封剂4～8℃下保质期为1年，20℃保质期为半年，毒饵常温条件下避光保质期为 10d，在一定程度上可以弥补 C 型毒素对温度敏感的缺点。青海省目前高原鼠兔防控中 C 和 D 型毒素交替使用。

三、新贝奥生物杀鼠剂防治草地害鼠

新贝奥生物杀鼠剂又称雷公藤甲素。雷公藤甲素是从天然植物雷公藤植物的根、叶、花及果实中提取的，通过饵料添加剂复配加工而成的新型生物植物源农药，是一种不育鼠害防控剂，具有抗生育和毒杀双重作用。害鼠进食后，药剂会抑制睾丸的乳酸脱氢酶，附睾末端曲细输精管萎缩，精子量变得极为稀少，丧失生育能力，达到减少害鼠的目的。同时，在雷公藤中含有一定毒素的氯内酯醇等化合物，害鼠多量采食会促使其短暂慢性死亡。

雷公藤甲素生物杀鼠剂适口性强，对人畜及有益生物相对安全，对环境友好，不会造成残留污染，具有较好的防控和抗生育双重作用，能够有效降低害鼠的数量和密度，达到持续鼠害防控效果。草原鼠害防治时，0.25mg/kg 雷公藤甲素使用量 500～1200g/hm^2。防控时，采用洞口投饵法，投药后一般需禁牧 15～20d，并在施药区树立明显的警示标志，防止家禽、牲畜进入，避免有益生物误食。雷公藤甲素颗粒剂为成品杀鼠药，可以直接投放，省去了现场配药拌制的环节，使用较为方便。

青海省于 2013 年 3 月至 2015 年 7 月进行了新贝奥生物鼠害防控剂控制高原鼠兔推广试验，结果表明：整个试验期间，试验区害鼠密度的控制效果随着时间的延长变化并不明显，试验区平均控制效果 82.9%，说明新贝奥生物鼠害防控剂控制害鼠效果明显。从繁殖率来看试验区对害鼠的繁殖有轻微作用。

四、莪术醇雌性不育剂防治草地害鼠

青海省于 2007 年利用吉林延边天宝生物制剂有限公司研制的害鼠不育剂 0.2% 莪术醇成品饵粒和莪术醇母粉与燕麦现场拌制成饵料进行了控制草地鼠害试验。试验结果表明：试验区和对照区的捕获数量、捕获率及常见种趋于一致，害鼠种类主要为高原鼠兔，成品莪术醇饵粒试验区三次调查的平均捕获率为 8.54%，母粉试验区三次调查的平均捕获率为 11.66%，略低于对照区捕获率的 12.08%，说明不育剂对草地害鼠密度的影响不显著。整个试验期间，试验区害鼠密度的控制效果随着时间的延长变化并不明显，成品饵粒试验区三次调查平均控制效果为 22.11%，母粉与燕麦配制后投放的试验区三次调查平均控制效果为 24.08%，说明该试验药剂控制高原鼠兔的效果不明显。

通过对试验区害鼠密度的测定，饵粒试验区平均校正控制效果为 21.86%，母粉试验区平均校正控制效果为 20.14%，表明药剂对害鼠种群密度有控制作用，但不明显。

第四节　草地鼠害的物理防治

物理防治是指利用物理学原理制成的各类捕鼠器械（鼠夹、鼠笼、绳套、捕鼠箭、嘴钩等）进行鼠害防控的方法。此外，还有现代化的电子捕鼠器以及黏鼠板、水淹、堵洞等方法。捕鼠器械构造简单，使用方便，对环境安全，可供不同季节、环境、场合、位置和为各种目的的捕鼠选用。物理防治目前仅作为控制低密度鼠害的一种措施，由于费工、效率低等弊端，无法控制大面积鼠害，但在综合防控中，作为其他防控方法的补充仍是需要的。

一、高原鼠兔的物理防治

在高原鼠兔物理防治中常用的鼠夹有高原鼠兔夹、全自动捕鼠器、大号铁板夹。高原鼠兔夹无需诱饵，使用简便，易于操作，其性能、效果高于全自动捕鼠器、大号铁板夹两种型号鼠夹。

高原鼠兔夹由底板、夹杆、踏板、弹簧、跳杆等组成（图 10-1）。

图 10-1　高原鼠兔夹

使用方法：使用时左手压倒夹杆后部，右手把跳杆穿入踏板的跳杆孔内，此时鼠夹处于待发状态，鼠兔进出洞口时踩踏踏板，跳杆脱离踏板跳杆孔，在弹簧的压力下，夹杆复位夹击。

置夹方法：置夹前用堵洞法先将捕鼠区内所有洞口堵住，在有效洞口处将装好的待发状态鼠夹轻轻放在鼠活动洞口内，连捕 2 个夹日（每一个夹日检查两次以上，如有新盗开洞口应补充鼠夹）。每次将鼠尸取下后，清洗鼠夹并及时布好。

二、高原鼢鼠的物理防治

青海省高原鼢鼠的防治中也常用到物理防治的方法。利用鼢鼠怕风畏光习性进行开洞捕鼠。具体方法：找到老巢方向，距老巢 1～2m 处开洞放置捕鼠器。老巢方向判别方法有两种：一是覆盖母质土壤的较大土丘下方即为老巢；另一是打开洞道，洞道两侧和上方洞壁有明显的鼠鼻印记，印记前进方向即为老巢相反方向。常用捕鼠器的使用方法有以下几种。

（一）弓形夹

找出老巢所在位置，距老巢 1～2m 处开 2 个洞口，两洞之间距离≥ 50cm，其中，在距老巢稍近的洞中下夹，下夹时弓架支开后应将弓形夹稍卧于洞道底部，使其圆形踏板与洞道底部一致，弓形夹前端朝向老巢，后端拴绳露出地面用铁丝签固定于地面，下夹后将下夹处洞口用草皮封严，另一洞口留作通风口。如不能判明老巢位置，应在多个土丘之间洞道上连续开 3 个洞，三洞间距≥ 50cm，中间洞为通风口，两边洞下夹，弓形夹后端朝向中间通风口，下夹后将下夹处洞口用草皮封严即可。弓形夹捕鼠下夹后，一般每隔 2h 检查一次（图 10-2）。

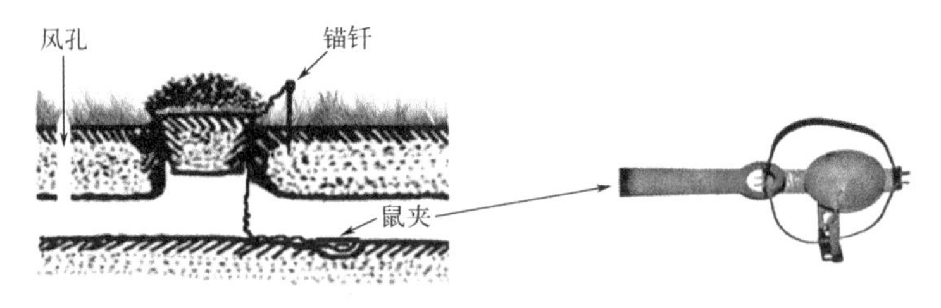

图 10-2　弓形夹

（二）地下洞道箭

找出老巢所在位置，距老巢 1～2m 处开 1 个洞口，洞口内 30cm 处先放一湿软土球，土球直径应小于洞道直径 1～2cm，挂箭后洞道箭前端放入洞口内，使挡土板刚好与土球接触，箭后端用草皮土块挡住即可。洞道箭捕鼠一般每隔 2h 检查一次（见图 10-3）。

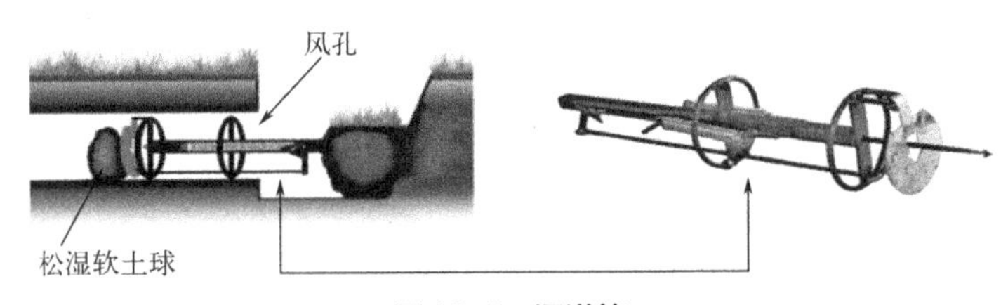

图 10-3　洞道箭

（三）地上弓形箭

找出老巢所在位置，距老巢 1～2m 处开 1 个洞口，洞口上架设弓形箭，弓形箭的高低可通过抢修地面高度调整，以箭针扎到洞底为宜。布箭时洞口处先放一湿软土球，土球直径应小于洞道直径 1～2cm，弓形箭挂针后挡土板应与洞口处土球刚好接触。弓形箭捕鼠一般每隔 2h 检查一次（图 10-4）。

图10-4　弓形箭

第五节　草地鼠害的天敌防控

天敌防控技术是利用鼠类及天敌食物链关系，用捕食性天敌来控制某一区域内鼠的种群数量和密度，达到降低鼠害目的的一种生态防治技术。天敌控鼠是一种持续的自然行为，与人类防治鼠害方式相比，既能降低草原鼠害防治成本，又具有环境零污染，不破坏生态平衡，不受地形地貌、天气和时间限制等优势，同时也符合绿色发展和生态安全理念，是草原鼠害绿色防控技术的重要组成部分。

图10-5　鹰巢架

青海省鼠类天敌资源极为丰富，主要有隼形目的大鵟、红隼、苍鹰、金雕、草原雕、胡秃鹫，鸮形目的长耳鸮、雕鸮、纵纹腹小鸮以及雀形目的渡鸦、乌鸦。鼬科、猫科和犬科中的食肉兽等都是鼠类著名的天敌。目前，青海省普遍推广应用的草原鼠害天敌防控技术是招鹰架控鼠。

招鹰架控鼠是指人工建造鹰架（巢），给鹰类提供栖息和觅食环境，从而实现对害鼠的有效控制，在高寒牧区具有独特的优势。招鹰架一般由立柱、鹰架、鹰巢三部分组成。立柱采用钢筋水泥浇筑而成，架高5～7m，鹰架、鹰巢用角铁、木材组成（图10-5、图10-6）。

图 10-6 招鹰架

地点选择：建设鹰架的地段，应选择在有害鼠猛禽类天敌，地面平坦、开阔，远离高山、悬崖、沟底、树林、道路及定居点的地方，以及草地植被稀疏、植株低矮的退化草地，害鼠种群数量为中、低密度的最适栖息地。害鼠密度大、危害严重的地区，可先进行药物防治，再实施招鹰架布控。

鹰架（巢）的布局：鹰架（巢）纵横间隔为 700m，每座鹰架（巢）控制面积 $49hm^2$，鹰架与鹰巢的比例为 4∶1，鹰架（巢）一字形排列，每隔四个鹰架埋设一个鹰巢。

鹰架（巢）的安装：施工前，结合 1∶10 万地形图对控制区域进行实地勘察，规划设计安装线路和鹰架、鹰巢位点分布图。施工时，首先将鹰巢架、落鹰架、固定横梁等部件安装固定在鹰架（巢）立柱上，拧紧连接固定螺栓，并检查各连接部有无松动。其次，每五人为一组，将鹰架（巢）立柱置入地下 1m，并灌注半径 25cm、高 50cm 的水泥基座。位点采用人工拉线和使用全球定位系统（GPS）相配合的方法进行定位，如遇沟渠、陡崖等无法作为位点时，位点可向前或向后适当移动位置。安装完毕后，每一座鹰架（巢）都要统一编号造册，登记坐标位置并标注在 1∶10 万地形图上，以备检查维护。

青海省三江源地区累计利用鹰架招鹰进行生物控制 2208 万亩，设立鹰架 23708 座，鹰巢 6399 座，鹰架利用率达到 90% 以上，筑巢率 30% 以上，害鼠有效洞口减退率达 10%～21%。

第六节 草地鼠害的综合防控

一、草地鼠害综合防控概述

20 世纪 80 年代，在总结草原草地保护工作的基础上，开始从生态学的观点出发，把防控鼠害作为草地生态系统管理的一项重要内容，逐步由单项治理发展到综合治理。同时，根据草原地区的实际情况，提出了草原鼠害绿色防控应用与示范技术路线。即：运用生态系统平衡原理，坚持“绿色植保”理念和“预防为主，综合防治”植保方针，在草原鼠害常发区域，建立健全监测预警机制，提前预警主要鼠害发生趋势，指导防控工作。在防控工作中，试验示范并推广生物药剂、物理防控、天敌控鼠和生态治理等绿色综合防控技术，在中高密度区开展应急防控，在低密度区开展持续控制，将鼠密度控制在经济阈值之下，促进草原植被恢复，增强草地生态系统自然调控能力，实现草原有鼠无害和生态系统平衡。结果表明，采用绿色综合防控技术能够有效恢复草原植被，提高草地生产力，抑制鼠虫害的种群增长；鼠虫害种群密度的降低反过来又能促进草原植被的进一步恢复，最终促进草地生态系统良性循环。

二、草地鼠害综合防控体系的构建与应用

青藏高原在草原鼠害防控实际应用中，依据草地不同退化程度构建不同防控体系。第一，采用生物毒素等防控技术，将害鼠种群数量迅速降至无害化水平；第二，对治理区进行围栏封育，实行休牧或禁牧；第三，利用天敌持续控制害鼠的作用，修复生物链，较长期地使鼠类保持低密度；第四，通过各种综合改良措施恢复草地植被，改变其害鼠生存环境，使种群数量保持在一个无害水平，从而达到可持续控制鼠害的目的，促进草地生态系统的良性循环。

结合历年的牧区实际工作经验以及在以往生态治理科研成果的基础上，我们认为鼠害危害严重区域的重度退化草地仅靠自然力难以恢复或恢复期过长，必须辅之人工治理措施，才能使鼠害得到有效的控制，加快退化草地植被的恢复。因此要集成各项配套技术，开展鼠害防治及退化草地综合治理才能加快该地区生态植被的恢复速度，达到既治标又治本的目的，以便充分发挥各类草地生态修复工程的整体效益，因此对退化的草地危害区实行草地生态综合治理是十分必要和紧迫的。

三、草地生态综合治理的具体方案

（一）中轻度退化草地治理

依托各类草原生态修复工程项目，依据草地退化级别、退化草地地形和地貌对草地鼠害进行综合治理，也就是对退化草地的综合治理。实行生物防治与草地改良相结合、预测预报与扫残巩固相结合。具体治理措施为首先利用 C、D 型毒素大面积进行集中连片防治，迅速降低鼠害种群数量。在此基础上，依据草地退化程度采取相应的牧草补播措施，并结合草地围栏建设，采用休牧育草、围栏封育划区轮牧等措施，使退化严重的草地，尽快恢复生产能力。轻、中度退化区根据草地生产能力科学核定载畜量，使草地生产能力保持持续稳定，从而发挥草地生态自然控制鼠害作用。同时加强鼠害监测，依据害鼠种群数量恢复动态、害鼠种类、地形特点，因地制宜地实施用鼠笼、鼠夹、弓箭捕捉和招鹰控制等巩固措施，将鼠害长期控制在经济阈值以内。草地鼠害综合治理方案：①围栏+封育+鼠害防控+补施肥料（轻度）；②围栏 + 鼠害防控 + 补播牧草 + 以草定畜 + 划区轮牧（中度）。

（二）黑土滩（坡）综合治理

依据草地重度退化和鼠害危害草地，根据“黑土滩（坡）”植被盖度及项目区气候、地形等因素，可采取封育＋鼠害防控＋免耕补播＋施肥＋围栏封育措施建立半人工草地，原则上尽量不破坏原生植被，特别是莎草科植物。补播在5～6月雨季进行，滩地利用机械进行补播，坡地采用人工撒播种子后，借助畜力踩踏进行补播。由于此类草地肥力普遍低，人工施肥有助于幼苗的生长和越冬，是补播成功的关键，施肥后可大幅度提高优良牧草的比例、盖度、高度和品质。黑土滩治理方案：围栏封育→鼠害防控→免耕补播（耕种）→施肥（除莠）→增加草地产量及盖度。黑土坡治理方案：围栏封育→鼠害防控→人工耕耙→人工撒种→施肥（除莠）→人工铺膜→增加草地产量及盖度。

首先进行围栏封育，然后在冬春季节用生物毒素进行灭鼠。播种在5月上旬至6月中旬的雨季进行。草种以多年生禾本科牧草，如多叶老芒麦、垂穗披碱草、中华羊茅、西北羊茅、冷地早熟禾等“当家品种”为主进行混播。栽培措施采用：翻耕＋耙耱＋条播（撒播）＋施肥＋镇压。在生长季每两年追施尿素150kg/hm^2，有条件的地区最好进行草地灌溉，为使人工草地保持长期稳产、高产，对人工草地必须实行刈割利用，以防止因放牧而引起草地迅速退化。

四、依据不同退化程度和鼠害危害采用的措施

① 草地原生植被盖度≥75%的地区采用防控＋轻牧＋封育的综合措施，主要是由于管理不当和少量超载重牧引起鼠类危害的草地。经鼠害防控后适当休牧、减畜，牧草生长季节进行封育，既可使牧草休养生息，恢复植被，又控制害鼠的种群数量。此方法适用于轻度退化和鼠害危害较轻的草地。

② 草地原生植被盖度在50%～75%的地区采用防控＋除莠＋松耙＋补播＋围栏的综合措施。由于管理不当和明显的重牧，优良牧草成分明显减少；而家畜不采食的毒杂草在大肆滋生，此类草地往往鼠、虫混生，造成严重的损失。因此，在治理时进行鼠虫防控，清除毒杂草，夏季降雨后要松耙补播和围栏封育，达到控制鼠害的目的，建立放牧型的半人工草地。

③ 草地原生植被盖度在30%～50%的地区采用防控＋松耙补播＋围栏封育＋施肥的措施。由于管理不当，草地生态系统中消费者（家畜、野生动物、鼠虫）数量与生产者牧草生物量严重失调。因此治理时，首先要减畜休牧，降低载畜量。其次，进行鼠虫防控，松耙补播。

④ 草地原生植被盖度只有25%以下黑土滩（坡），采用围栏＋鼠害防控＋翻耕播种牧草＋施肥的措施，在水热条件较好、土层较厚的地区，可建立人工草地。

第七节　青藏高原草地鼠害防控存在的问题

青藏高原地形复杂，草原鼠害危害面积大、种类多、分布广，草原鼠害治理虽已开展许

多年，在草地生态治理中发挥极大的作用，但监测预警工作起步晚，草地鼠害防控与监测预警工作仍存在许多问题亟待解决。

一、草地鼠害危害形势仍然十分严峻

一是青藏高原冷季草原鼠害控制较好，但是暖季草原多为偏远山谷地带，且交通十分不便，山大沟深、高寒缺氧，偏远的地区鼠害防控难度大，人海战术的防控难度大，部分地区还留有死角。二是省、州、县相互交界的草原和使用权有争议的地区，仍存在漏灭区，成为鼠害发展、蔓延的最大隐患。三是鼠种防治不平衡，危害面积较大的高原鼠兔和高原鼢鼠防治取得了良好的成效，并积累了丰富的经验，但高原田鼠因防治方法不够完善，危害仍较严重。青藏高原交通不便，气候恶劣，草原鼠害分布区域广、面积大，造成防治难度极大，适宜害鼠的栖息环境尚未得到根本改变，害鼠繁殖能力强，鼠害危害基数大、反弹快，形势仍然十分严峻。

二、监测预警工作不能满足防治工作的需要

由于资金有限，设备陈旧，观测地域广，交通不便等原因，草原鼠害的调查与监测缺乏交通工具、监测设备、专业技术人员，连续的固定监测数据和大面积调查草原鼠害监测数据获取难度大，数据的收集处理方法不尽相同，手段落后，使得不同区域、不同种类草原鼠害的预测模型缺乏可靠依据，草原鼠害测报准确率受到影响。

三、防治技术滞后，效率低，防控后反弹现象严重

青藏高原草原鼠害防治以人工洞口投饵、人工弓箭捕捉方式为主，费工费时，工作效率低，防治周期长，投资大，恶劣的自然环境和极端的气候条件工作环境下，人工投饵极易造成漏投漏防及防治盲区死角，使得这些区域成为鼠害防后反弹重灾区，防控效果得不到保障，更难发挥项目长期效益。随着草场承包制的落实，受传统观念的影响，加之经营观念滞后，牲畜存栏数过高，出栏周期长，使得草场压力增大，加剧草场退化。因此各级政府必须加强引导，降低存栏数量，从根本上恢复良好草地生态环境，防止草场超载退化及鼠害防控后 2～3 年快速反弹现象。

四、缺乏持续控制的长效机制，成果巩固难度大

在鼠害防控效果的持续巩固方面缺乏有效的技术措施和持续投入的机制，加之青海省财政困难，地方配套能力弱，群众自筹能力差，“国家、集体、个人一起上”的原则难以真正落到实处，尚未形成“群防群治”的良好局面。同时，一些地区在草地鼠害治理工作中受短期行为的影响，对鼠害治理工作的长期性和艰巨性认识不够，普遍存在重项目、轻管理的现象，成效巩固措施没有落到实处，防控成果得不到有效的保障，严重影响防控效益的长期发挥。

五、监测预警体系建设滞后，队伍不稳定

草原鼠害监测预警是草原保护工作的重要组成部分，是实施科学防控的基础。目前，由于鼠害监测预警经费有限，造成设置监测点过少、覆盖面小，很多地区仍处于监测盲区，尤其是县级林草站没有专项监测预警经费，加之设施设备落后，交通工具匮乏，手段落后，监测预警队伍不稳定，导致测报准确率低、时效性低，致使开展鼠害路线调查、定位观测、基数调查等基础性工作面临很大困难，无法精准掌握鼠害危害动态，造成监测预警工作滞后。

第十一章

草地鼠害综合防控体系的构建与应用

在草地哺乳动物中，鼠类（包括兔形目中的鼠兔）种类较多、数量最大，它们是动物群落的主要组成部分。鼠类通过摄食、挖掘活动，以及食屑、粪便、鼠尸参与草地生态系统的能量与物质的流动循环。而且洞道及土层镶嵌体的存在也丰富了环境的异质性，对保持草地生物多样性的稳定具有重要作用。

在高寒草原、高寒草甸栖居的优势鼠，高原鼠兔、达乌尔鼠兔、高原田鼠等植食性鼠类为r-k对策连续谱中接近r对策者，一年内可繁殖3～4次，每胎次4～8只，种群密度繁殖迅速，害鼠种群季度和年度间数量波动较大，尤其在种群增长速率较快期其数量常常超越栖息地的环境容纳量，甚至大暴发，导致严重害情。因此，草地鼠害防治的目标应是持续有效地抑制有害鼠类的种群数量，使之维持在有利于草地可持续利用的经营水平上，即在草地生态阈值允许的范围之内。

过牧是草地鼠害发生的主要原因。在自然情况下，鼠类通过与草地环境的相互作用、相互协调使之经常保持动态的平衡状态。在中等放牧强度以下，鼠类在草地生态系统中的结构和功能具有相对稳定性，长期以来，人们为短期经济利益驱动的过度利用方式，深刻地影响了系统内各组分，包括鼠类及天敌动物赖以生存的草地生态条件。草地超载放牧、植被高度和盖度明显下降；随放牧践踏作用的加剧，草地退化、沙化，土壤含水量下降，植被呈现逆向演替，优势种群禾本科、莎草科等优良牧草无法完成整个发育期正常生长，不能授粉结实就被害鼠啃食干净，杂类草可能得到有利的生存条件，在竞争中处于有利地位，导致鼠类群落的演替。群居植食类群生殖力强，种群数量增长快，往往在此类次生环境中占据优势。草地生态环境呈现逆向发展，退化程度加剧，长期的恶性循环草地演化为黑土滩，所以要做好草地鼠类种群数量、草地生产力、放牧利用率的调查与监测，严格抑制草原害鼠种群数量的无序增长，做到有鼠无害，构建草原鼠害与草地生态环境的良性循环系统，实施退化草地综合治理、草地鼠害综合防控。

第一节　草地鼠害综合防控体系的概述

一、正确认识草地害鼠的分布与危害

草原植被在正常的环境中虽然也有多种鼠类分布，但通常不会导致数量大发生。退化的草场植被为害鼠种群提供了适宜的栖息环境。不合理的放牧是诱发鼠灾的重要原因。在自然条件下，受气候因素制约，各类天然草场均有各自特定的潜在生产能力。在不断增加牲畜头数的压力下，草场开始退化，原生植被中的优势种针茅等禾本科牧草出现衰退，委陵菜等毒杂草增多，草层盖度、高度、密度和产量下降，其结果使草场从不适宜害鼠生存的环境变成了害鼠的最适栖息地。而鼠害的发生又进一步加速了草原的沙化和荒漠化，进而形成恶性循环。改变草原退化的根本对策是摆脱传统的粗放式畜牧业，通过发展饲草饲料生产，实施草场轮牧和规模养殖，提高家畜和畜产品质量，增大种植牧草的比例，减少草场载畜量，从而协调草原生态环境中草 - 畜 - 鼠之间的关系，达到减轻鼠害、恢复草场植被的目的。

二、树立正确的青藏高原草地鼠害治理理念

草原害鼠是青藏高原草地生态系统的重要成员，是当地长期形成的生物多样性宝库中不可或缺的成员，如高原鼠兔和高原鼢鼠甚至被冠以生态系统“关键种”和“生态系统工程师”的美名。之所以近几十年来被冠以“草地有害生物”的恶名，是20世纪70年代以来，长期过度放牧导致生态失衡的结果。因此，要长期有效控制这些有害生物，必然要从生态系统修复或者生态功能修复的角度入手。

青藏高原地形独特，草地生态系统极为重要，有着巨大的生态服务功能和价值。多年来，由于气候异常，加之人们缺乏可持续发展的理念，不注重与草地生态系统和谐相处，单纯追求人类利益的最大化，长期超载过牧，导致草地发生退化，为鼠害的暴发成灾提供了适宜的环境条件。同时，鼠害的发生又加剧草原退化。

鼠类是草地生态系统食物网的重要组分，多则成灾形成鼠害。鼠类在种群密度较低时，是草地生态系统食物链上猛禽和肉食动物的食物资源、种子植物扩展定居的载体和草甸致密基质结构的改善者。废弃的鼠洞是雪雀、蜥蜴等小型草原动物隐蔽、栖居和繁殖的场所。因此，鼠和鼠害具有本质上的区别，当鼠类密度较低时，其不能形成鼠害，但其种群密度超过天然草地承载范畴时，则形成鼠害。

中国科学院西北高原生物研究所边疆晖研究员认为:“当鼠兔种群暴发或超过了草地承载能力的高密度时，需要进行人工干预，即通过使用对环境无危害或危害小的一些措施，如肉毒素灭鼠，短期压制其数量的增长之后，需采取草地培育措施，促进草地的恢复，目的是恢复系统的自我调节能力。”

多年来青海省草原鼠害防治的基本思路就是有效控制草原鼠害危害，降低危害损失，使危害趋势得以有效遏制，而不是彻底消灭害鼠，更不是消灭鼠种。青海省草原鼠害防治原则

确定有效洞口数达到150个每公顷以上的连片危害区，鼠害威胁到畜牧业生产和草原生态环境的区域才能确定为草原鼠害防治区域，也是高原鼠兔防治标准，这是省内外科研及技术推广部门经过多年试验研究和实践验证确定的，并经标准认定机构颁布的地方标准。多年来，青海省草原鼠害防治始终贯彻并执行这一标准，维护着青藏高原物种的多样性和草地生态系统的平衡性。

近年来，随着国家生态保护战略的实施，青藏高原各类生态保护项目都在有计划、有层次地针对不同程度的草地退化和鼠害危害逐年开展鼠害防控、人工种草、围栏补播、禁牧休牧、毒草防控等多项综合治理生态措施，并不是单一地灭杀害鼠，只有将鼠害控制到经济、生态阈值以下，退化草地治理工作的成果效能才会得到保障。

鼠害的发生，从根本上说是草原退化、生态系统紊乱、自我调控机制失衡造成的，而鼠害又会进一步加剧草原退化。防控草原鼠害的治本之策，是构筑健康稳定的草地生态系统。通过改变草地生态系统植物组分和结构，创建不适宜地面鼠生存的生境，从而实现地面鼠种群密度调控的目标，恢复退化草地生态系统，是全面调控鼠类密度，避免其致灾的重要途径之一。

天然草地是一种可适度利用、适度再生资源的自然综合体。可持续发展的草地生态系统是合理、适度地利用草地资源，并向自然资本做适当投资，保持其生物多样性及可持续的生产，以有利于其主要依靠自然因素完成的自我修复或生态修复（ecologicaL restoration），乃至能产生资源量的若干储备。相应地，草地利用与管理对策，包括鼠害治理，必须体现这种生态、经济和社会效益的统一。因此，草地鼠害防治的着眼点不应该是“灭”或仅挽回“损失”，而应注重扶正草 - 畜 - 鼠的生态协调关系，才能从整体目标上根除成灾条件，获得促进草地畜牧业良性循环的持续效益，这就是以生态治理为核心内容的草地鼠害综合防治对策。

青藏高原有害生物防控要全面树立以生态保护和修复为基础的草原鼠害综合治理的理念，其本质就是将害鼠纳入生态系统综合适应性管理体系内，调控生态系统的环境，在害鼠致灾之前，通过人为定向干预策略，调整草地生态系统的组分和生境，创建不适宜害鼠密度极度扩张的环境，迫使其降低繁衍力度，实现防患未然，将害鼠密度调控至不致成灾阈值内，从而实现天然草地生态系统组分间健康演化。

因此，青藏高原天然草地鼠害治理要坚持在全面普查和年度路线调查与固定监测的基础上，依据草地退化程度和草地鼠害危害等级，认真开展草地生产力监测，科学核定载畜量，划区轮牧，实施禁牧休牧、草畜平衡措施，减轻草原放牧压力，恢复草原植被。要加强鼠情监测，建立健全鼠害防控技术支撑体系。要充分运用物理、生物、生态等相结合的措施，实行鼠害综合防治。要因地制宜采取不同的综合措施实施天然草地鼠害有计划、有重点的综合治理，最终达到草地生态系统自身调控、组分优化抑制天然草地鼠害的水平。在防治过程中始终贯彻“有害则控、绿色防控、综合治理”的理念和原则，加强草原鼠害发生内在机理研究，全面提升青藏高原草原鼠害防控的能力和水平，最终实现有鼠无害，这是保障青藏高原草地生态系统功能最大化的基础。

总之，以生态治理为核心内容的综合治理技术，在有效发挥自然因子的综合控害功能、促进退化草地的生态修复、提高放牧草地生态经济效益方面，将显示其他防治方法难以替代的效用，对青藏高原草地生态修复、管理决策有着十分重要的意义。

第二节　草原鼠害综合防控体系的应用

2017—2020年，在青海省科技计划项目《退化高寒草地秃斑地豆科牧草引种与越冬保护技术》（编号2017-ZJ-706）和《几种替代植物的抚育及其对黄帚橐吾的防控效果研究》（编号2017-ZJ-733）中，经过为期4年的引种和抚育试验，青海大学在河南县海拔3700m的试验地内获得了多种豆科牧草的成功引种和禾豆混播试验对秃斑地的生态恢复和对黄帚橐吾良好的替代防控效果。从第一年至第四年，秃斑地中依次出现的优势功能群为引进豆科和杂草、引进豆科和禾本科、禾本科和引进豆科、禾本科和引进豆科（图11-1和图11-2）。这种禾豆混播模式，组合搭配了高产一二年生豆科植物、高大多年生禾本科植物、耐阴和克隆繁殖力强的中等高度的高加索三叶草，有望实现对退化高寒草地秃斑地的快速修复和长期维持。这种禾豆混播方式的恢复效果形成之后，高原鼠兔和毒杂草不能再侵入，但高原鼢鼠仍能侵入。原因在于高原鼠兔喜欢较干燥的生境和低矮植被环境，毒杂草也需要在低矮植被环境内才能获得足够的光照得以生存。而高原鼢鼠生活在地下，喜食豆科植物的地下根茎，仍能侵入禾豆混播草地。选育地下根茎发达的多年生禾本科和豆科植物，建植混播人工草地，禾本科和密集交织的地下根茎，既可增加鼢鼠挖掘行进的难度，又能在鼢鼠啃咬下增加分株生长的可能性，可能会达到抵抗高原鼢鼠入侵的效果。因此，进一步研发抗鼢鼠的禾豆混播人工草地建植技术，将是实现对草地害鼠和毒杂草生态防控措施的必然要求。

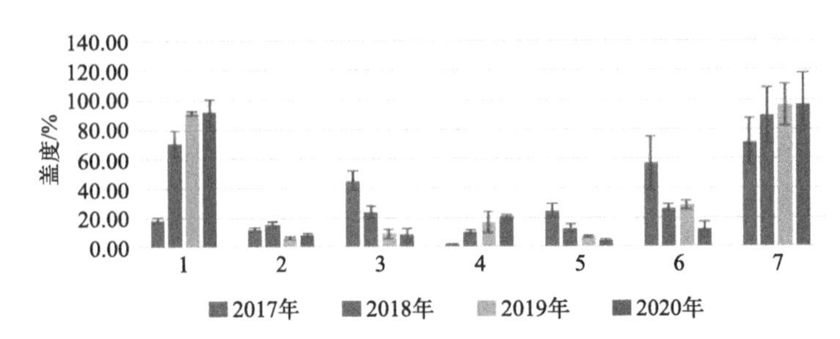

图11-1　2017—2020年秃斑地中禾豆混播后各功能群盖度

1—垂穗披碱草；2—豆科；3—毒草；4—禾本科；5—莎草科；6—杂草；7—合计

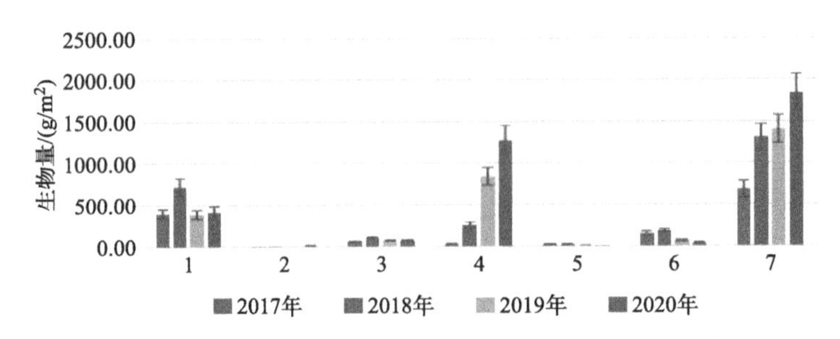

图11-2　2017—2020年秃斑地中禾豆混播后各功能群生物量

1—垂穗披碱草；2—豆科；3—毒草；4—禾本科；5—莎草科；6—杂草；7—合计

第三节　草原害鼠综合防控技术

一、抗高原鼠兔和毒杂草的多年生禾豆混播人工草地建植与管理技术研发

针对高寒草地鼠害生态防控中人工草地易退化的难题，结合最新科研项目研究成果，建植多年生禾豆混播人工草地，既达到草地生态的长期修复，又达到对高原鼠兔和毒杂草的长期防控效果，并评价其对高原鼠兔和主要毒杂草的抗性，研发配套的人工草地收割或放牧管理技术。

二、抗高原鼢鼠的多年生禾豆混播人工草地建植与管理技术研发

针对多年生禾豆混播人工草地不抗高原鼢鼠入侵难题，从乡土植物中筛选或引进根茎型禾本科和豆科牧草，进行引种、扩繁试验，并评价其单独种植时对高原鼢鼠的抗性，研发配套的人工草地收割或放牧管理技术。

三、多年生根茎型禾本科和豆科牧草资源选育与管理技术研发

针对多年生禾豆混播人工草地不抗高原鼢鼠入侵难题，选育多年生根茎型禾本科和豆科牧草，建植多年生禾豆混播人工草地，既达到草地生态的长期修复，又达到对高原鼢鼠的防控效果，研发配套的人工草地收割或放牧管理技术。

四、抗草原毛虫和草地蝗虫的多年生禾豆混播人工草地建植与管理技术研发

评价以上几种种植模式对草原毛虫和草地蝗虫的抗性，同时搭配更多的种植组合方式，寻求对草原毛虫和草地蝗虫抗性高的种植模式，研发配套的人工草地收割或放牧管理技术。

五、替代防控植物种子田建设

选择在生态防治（主要是替代防控）中长势旺、越冬率高、稳定性好的根茎型禾本科和根茎型豆科牧草，建立种子繁育基地。

第四节　调控草原利用与保护平衡的方法

一、正确认识草原的利用与保护

2021 年 3 月 12 日，国务院办公厅印发了《关于加强草原保护修复的若干意见》，提出

要以完善草地保护修复制度、推进草地治理体系和治理能力现代化为主线，加强草原保护管理，推进草地生态修复，促进草地合理利用，改善草地生态状况，推动草地地区绿色发展，为建设生态文明和美丽中国奠定重要基础，标志着草地进入加强保护修复的新阶段。

草地是我国重要的生态系统和自然资源。我国是草原大国，草资源在各省区市均有分布，集中连片的草原则主要分布在青藏高原、北方干旱半干旱地区和南方草山草坡，与森林湿地等共同构成绿色生态安全屏障的主体，是山水林田湖草沙生命共同体的重要组成。草原是边疆各族群众赖以生存的生产资料和生活家园，具有重要的生态、经济、社会和文化功能，在维护国家生态安全、边疆稳定、民族团结和促进经济社会可持续发展、农牧民增收等方面具有基础性、战略性作用。

长期以来，由于对草地重利用、轻保护，重索取、轻投入，草地鼠害严重、超载过牧加上气候变化影响，90% 草原出现不同程度的退化。党的十八大以来，在党中央的坚强领导下，各地不断强化草原保护修复工作，取得了明显成效，初步遏制了草原总体退化趋势，部分地区草原生态状况明显好转，草原鼠害危害蔓延的趋势得到了有效遏制。全国草原综合植被盖度达到 56.1%，比 2011 年增加了约 5 个百分点。特别是在 2018 年国务院机构改革中，进一步强化了草原生态保护修复，统筹山水林田湖草沙系统治理的战略意图，也为全面加强草原保护修复工作创造了历史性机遇。但目前草原保护修复形势依然严峻，一些地方非法开垦草原、占用草原、采挖草原野生植物等行为时有发生，草原鼠害危害、超载过牧未得到根本解决。

草原是青藏高原重要的绿色生态安全屏障，是长江、黄河、澜沧江等大江大河的重要水源涵养区，具有保持水土、涵养水源、防风固沙、净化空气、固碳释氧、维护生物多样性等重要生态功能。综合青藏高原多年草原鼠害各方面研究与防控成果，推行草原鼠害综合治理，加强草原保护修复，注重休养生息，维持草畜平衡，促进草地生态系统健康稳定，提升草原在青藏高原保持水土、涵养水源、防止荒漠化、应对气候变化、维护生物多样性、发展草牧业等方面的支撑、服务功能，对维护国家生态安全，满足人民日益增长的优美生态环境需要，实现建设绿色生态、美丽高原的宏伟目标，具有重要的战略意义。

草原有害生物防控与生态保护修复要坚持的原则：坚持尊重自然，保护优先；坚持系统治理，分区施策；坚持科学监测，绿色防控；坚持标本兼治，综合治理；坚持政府主导，全民参与。

青藏高原要把草原生态保护与修复、草原鼠害综合治理摆在重要位置，加强组织领导，周密安排部署，确保取得实效。按照草原保护修复工作属地化管理要求，实行目标责任草长制。各级林草主管、技术部门要切实加强对草原保护与修复工作的管理监督、技术服务，及时研究解决重大问题，主要采取以下措施：一是细化考核指标，落实各级主管部门目标责任制。结合落实林（草）长制，科学设计基本草原保护、草原有害生物防控与监测预警、草畜平衡、禁牧休牧等制度落实情况的考核指标，纳入各级政府、业务部门年度目标考核，压实地方责任。二是加强技术、科研、管理部门协作，形成合力。草原工作基础薄弱，涉及面广，需要各部门各司其职，互相配合。要积极探索构建草原保护修复、草原鼠害防控的长效机制，运用现代化信息技术，加快推进草原生态修复与监测预警，科学合理利用、保护草原资源。三是加强宣传，引导全社会关心支持草原事业。广泛宣传青藏高原草原重要的生态、经济、社会和文化功能，不断增强全社会关心关爱草原和依法保护草原的意识，深入开展草原普法宣传和科普活动。

树立青藏高原草地生态系统的高原生态观，高原特殊的生境、瘠薄的土地、高寒、高海拔、特有的高寒草地类型，决定了高寒草地生态系统演替生长的缓慢性和脆弱性，所以合理利用与保护草原，走草原鼠害综合治理的可持续发展之路，才能调控草原利用与保护的平衡，最终实现草地生态系统的良性循环。

二、草原利用与综合治理大局措施

① 落实草原有偿承包责任制。落实草原分户有偿承包使用，理顺草原管理体制，合理利用草原，防治“草原无主、放牧无界、使用无偿、建设无责”，使草原的管、建、用同责、权、利相结合，适应现阶段家畜私营形式的首要措施。全面彻底地落实草原有偿承包责任制，健全投入机制，明确建设责任，真正做到“谁承包、谁建设、谁受益”，才能调动农牧民主动建设草原的积极性，也才能从根本上遏制草原退化，促进植被恢复。

② 以草定畜，科学合理利用草地资源。加强草原围栏建设，严格控制牲畜数量，实行划区轮牧，科学合理利用草原，用养并举。在合理利用改良草场时，必须有正确的指导思想，首先要明确草原是牧业生产资料之一，不单纯是自然综合体，更不能认为是荒地。在研究、改造它的时候，必须具有生产观点，而在利用中应该强调，要利用它就必须付出一定的劳动进行保育，才能使它充分发挥自然生产能力。只有通过一系列的人为措施，才能维持并逐步提高草场生产力，使牲畜得以稳步发展。

③ 充分发挥夏季草场，发展季节畜牧业。依据草地的季节分布特点，在调整畜群结构、提高适龄母畜比例的基础上，充分利用夏季草场的牧草优势，适时转场轮牧，发展季节性畜牧生产，扩大出栏率和商品率，这样不仅能够增加农牧民收入，还可以有效减轻冬春草场的放牧压力，防止进一步退化。此外，加强人工草地建设，生产足量优质饲料，增加牧草贮备，降低放牧家畜对天然草原尤其是冬春草原的压力，促使退化草原的自然恢复。

④ 加大鼠害防治力度，巩固防治成果。草地鼠害防治工作是草原保护工作的重要一环，因此，必须从落实科学发展观的高度来认识鼠虫害防治工作的重要性。一是要认真落实各项防治措施，理清工作思路，加大投入力度，加强队伍建设。二是加强预测工作，建立健全预报体系，不断改善预测预报工作的手段。三是健全目标责任制，把草原鼠虫害的防治工作同农牧民草原承包有机地结合起来，充分调动他们的积极性。四是大力推广以生物防治为主的无公害药物防治技术，保护天敌，不断探索新的防治措施，加大鼠虫害综合防治力度，变被动防治为主动防治，才能有效地减轻鼠虫害对草原的危害。

第五节　调控草原保护与经济利益的关系的方法

草原是以草为主导的生境，是一个没有木本种类的低矮植物覆盖的植物群落。作为生产资料，草地养育千百万牧民群众，提供了我们栖息的绿色家园。然而，过去相当长一段时间，由于追求短期经济效益，草原面积萎缩和退化等问题比较突出。近年来，虽然随着生态补偿机制的不断深入推进，草原植被恢复和环境保护取得明显进展，但相关法律法规建设滞后、补偿指标体系补偿机制不完全科学、市场化生态补偿机制建立难和建立后运转不良、分头管理分散补偿现象突出等一系列问题也不断显现。因此，加强生态保护补偿机制基础研究，科学完善补偿指标体系，在制度层面有针对性地分别制定国家和地方性生态补偿制度以及分领域实施生态保护补偿制度等重要而迫切。只有如此，才能逐步形成和完善国家统筹、系统完备、科学规范、行之有效的生态保护补偿制度体系，为草原生态保护补偿提供可靠的法治保障。

一、完善生态补偿机制为以前补偿机制滞后而有失公平补齐短板

草地作为绿色生态环境的一种，不仅具有较高的观赏性，同时也对草原畜牧行业的发展有着积极的影响。积极加强草地生态保护，增强草地地区的生态环境，优化草地高质量发展，对于提高畜牧产量、增强当地的经济发展有着极为重要的帮助作用，是促进生态生产生活良性循环的多赢之举，将极大改良土壤、改善水环境、净化空气，产生广泛的溢出效应。

生态补偿机制是以保护和可持续利用生态系统为目的，以经济手段为主调节相关者利益关系，促进补偿活动、调动生态保护积极性的各种规则、激励和协调的制度安排。当然，建立健全并有效实施生态补偿机制不是一蹴而就的，促进草原生态保护权益公平的实现更需要付出巨大的努力，尤其需要提高牧区草地生态补偿标准，而且充分考虑地区不同，草原生长能力也不相同，以及相应的牧民畜牧业生产经营方式不同等因素造成的差异性。只有不断强化生态文明建设的理念，严格实施科学的生态补偿制度，才能逐步解决草原生态保护方面的不公平问题，真正“补齐”草地地区经济社会发展因不公平而缺失的短板。

二、生态补偿机制构建应以保护和可持续为目的

生态环境具有区域整体性、时空连续性、资源公共性和经济价值性。生态补偿机制就是按照“谁受益谁付费、谁保护谁受偿”的原则，将保护成本以及为保护而放弃的产业发展机会成本补偿给保护主体。生态补偿机制具体来看，补偿的内涵包括：以保护生态环境、促进人与自然和谐共生为目的；遵循受益者付费、保护者得到补偿，以及成本共担、效益共享、合作共治的补偿逻辑；综合考虑生态系统服务价值、生态建设成本、发展机会成本、支付意愿与条件，兼顾各方利益，鼓励与激励生态保护；充分考虑区域公平与效率，利于促进自然资源优化配置和区域协调发展；政府主导、市场化机制、企业和社会组织团体多方参与，采用资金、技术、人才、项目等多形式补偿，包含行政区级纵向补偿和无行政隶属关系的跨地区横向补偿。

三、生态补偿机制为草地高质量发展提供了保障

对草原地区来说，生态环境质量有没有改善，是判断绿色发展水平是否提升的重要标志之一，是实现未来草原生态环境质量总体改善目标的关键所在。从某些意义上来讲，生态补

偿作为平衡保护与发展关系的主要措施和改善民生的重要抓手，是补位和推动草原高质量发展的路径机制，为生态环保主动适应、融入、推动、引领草原高质量发展提供了重要机制保障。生态补偿的核心在于以经济手段为主调节生态保护者与受益者之间的利益关系，促进生态建设活动、调动生态保护积极性。实施草原生态补偿，推动草原经济高质量发展，树立创新发展、协调发展、绿色发展、开放发展、共享发展理念。坚持和完善草原生态补偿机制，实施科学有效的生态补偿，既要体现“谁受益谁付费、谁损坏谁赔偿”的原则，又要体现政府的调节作用和社会的参与作用。通过调动政府、市场、社会等各方面积极性，筹措更多的资金，实施更精准的补偿，真正补齐影响经济高质量发展的“短板”，在推动草原经济绿色发展的过程中，积极推动完善草原承包经营流转制度，积极推进划区轮牧和舍饲圈养，坚持以草定畜、草畜平衡，尽量不占用、少占用、短占用草原资源，不断提高草原资源利用效率，真正形成经济高质量发展的新动能。

实施科学有效的草原生态补偿，必须不断丰富和创新发展有效的补偿形式，包括政策、制度、实物、资金、技术等补偿方式。既要重视资金补偿的基础性作用，尤其在解决草原牧民基本生活方面的作用，在不降低农牧民生活水平的前提下，帮助农牧民转变生产方式，也要采取联动产业、人才技术、政策等多种补偿方式，加快扶贫开发，以促进草原所属区域经济的协同和协调发展，推动草原经济高质量发展。实施草原生态补偿，推动草原经济高质量发展，是一项系统性工程，需要长期坚持不懈，久久为功。既要不断健全和完善生态文明宣传教育机制，不断增强生态补偿的价值共识，又要正视草原经济高质量发展的短板和难题，对标高质量发展的内在要求和指标体系，坚持在保护中发展、在发展中保护，还要不断优化市场环境、制度环境、政策环境，加大补偿力度和精准度。

推动草地保护和利用双赢，强调草地保护修复，并不是不利用，实际上是在保护草地生态系统的基础上，更好地利用草原，发挥草地的多种功能。草原是重要的生态资源也是生产资料，既具有生态功能，也有生产功能。草原是重要的畜牧业生产基地，是牧区和半牧区县牧民的主要收入来源，坚持尊重自然、保护优先，也提出要坚持科学利用、绿色发展。正确处理保护与利用关系，在保护好草原生态的基础上，科学利用草原资源，促进草原地区绿色发展和农牧民增收。

藏富于草，藏粮于草，大力发展草业，是夯实草原地区产业发展根基、建设生态宜居乡村、促进农牧民增收的物质基础。加快建设草种业，大力发展草牧业，推进饲草种植业，积极发展草产品加工业，扎实推进草坪产业，稳步发展草原旅游产业，实现草原地区绿色低碳高质量发展。

第十二章

国外草地啮齿动物及其防控

据联合国世界卫生组织统计，目前世界上约有170亿只老鼠，约为全人类人口总数的3倍，在除南极大陆以外的世界各地都有分布。啮齿动物种类多、数量大、分布广，具有很强的繁殖力。全世界共有哺乳动物4251种，其中啮齿动物818种。

联合国粮农组织（FAO）与国际生物防治组织（IOBC）在1966年联合召开会议，提出了有害生物综合防治，其内容主要为有害昆虫的治理和害鼠的防治。综合治理是充分考虑了有害生物的种群特征及其有关环境，利用各种适当的方法和技术，以及尽可能相互配合的方式将有害种群控制在低于经济阈限的水平。国外有关啮齿动物的研究从20世纪60年代兴起，初期对于啮齿动物的研究主要集中在对群落的组成、物种多样性以及群落生态位进行广泛的研究。当今有关啮齿动物群落生态学的研究前沿课题多集中于对这些新理论的丰富和发展上，特别是对啮齿动物群落格局在不同尺度域上变化及特征进行了较多研究（Mackinnon et al.，2001；Rosenzweig，1969；Brady et al.，2001；Hang-Kwang et al.，1993）。

目前，国内外防治啮齿动物危害主要采用以下三种方法：第一种是利用器械防控鼠害的物理方法，包括改变啮齿动物栖息地环境的农业措施、各种机械性捕杀等；第二种主要是采用鼠害防控剂防治害鼠的化学方法；第三种是生物防治，主要是利用天敌、微生物或植物制剂等自然生物及其衍生物来控制鼠害。

一、美国

美国草地啮齿动物及其防控研究主要集中在北美，北美对于荒漠啮齿动物研究自20世纪60年代到当今一直是世界上动物生态学研究极为广泛和深入的领域。由于荒漠的一般生物条件和相对简单的结构，这些系统在发展和测试群落生态概念中扮演了突出的角色（Rosenzweig，1969；Brown，1975），成为研究群落结构及影响结构过程的现存世界上天然实验室（Kelt et al.，1996）。20世纪70年代到90年代中期大量的研究涉及啮齿动物的群落组成、生态位、物种共存、群落组织、生境利用、资源分享及微生境分割等（Brown et al.，

1973；Brown，1973；Freench et al.，1974）。美国的啮齿动物有美洲河狸、鼯鼠、水䶄、跳鼠、睡鼠、鼢鼠、小家鼠。

二、俄罗斯

目前，俄罗斯草地啮齿动物及其防控研究主要集中在俄罗斯布市及波市地区，这里生态环境复杂，主要为植被丰富的林区以及农作物区，啮齿动物种类丰富。俄罗斯布市及波市地区发现的啮齿动物有黑线仓鼠、东方田鼠、长尾黄鼠、大林姬鼠、花鼠、棕背䶄、褐家鼠、黑线姬鼠等。

俄罗斯布市及波市地区不同生境下，草地生境中分布的鼠种多样性最高，田地生境布市的鼠种多样性较波市地区的高，而林区生境下鼠种的丰富性低于波市地区。俄罗斯境内黑线仓鼠为优势鼠种（33%），俄罗斯布市黑线仓鼠的比例为41%，波市的黑线仓鼠的比例为23%。

三、加拿大

加拿大是北美洲北部的海陆兼备国，东临大西洋，西濒太平洋，西北部邻美国阿拉斯加州，南接美国本土，北靠北冰洋。气候大部分为副极地大陆性气候和温带大陆性湿润气候，北部极地区域为极地常寒气候。地域辽阔，森林和农作物丰富。加拿大大约有200种哺乳动物和630种鸟类。河狸主要生活在加拿大境内，它是一种躯体肥胖的啮齿动物，外形酷似大老鼠。河狸是一种能通过改变环境来维持生存的“智慧而高贵”的动物。为逃避天敌并储藏食物，它需要将巢穴进出口置于水下，因此它大部分时间都在忙于搬运树枝石块等来筑堤拦水（图12-1）。

图12-1 河狸

四、澳大利亚

澳大利亚位于南太平洋和印度洋之间，四面环海，是世界上唯一国土覆盖整个大陆的国家，有很多独特动植物和自然景观。澳大利亚有植物1.2万种，有9000种是其他国家没有的；有鸟类650种，450种是澳大利亚特有的。澳大利亚农牧业发达，素有“骑在羊背上的国家”

之称。农牧业用地 4.4 亿公顷，占全国土地面积的 57%。澳大利亚是世界天然草原面积最大的国家，达 4.58 亿公顷，占澳大利亚国土总面积的 63%。

最早，澳大利亚是没有老鼠的，老鼠是人类引进的，当然不是故意引进的。对澳大利亚家鼠的 DNA 分析证实，它们起源于 3 个地区，英国西北部、英国南部和爱尔兰。老鼠是一种啮齿动物，但并不是人类引入澳大利亚的唯一一种啮齿动物。在此之前，另外一种啮齿动物——兔子，就在澳大利亚大量繁衍，造成了重大的环境灾难。兔子逃到野外以后大量繁殖，变成了澳大利亚野兔。1920 年，野兔覆盖了除湿热带地区以外的澳大利亚全境，高达 100 亿只。兔子过度掠食植物，在干旱期间，当食物不足时，兔子会挖出植物的根和块茎吃掉，从而导致本地植物大规模灭绝。这又导致了某些以本地植物为食的动物的衰落、灭绝。植被损失导致水土流失。暴露的土壤容易被风和雨水带走，土壤退化不适合新植物生长。被雨水冲走的土壤最终沉积在河流中，破坏了这些水道的水生生态系统。野兔威胁本土穴居动物，比如兔耳袋狸和穴居草原袋鼠。澳大利亚采用了各种方法，包括使用猎狗以及猎枪捕杀，但是都无法控制兔子的数量。后来在 50 年代不得不引入了一种兔黏液瘤病毒。对于一般的兔子而言，兔黏液瘤病毒是一种致命的病毒，一旦感染了以后必死。澳大利亚的兔子一度下降到 1 亿只左右。但是，只要样本足够多，小概率的事件就必然发生，在无数被感染野兔中，偶尔有一些兔子免疫了黏液瘤病毒。在缺天敌的情况下，野兔在澳大利亚的荒野愉快地繁殖。像老鼠、野兔这样的小型啮齿动物，是很多肉食动物的食物，如蛇、猫、黄鼠狼、狼、狐狸、鹰等等，都有助于控制啮齿类的数量。但是，在澳大利亚除了蛇以外，野兔和老鼠没有本土的天敌。

五、南非

南非全境大部分处副热带高压带，属热带草原气候。每年十月至次年二月是夏季，六至八月为冬季。德拉肯斯山脉阻挡印度洋的潮湿气流，因此愈向西愈干燥，大陆性气候愈显著。秋冬雨水缺乏，草原一片枯黄。降水主要集中在夏季，全年降水由东向西从 1000mm 降至 60mm。东部沿海年降水量 1200mm，夏季潮湿多雨，为亚热带季风气候。南部沿海及德拉肯斯山脉迎风坡能全年获得降水，湿度大，属海洋性气候。西南部厄加勒斯角一带，冬季吹西南风，带来 400～600mm 的雨量，占全年降水的 4/5，为地中海气候。全国平均年降水量为 464mm，远低于 857mm 的世界平均水平。

广阔的草原群落是南非变化最广泛的草原群落之一。南非的啮类动物有南非鼠兔（图 12-2），拥有兔子和老鼠的特征，在它的脸上，我们可以看到它的嘴角和眼角下垂，仿佛一直处于疲惫和困倦的状态。它们往往成群结队地生活，主要在傍晚和黎明的时候活动，而在其他时间，它们都躲在地下休息，偶尔也会出来晒太阳。

目前，对于在南非自由州草原上进行的小型哺乳动物调查，在秋季到初冬期间采样显然是最有成效的。在这些时期捕鼠成功率高，可能是因为小型哺乳动物的密度在繁殖季节结束时最高，而在草原群落中，则是在深秋。同样在这个时候，由于气温下降，粮食资源在减少，而能源需求却在增加。寒冷、干燥的冬季导致了小型哺乳动物数量突然大规模下降，从每年的初冬到仲冬。高的种群密度和食物资源的减少，可能会促使那些不太会使用陷阱的个体和物种来仿造陷阱。相反，春、夏两季的诱捕成功率较低，可能是由于种群数量仍然较低，而食物相对丰富，反映了植物生长在早春开始。

图 12-2　南非鼠兔

六、新西兰

新西兰草地面积为 1371.5 万公顷，主要是草丛草地，重要的植物有雪草、羊茅属、早熟禾属等。新西兰的啮齿动物有老鼠、负鼠、鼬鼠等，其防控措施有新的诱饵、针对性的毒药以及扰乱这些动物生殖的基因修饰。此外，新西兰科学家发现一种使啮齿动物产生恐惧感而致死的有强烈气味的化学药物，这种化学药物的气味会使啮齿动物产生错觉，误以为靠捕食它们为生的动物走近它们，会因恐惧而死。这种药物没毒，其作用是使啮齿动物达到紧张致死的程度。科学家虽没有看到因闻到这种药物的气味致死的动物，但把这种药物施放后，啮齿动物明显减少了。

第十三章

青海省草地有害生物普查技术方案

为查明青海省草地有害生物发生种类、面积、分布及危害程度，系统评估草地有害生物发生危害现状及未来发生趋势，科学区划并明晰青海省草原有害生物防控工作重点，为草地生态修复提供决策依据，根据《全国草原有害生物普查技术方案》，结合青海省实情，青海省草原总站制定了《青海省有害生物普查技术方案》。

第一节　普查的范围与依据

一、普查范围

《中华人民共和国草原法》所界定的全省范围内的草原，即天然草原（包括草地、草山和草坡）、人工草原（包括改良草原和退耕草原，不包含农业城镇用地）。

二、普查依据

（一）政策性文件

①《国家林业和草原局关于开展全国草原有害生物普查工作的通知》（办草字〔2020〕87号）。

②《青海省财政厅关于下达2021年第一批中央林业草原生态保护恢复资金（省级单位）

的通知》（青财资环字〔2020〕104 号）。

（二）规范性文件

①《草原鼠虫害、毒草调查技术规范》。
②《啮齿动物调查技术规范》。
③《草原昆虫调查技术规范》。
④《毒害草调查技术规范》。
⑤《啮齿动物标本制作规范》。
⑥《草原昆虫标本（样品）采集、制作及保存技术规范》。
⑦《毒害草标本采集、制作及保存技术规范》。
⑧《草原有害生物普查系统编码规范》。
⑨《草地分类》（NY/T 2997—2016）。

第二节　普查对象和内容

一、普查对象

危害草原植被及其产品并造成生态或经济损失的主要有害生物种类，包括小型哺乳动物、昆虫、毒害草等。其中，小型哺乳动物主要危害种类包括高原鼠兔、高原鼢鼠、根田鼠和青海田鼠等；昆虫主要危害种类包括鳞翅目（草原毛虫、马蔺夜蛾、古毒蛾、小地老虎）、鞘翅目（金龟子、条叶甲）、直翅目（草原蝗虫）等；毒害草主要危害种类包括狼毒、棘豆、黄帚橐吾、披针叶黄华、醉马草、露蕊乌头、高原毛茛、高山唐松草等。

二、普查内容

（一）草原有害生物种类（包括亚种和株系）

这次普查的主要对象是在全省草原上分布广、面积大、危害重的鼠虫和毒害草。同时，要查明外来有害入侵物种和历史上突发种类对草原造成严重损失的草原有害生物种类。各草原有害生物种类规范的中文名称和拉丁学名参照《中国动物志》《中国植物志》等。

（二）草原有害生物分布及面积

首先要查明主要危害种类草原有害生物在全省范围内的分布情况，其次要明晰各种类有害生物发生危害面积。

（三）草原有害生物密度及危害程度

测定分布区域内各类草原有害生物的种群密度，根据调查对象数量确定危害等级。

（四）入侵物种

对于从国（境）外传入的入侵种或省级行政区外传入的草原有害生物，调查其传入地、寄主植物、危害部位、分布范围、发现时间、传入途径、发生面积，以及对当地经济、生态、社会的影响等。

第三节　调查方法

一、基本思路

以第三次国土调查数据及各地草原有害生物历史数据为本底，基于草原有害生物普查信息管理系统及其手机端 APP（国家林草局统一提供），以人工地面调查为主要方式，全面系统获取草原有害生物的分布数据、标本、样品及相关资料。

二、基本方法

（一）踏查（分布与面积调查）

以草原有害生物分布为导向，通过有害生物的分布来追溯草原有害生物危害。通过路线踏查，明确草原有害生物总体分布区域及危害范围。

1. 踏查内容

以乡为单位进行面积调查，根据规划路线在鼠虫害、毒草分布区进行调查并实地勾图校正，每块发生危害区域至少到四面界线点现场确认打卡。个别地区因交通等原因不能深入现场，可访问勾图，但所勾面积误差不超过 20%。勾图时应标明单独发生区、混生区。根据图上所勾的界线量算面积，然后将各乡的面积相加，得出全县草原有害生物面积。凡单块发生面积在 1500 亩以上的，应在图上反映出来。

2. 踏查时间

草原害鼠：不同种类发生季节内调查 1 次；
草原害虫：7～9 月份调查 1～2 次；
草原毒草：不同种类发生季节内调查 1 次。

3. 踏查准备

① 踏查前，先邀请熟悉当地草原有害生物的干部、管护员以及农牧民群众进行座谈和查阅资料，初步掌握鼠虫害、毒害草分布情况。在了解过程中勾绘图斑，然后深入乡、村实地调查，对所勾的图进行校核修正。

② 准备好野外调查所需物品和设备。

4. 踏查路线设置

① 根据座谈会所勾绘有害生物分布图斑规划踏查路线，踏查路线应横穿全部分布区。同时要考虑受人为干扰严重、草原退化严重、生态环境状况不良的草原或历史上草原有害生物频发的草原。

② 每次踏查前均需规划踏查路线，路线要具有代表性，避免重复，可利用草原中现有的道路作为踏查路线。

③ 草原面积在 800 万亩以下的县级行政区，路线踏查面积不小于当地草原面积的 2.5%，草原面积大于 800 万亩的县级行政区，踏查路线面积不小于当地草原面积的 2%。

④ 县级草原有害生物防治部门通过草原有害生物普查信息管理系统，录入每条踏查路线属性信息。

5. 面积及分布区域调查方法

① 利用踏查点方式开展面积调查。踏查点是指实际踏查过程中，进行踏查数据上报的地点。同一踏查路线上的不同草原类均要至少设置一个踏查点。相邻的两个踏查点之间距离不超过 10km。

② 利用打卡点的方式开展分布调查。县级草原有害生物防治部门利用草原有害生物普查信息管理系统，将规划后路线上的必经点设置为打卡点，通过打卡点连接并设置踏查路线，打卡点连接后的模拟路线基本反映实际调查路线。

③ 每个打卡点踏查结果信息均通过草原有害生物普查信息管理系统上报。具体内容见《踏查记录表》。

6. 踏查强度

在草原有害生物发生季节内各种类踏查 1～2 次，可根据当地不同种类草原有害生物实际发生情况增加踏查频次。

（二）种类和密度调查

通过建立样地（即国家规定的标准地）的方式，进一步确定草原有害生物的种类、种群密度和危害程度；

踏查过程中发现草原有害生物发生危害，根据初步判断危害等级设立样地进行详细调查；

对于已知的草原有害生物重点发生区域需设立样地进行详细调查；

发现入侵种有害生物或本地区首次发现的有害生物种类时，需设立样地进行详细调查；

样地调查时要记录各分布区域所属流域、支流级别、流域组成、草场利用类别等。

1. 样地设置要求

① 满足样地设立条件的所有乡镇级行政区域均应设置样地，样地只设在有有害生物发生危害分布区域内，无发生分布区不设标准样地，各乡镇每种有害生物至少要设置 1 个样地。

② 样地累计面积根据乡镇面积大小设立，100.00 万亩以下的样地累计面积应不小于该乡镇草原面积的 0.3‰，101.00 万～300.00 万亩的样地累计面积应不小于该乡镇草原面积的 0.25‰，301.00 万亩以上的样地累计面积应不小于该乡镇草原面积的 0.2‰。其中草原虫害样地设置面积为 $0.5hm^2$，毒害草样地设置面积为 $0.5hm^2$，地下鼠调查样地设置面积为 $5hm^2$，地面鼠调查样地面积为 $10hm^2$。

③ 每个样地信息填入《样地信息登记表》。

2. 样地取样方法

采用对角线取样法、样线法、Z 字形等。

3. 害鼠调查

具体参照《啮齿动物调查技术规范》。

① 地面害鼠调查。青海省草原地面害鼠主要是高原鼠兔、根田鼠和高原田鼠等。

种群密度调查：每个样地内按对角线取样法取样方 5 个，样方面积 $0.25hm^2$，利用堵洞开洞法计算有效洞口数和害鼠密度，调查结果通过草原有害生物普查信息系统上报。

洞口系数调查：以县为单位，按不同草地类型在地面鼠高、中、低密度区各取至少 3 个样地，每个样地内取样方 3 个，每个样方面积 $0.25hm^2$，用堵洞开洞法，调查有效洞口数，用捕净法在有效洞口内置夹，直到捕净为止（连捕 3 日），计算洞口系数。洞口系数计算公式：

$$有效洞口系数 = 捕获鼠总数 / 有效洞口数$$

害鼠种类调查：地面鼠种类主要调查高原鼠兔、根田鼠和高原田鼠，样地内置夹捕捉害鼠进行种类鉴定（每个样方外置夹 100 个，采用夹日法确定种类）或计算害鼠种类比例。

以上调查在 4、9 月份危害期内进行 1 次，可同踏查同时进行。

危害程度调查：地面害鼠对草原的危害取决于两个因素，一是啃食牧草造成的牧草损失，二是挖掘活动所造成的破坏。

a. 食量：高原鼠兔日食鲜草按 66g 计算，田鼠日食鲜草按 38g 计算。全年危害期高原鼠兔按 365 天计算，田鼠按 180 天计算，其他地面害鼠食量计算参考有关文献。

b. 破坏率调查：以县为单位，在地面鼠高、中、低密度区各取 3 个样地，每个样地内取样方 3 个，采用样线法调查高原鼠兔挖掘造成的损失，用长 15～30m 的测绳，拉成直线放在地上，重复三次，每次间隔 50m，登记样线所接触到的土丘、洞口、裸地、塌洞和镶嵌体等的长度，记载每一个项目所截样线的长度（L）。

$$破坏率（\%）= 各项所截长度的总和 / 区段长度 \times 100\%$$

备注：破坏率调查与洞口系数调查同时开展。

② 地下害鼠调查。青海省草原地下害鼠主要是高原鼢鼠、甘肃鼢鼠，各县可依据样地设置情况，合理设置样方，捕捉鼢鼠时用弓箭法。

种群密度调查：地下鼠种类主要调查高原鼢鼠和甘肃鼢鼠，每个样地内按对角线取样法取样方 5 个，样方面积 $0.25hm^2$，利用新鲜土丘法计算害鼠密度，调查结果通过草原有害生物普查信息系统上报。

确定新土丘系数：以县为单位，按不同草地类型在地下鼠高、中、低密度区各取至少 3 个样地，每个样地内取样方 3 个，每个样方面积 0.25hm^2，用捕净法查明样方内地下鼠数量，计算新土丘系数。计算公式如下：

$$新土丘系数 = 捕获总数 / 新鲜土丘数$$

害鼠种类调查：样地内布设弓箭捕捉害鼠进行种类鉴定（每个样方布设弓箭 60 个，用一个工作日内捕捉害鼠确定种类）或计算害鼠种类比例。

以上调查在 4、9 月份危害期内进行 1 次，可同踏查同时进行。

危害程度调查：地下害鼠对草原的危害取决于两个因素，一是啃食牧草根部造成的牧草减产损失，二是挖掘活动推出地面土丘覆盖植被所造成的破坏。

a. 食量：高原鼢鼠日食鲜草按 264g 计算，全年危害期按 180 天计算，其他地下害鼠食量计算参考有关文献。

b. 挖掘活动：同地面鼠。

4. 草原有害昆虫调查

具体参照《草原昆虫调查技术规范》。

① 地面有害昆虫调查。青海省地面有害昆虫主要是青海草原毛虫、马蔺夜蛾等。

种群密度和害虫种类调查：调查每个样方内草原毛虫种类、种群密度（头 /m^2）、寄主植物、草原种类，采集昆虫现场影像照片，计算并统计每块样地内同一种类种群密度。采用 Z 形或棋盘取样法，每块样地面积 0.5hm^2，样地内取样方数量 10 个，每个样方面积 1m^2。6～8 月调查 1～2 次，调查结果通过草原有害生物普查信息系统上报。

危害程度调查：草原毛虫危害造成的损失主要为啃食牧草降低牧草产量，危害期按 60 天计算，采食量为 0.0153g/（头・d）。

② 低空飞行有害昆虫。青海省低空飞行有害昆虫主要是草原蝗虫。

害虫种类调查：采用网捕法，在样地外设置不少于 5 条样线，沿着样线以大约为 0.5m/s 的速度行走，左右挥动 180° 为一复网，每 10 复网为一组，每个样线取 5 组数据，统计每组复网内所有虫害种类。

种群密度调查：采用样方法，调查每个样方内草原蝗虫种类、种群密度（头 /m^2）、寄主植物、草原种类，采集昆虫现场影像照片，计算并统计每块样地内同一种类种群密度。采用 Z 形取样法，每块样地面积 0.5hm^2，样地内取样方数量 10 个，每个样方面积 1m^2。6～9 月调查 1～2 次，通过草原有害生物普查信息系统上报。

危害程度调查：草原蝗虫危害造成的损失主要为啃食牧草降低牧草产量，危害期按 90 天计算，采食量为 0.065g/（头・d）。

③ 地下有害昆虫调查。采用深土层陷阱收集器法。每块样地面积 0.5hm^2 左右，采用 Z 形取样法，每块样地取样 5 个，每个样方 20cm×20cm×20cm，利用铁锹挖出过筛后统计害虫数量。详细记录昆虫种类、种群数量、寄主植物、草原类，采集昆虫现场影像照片，通过草原有害生物普查信息系统上报。

④ 其他有害昆虫调查。一般采用样方法或株丛法。每块样地面积 0.5hm^2 左右，采用 Z 形取样法，每块样地取样方 10 个或 10 株丛，统计样方内或株丛上的所有昆虫种类、种群密

度（头 / 株、头 / 株丛、头 /m^2）、寄主植物、草原种类，采集昆虫现场影像照片，5～9 月发生危害期内调查 1～2 次，计算并统计每块样地内同一种类平均种群密度和发生面积，通过草原有害生物普查信息系统上报。

⑤ 辅助调查。该调查方法不能取代样地调查，可作为踏查的补充以及采集昆虫标本的手段之一。

a. 诱虫灯调查。诱虫灯的布设、开灯时间以及诱捕时段和昆虫收集等具体方法可参照产品使用说明书。记录诱捕到的昆虫种类、数量、地点等信息，采集现场影像照片，将诱捕结果填入《诱虫灯（引诱剂）调查记录表》，通过草原有害生物普查信息系统上报。

b. 引诱剂调查。根据引诱剂有效距离合理挂放诱捕器（诱捕剂），并在引诱剂的有效期内进行诱捕昆虫数量调查。具体使用方法可参照产品使用说明书。记录诱捕到的昆虫种类、数量、地点等信息，采集现场影像照片，将诱捕结果填入《诱虫灯（引诱剂）调查记录表》，通过草原有害生物普查信息系统上报。

c. 黄板（黄盘）诱集法。根据黄板（黄盘）诱集器使用说明书要求，合理布设并统计诱集结果，记录诱集到的昆虫种类、数量、地点等信息，采集现场影像照片，将诱集结果填入《黄板（黄盘）诱集记录表》，通过草原有害生物普查信息系统上报。

d. 马氏网。马氏网具体布设及使用方法参照产品使用说明书。记录收集到的昆虫种类、数量、地点等信息，采集现场影像照片，将收集结果填入《马氏网收集记录表》，通过草原有害生物普查信息系统上报。

5. 毒害草调查

具体参照《毒害草调查技术规范》。

危害种类和密度调查：采用样方法进行调查。每块样地面积 0.5hm^2，每块样地内设置不少于 5 个样方，每个草本样方面积为 4m^2 或 1m^2（具体大小按植物种类分），每个灌木样方 25m^2。发生危害期内调查 1～2 次（盛花期），记录调查样方中的毒害草种类、种群密度、盖度，采集影像照片，计算并统计每块样地内同一种类平均种群密度、盖度，通过草原有害生物普查信息系统上报。

危害程度调查：毒害草危害程度可从以下两方面来衡量。

（1）优良牧草产量减少

测定牧草产量的方法：以县为单位在毒害草连片发生区，每种在轻、中、重度危害区各布 3 个样，样方面积为 1m^2。将样方内的草剪下将毒害草分出来，分别称重，计算占样方内产草量的比例，用毒害草重量所占百分率表示危害程度。

轻度危害：毒害草占产草量的 5%～10%；

中度危害：毒害草占产草量的 10%～20%；

重度危害：毒害草占产草量的 20% 以上。

（2）家畜中毒死亡情况

用调查访问的形式，在一个地区家畜确因采食毒草后而引起中毒或死亡，用具体事例在文字报告中详细叙述时间、地点、牧民姓名、家畜种类、采食毒草种类、采食数量、潜伏期、中毒症状、急救措施、死亡数量及解剖症状。

6. 病害调查

因青海省地处高海拔地区，紫外线强、气温低，牧草病害基本不造成危害，故在此次普查中不列为调查对象。若部分地区需要开展病害普查，可根据全国草原有害生物普查工作技术方案的有关要求自主实施。

7. 入侵物种调查

在普查过程中对照外来入侵物种跨行业部门影响归类目录，发现有入侵物种的，及时记录和重点调查，调查方法同各种类有害生物调查流程。同时，对历年突发过灾害的有害生物重点关注调查。

8. 危害等级划分

各有害生物危害等级划分按青海省相关标准暂定，待国家统一标准后再定。

第四节 标本采集和影像拍摄

一、标本采集总体要求

① 州、县两级草原技术部门只存储电子标本，对实物标本库不做具体要求，但按要求对每一种有害生物采集一定数量标本制作后，统一送往省级草原技术推广部门；

② 调查发现的所有草原有害生物种类均要采集标本；

③ 对新发现的草原有害生物标本，要按照各种类标本采集要求采集存好，为后续分子生物学鉴定做好储备；

④ 对于不能现场鉴定的有害生物种类，要按照各种类标本采集制作有关要求，记录采集信息，送至省级草原技术推广部门。

二、小型哺乳动物标本采集

小型哺乳动物标本采集要严格按照有关要求进行。小型哺乳动物标本分为生态标本和组织标本两类。地上小型哺乳动物采集采用夹捕法捕获标本，地下小型哺乳动物采集采用弓箭法或活捕笼法捕获标本，标本必须为成体害鼠。各地标本采集以州为单位，采集后 2 天内送至省级技术推广部门，每种小型哺乳动物雄雌种类至少采集 10 号。

三、昆虫标本采集

调查发现的各类昆虫均要采集标本。将所有采集到的昆虫标本制作后送至省级技术推广部门。各地标本采集以州为单位，采集雌成虫、雄成虫等，每种昆虫至少分别采集20号。

四、毒害草标本采集

调查发现的各类毒害草均要采集标本。每种毒害草完整植株（包括根、茎、叶、花、果实和种子）标本数不少于5份。将所有采集到的毒害草标本，铺展放入存储器标本夹中，粘贴标本标签后，返回实验室制作标本。不确定的植物，需要再采植物的叶片，用于分子鉴定。各地标本采集以州为单位，送至省草原总站，每种毒害草标本在盛花期或孕穗期至少采集5号。

五、标本采集记录与编号

省、市（州）级技术推广部门负责标签和编码的统一制作，对县级部门不做具体要求，只需将基本情况记录清楚即可。标本采集记录和编号原则如下：

① 标本采集记录采用统一格式标签，由采集人员填写，标签内容包括编号、采集时间、采集地点、寄主植物名称、经纬度信息、海拔、草原种类、采集人姓名等，将填写好的标签系在对应的标本上，同时在记录表上登记。

② 标本编号为15位数，具体操作规范见《草原有害生物普查信息编码规范》。第1位是标本编码前缀“S”，用以区分标本编码与其他编码；第2位是有害生物类别码；第3～8位是所在县级行政区划代码；第9～11位是所在乡镇行政区代码；第12～13位是标本采集样地流水编号；最后2位数是标本的流水编号。

③ 标本编号也可通过草原有害生物普查系统自动生成电子标本标签，通过选择样地及标本类别，可自动生成电子标本标签，现场通过手持二维码打印机直接打印不干胶标本标签，并贴签到对应的标本储存容器上。

④ 同一采集时间、地点、寄主植物、采集人姓名，采集同一种有害生物，不论数量多少，均使用同一编号。

六、影像拍摄

现场调查时，可利用普查APP内置的图片采集功能进行影像采集和上传，手机拍摄的影像资料可作为工作过程证明材料和有害生物鉴定参考材料。如手机拍摄的影像在分辨率和清晰度等方面可能不满足鉴定需要，鉴定所需的影像资料要用高清数码相机（或单反相机）和数码摄像机拍摄。数码相机应具备微距功能，照片统一采用JPG格式，像素在1000万以上；数码摄像机统一采用PAL制式。影像作品要特征突出、图像清晰、色彩正确。现场拍摄采集影像时，需同时拍摄踏查点或样方编号记录卡信息，便于进行影像资料整理。

第五节　图件勾绘与内业整理

一、图件勾绘

由国家林业和草原局统一配发的普查 APP 勾绘图件。

二、内业整理

（一）标本整理

各县采集到的标本，制作后统一送至市（州）林草站（啮齿动物只送活体标本，由省级部门统一制作），市（州）林草站整理后统一送至省级草原技术推广部门。

（二）影像整理

1. 影像资料命名

对野外拍摄的影像资料按有害生物种类进行整理，每种类单独建立文件夹（若为虫害，文件夹内再区分雌成虫、雄成虫、幼虫、蛹、卵、危害特征等文件夹进行归类）。影像资料命名规则为：踏查点编号 / 调查样地编号 + 有害生物名称 + 图片序号，每种类影像资料名称要严格按照命名规则进行命名。

2. 影像资料保存与上传

命名后的影像资料，按照调查日期或其他排列方式存储在电脑中，通过草原有害生物普查系统后台“影像资料提交模块”进行批量上传。

（三）数据报送与审核

县级草原有害生物防治机构以乡镇行政区为单位统计汇总普查数据，并通过草原有害生物普查系统上报，内容包括路线踏查记录、样地调查记录、标本采集及鉴定记录、影像资料等。普查数据采取逐级上报和审核方式，县级逐级上报至省级，省级审核汇总后上报至国家审核。审核内容包括任务审核和数据审核两部分。

1. 任务审核

通过草原有害生物普查信息系统进行任务的逐级审核。县级草原有害生物防治机构对已执行的普查任务进行审核，包括踏查路线完成率、标准样地调查任务完成率、标本采集任务完成率等。对符合要求的普查任务点击“审核通过”。州级对县级任务的100%进行审核，省级对州级任务的100%进行审核，专家组对整体任务抽查审核30%。

2. 数据审核

国家和省级普查专家组对所有县级行政区普查数据进行逐一审核，主要审核样地设置的规范性、调查方法的标准性、调查数据和结果记录的准确性以及现场影像照片是否符合规定要求，符合要求的点击“审核通过”，不符合要求的点击“审核不通过”并给出修改意见。

第六节　普查材料报送

一、报送方式

实行逐级上报，由县级上报市（州）级，市（州）上报至省级。

二、报送内容

① 标本、影像资料。所有的有害生物标本按上述要求数量报送至省级技术推广部门，影像资料一套按县为单位上报。

② 普查汇总结果。所有汇总结果均通过草原有害生物普查系统及其APP上报，各地形成标准规范的草原有害生物普查报告。

③ 工作总结和技术报告。工作总结主要内容包括普查的组织形式、完成情况、保障措施、主要做法、问题和建议等；技术报告主要内容包括各地的草原资源概况（使用国土三调数据）、普查范围与对象、普查技术方法（新技术应用情况）、普查结果以及重要发现，对重要的普查种类进行风险性分析和评估，并对存在问题进行分析讨论等。

参考文献

Arthur A D，Pech R P，Jiebu Z Y，et al，2007. Grassland degradation on the Tibetan Plateau：the role of small mammals and methods of control [J]. Australian Center for International Agricultural Research Technical Reports，67：35.

Batabyal A A，1998. An optimal stopping approach to the conservation of biodiversity [J]. Ecol Mod，105：293-298.

Bernor R L，TOBIEN H，HAYEK L A C，et al，1997. Hippotherium primigenium（Equidae，Mammalia）from the Late Miocene of Höwenegg（Hegao，Germany）[J]. Andrias，10：1-230.

Boitani L，Fuller T K，2000. Research techniques in animal ecology[M]. New York：Columbia University Press.

Boyce M S，McDonald L L，1999. Relating populations to habitats using resource selection functions [J]. Trends in Ecology and Evolution，14：268-272.

Boyce M S，McDonald L L，Manly B F J，1999. Reply from M. S. Boyce，L. L. McDonald and B. F. J. Manly [J]. Trends in Ecology and Evolution，14：490.

Boyce M S，Vernier P R，Nielsen S E，et al，2002. Evaluating resource selection functions [J]. Ecological Modelling，157：281–300.

Brady M J，Slade N A，2001. Diversity of grassland rodent community at various temporal scales：the role of ecologically dominant species [J]. J. Mamm，82（4）：974-983.

Cease A J，Elser J J，Ford C F，et al，2012. Heavy livestock grazing promotes locust outbreaks by lowering plant nitrogen content [J]. Science，335（6067）：467-469.

Chamberlain D E，Cannon A R，Toms M P，Leech D I，Hatchwell B J，Gaston K J，2009. Avian productivity in urban landscapes：A review and meta-analysis [J]. Ibis，151：1–18.

Cheng J M，Wu G L，ZHAO L P，et al，2018. Cumulative effects of 20 year exclusion of livestock grazing on above and belowground biomass of typical steppe communities in arid areas of the Loess Plateau，China[J]. Plant Soil and Environment，57（1）：40-44.

Coleman M，Hodges K，1995. Evidence for Tibetan Plateau uplift before 14 Myr ago from a new minimum estimate for east-west extension [J]. Nature，374：49-52.

Deng T，Li Q，Tseng Z J，et al，2012. Locomotive implication of a Pliocene three-toed horse skeleton from Tibet and its paleo-altimetry significance [J]. Proceedings of the National Academy of Sciences of the United States of America，109：7374-7378.

Deng T，Li Y M，2005. Vegetational ecotype of the Gyirong Basin in Tibet，China and its response in stable carbon isotopes of mammal tooth enamel [J]. Chinese Science Bulletin，50：1225-1229.

Deng T，Wang S Q，Xie G P，et al，2012. A mammalian fossil from the Dingqing formation in the Lunpola Basin，northern Tibet and its relevance to age and paleo-altimetry [J]. Chinese Science Bulletin，57：261-269.

Deng T，Wang X M，Fortelius M，et al，2011. Out of Tibet：Pliocene woolly rhino suggests high-plateau origin of Ice Age megaherbivores [J]. Science，333：1285-1288.

Deng T，2006. Chinese Neogene mammal biochronology [J]. Vertebrata Pal Asiatica，44：143-163.

Dixon A P，Faberlangendoen D，Josse C，et al，2014. Distribution mapping of world grassland types[J]. Journal of BiogeograpHy，41（11）：2003-2019.

Feng Z J，Cai G Q，Zheng C L，1986. The Mammals of Xizang. Sciencef oxes [J]. Acta Theriologica Sinica，15：267-272.

Flannigan G，Stookey J M，2002. Day-time time budgets of pregnant mares housed in tie stalls：a comparison of draft versus light mares[J]. Applied Animal Behaviour Science，78（2/3/4）：125-143.

Freench N R，Maza B G，Hill H O，et al，1974. A population study of irradiated desert rodent [J]. Ecological Monographs，44：45-72.

Gauch H G，1982. Multivariate Analysis in Community Ecology [M]. London：Cambridge University Press.

Gu W，Swihart R K，2004. Absent or undetected? Effects of non-detection of species occurrence on wildlife–habitat models [J]. Biological Conservation，116，195-203.

Guo Z G，Li X F，Liu X Y，et al，2012. Response of alpine meadow communities to burrow density changes of plateau pika（Ochotona curzoniae）in the Qinghai-Tibet Plateau[J]. Acta Ecologica Sinica，32（1）：44-49.

Hang-Kwang L，Pimm S T，1993. The assembly of ecological communities：a minimalist approach [J]. J. of Ani. Eco.，62：749-765.

James F C，McCulloch C E，1990. Multivariate analysis in ecology and systematics：Panacea or Pandora's box？[J] Annual Review of Ecology and Systematics，21，129-166.

Jiang Z，Xia W，1987. The niches of yaks，Tibetan sheep and plateau pikas in the alpine meadow ecosystem[J]. Acta Biol Plat Sin，6：115-146.

Jin L，Zhang G Q，Wang X J，Dou C Y，Chen M，Lin S S，Li Y Y，2011. Arbuscular mycorrhiza regulate inter-specific competition between a poisonous plant，Ligularia virgaurea，and a co-existinggrazing grass，Elymus nutans，in Tibetan Plateau Alpine meadow ecosystem [J]. Symbiosis，55（1）：29-38.

Kahlke R D，Lacombat F，2008. The earliest immigration of woolly rhinoceros（Coelodonta tologoijensis，Rhinocerotidae，Mammalia）into Europe and its adaptive evolution in Palaearctic cold stage mammal faunas [J]. Quaternary Science Reviews，27：1951-1961.

Kelt D A，Brown J H，et al，1996. Community structure of desert small mammals：comparisons across four continents [J]. Ecology，77（3）：746-761.

Koopman M E，Scrivner J H，Kato T T，1998. Patterns of den use by San Joaquin kit foxes [J]. Journal of Wildlife Management，62：373–379.

Lennon J J，1999. Resource selection functions：taking space seriously？[J]. Trends in Ecology and Evolution，**14**：399–400.

Lewis R E，1971. Descriptions of new fleas from Nepal，with notes on the genus Callopsylla Wagner，1934（SipHonaptera：CeratopHyllidae）[J]. The Journal of parasitology：761-771.

Li X H，Ma Z J，Li D M Ding C Q，Zhai T Q，Lu B Z，2001. Using resource selection functions to study nest site selection of crested ibis [J]. Biodiversity Science，9：352-358.

Liang Q，Thomson A J，1994. Habitat abundance relationships of the earthworm *Eisenia* rosea（Savigny）（Lumbricidae），using principal component regression analysis [J]. Canadian Journal of Zoology，72：1354-1361.

Lu Q B，Wang X M，Hu J C，Wang Z H，2005. Characteristics of summer Tibetan gazelle's distribution and habitat in Shiqu county of Sichuan Province [J]. Acta Theriologica Sinica，25：91-96.

Mackinnon J L，et al，2001. Scale invariant spatio-temoral patterns of field vole density [J]. J. of Ani. Eco.，70：101-111.

McIntire E J B，Hik D S，2005. Influences of chronic and current season grazing by cllared pikas on above-ground biomass and species richness in subarctic alpine meadows [J]. Oecologia，145：288-297.

Moreno J，Martínez J，Corral C，Lobato E，Merino S，Morales J，la Puente J M，Tomás G，2008. Nest construction rate and stress in female pied flycatchers Ficedula hypoleuca [J]. Acta Ornithologica，43：57-64.

Mysterud A，Ims R A，1999. Relating populations to habitats[J]. Trends in Ecology and Evolution，14，489-490.

Piao R Z，1989. Surveying the abundance of Tibetan sand fox in Tibet [J]. Chinese Wildlife，52：22-26.

Piao S L，Tan K，Nan H J，et al，2012. Impacts of climate and CO_2 changes on the vegetation growth and carbon balance of Qinghai-Tibetan grasslands over the past five decades[J]. Global and Planetary Change，98（6）：73-80.

Qiu Z X，Wang B Y，Qiu Z D，et al，2001. Land mammal geochronology and magnetostratigrapHy of mid-Tertiary deposits in the Lanzhou Basin，Gansu Province，China [J]. Ecolgae Geologicae Helvetiae，94：373-385.

Railsback S E，Stauffer H B，Harvey B，2003. What can habitat preference models tell us? Tests using a virtual trout population [J]. Ecological Applications，13：1580-1594.

Robinowitz A（translated by Zhao Q K，Zhu J G，Long Y C），1995. Wildlife field research and conservation training manual[M]. Beijing：China Science and Technology Press.

Rosenzweig M L，Winaker J，1969. Population ecology of desert rodent communities：habitats and environmental complexity[J]. Ecology，50：558-572.

Rosenzweig M L，1992. Species diversity gradients：we know more and less than we thought [J]. J. Mamm.，73（4）：715-730.

Rowley D B，Currie B S，2006. Palaeo-altimetry of the Late Eocene to Miocene Lunpola Basin，central Tibet [J]. Nature，439：677-681.

Saylor J E，Quade J，Dettman D L，et al，2009. The Late Miocene through the present paleoelevation history of southwestern Tibet [J]. American Journal of Science，309：1-42.

Schaller，G B，1998. Wildlife of the Tibetan steppe[D]. Chicago：University of Chicago Press.

Schooley R L，1994. Annual variation in habitat selection：patterns concealed by pooled data[J]. Journal of Wildlife Management，58：367-374.

Shen M G，Tang Y H，Klein J A，et al，2008. Estimation of aboveground biomass using in situ hyperspectral measurements in five major grassland ecosystems on the Tibetan Plateau[J]. Journal of Plant Ecology，1（1）：247-257.

Sun F D，Guo Z G，Shang Z H，Long R J，2010. Effects of density of burrowing plateau pikas（Ochotona curzoniae）on soil physical and chemical properties of alpine meadow soil[J]. Acta Pedologica Sinica，47（2）：378-383.

Sun J，Qin X，2016. Precipitation and temperature regulate the seasonal changes of NDVI across the Tibetan Plateau[J]. Environmental Earth Sciences，75（4）：291-299.

Tane H，2011. The Yellow River watershed in Qinghai's Sanjiangyuan region[J]. Wetland Types and

Evolution and Rehabilitation in the Sanjiangyuan Region：92-110.

Turelli P，Doucas V，Craig E，et al，2001. Cytoplasmic recruitment of INI1 and PML on incoming HIV preintegration complexes：interference with early steps of viral replication [J]. Molecular Cell，7（6）：1245-1254.

Uraguchi K，Takahashi K，1998. Den site selection and utilization by the red fox in Hokkaido，Japan [J]. Mammal Study，23：31-40.

Wang M T，Lu N N，Zhao Z G，2009. Effects of temperature and storage length on seed germination and the effects of light conditions on seedling establishment with respect to seed size in Ligularia virgaurea [J]. Plant Species Biology，24（2）：120-126.

Wang Y，Deng T，Biasatti D，2006. Ancient diets indicate significant uplift of southern Tibet after ca. 7 Ma [J]. Geology，34：309-312.

Wang Y，Wesche K，2016. Vegetation and soil responses to livestock grazing in Central Asian grasslands：a review of Chinese literature[J]. Biodiversity and Conservation，25（12）：2401-2420.

Wang Z H，Wang X M，2006. Ecological characteristics of Tibetan fox dens in Shiqu county，Sichuan Province，China [J]. Zoological Research，27：18-22.

Wang Z H，Wang X M，Wu W，Giraudoux P，Qiu J M，Takahashi K，Craig PS，2003. Characteristics of the summer Tibetan fox（Vulpes ferrilata）den habitats in Shiqu County，western Sichuan Province [J]. Acta Theriologica Sinica，23：31-38.

Wang Z H，Wang X M，Lu Q B，2004. Observation on the daytime behaviour of Tibetan fox（Vulpes ferrilata）in Shiqu county，Sichuan Province，China[J]. Acta Theriologica Sinica，24：357-360.

Wischnewski J，Kramer A，Kong Z，at al，2011. Terrestrial and aquatic responses to climate change and human impact on the southeastern Tibetan Plateau during the past two centuries [J]. Global Change Biology，17（11）：3376-3391.

Xu H F，Zhang E D，1998. Wildlife conservation and management principles and techniques [M]. Shanghai：East China Normal University Press.

Yao T，Liu X，Wang N，et al，2000. Amplitude of climatic changes in Qinghai -Tibetan Plateau [J]. Chinese Science Bulletin，45 ：1236 -1243.

Yu C，Pang X，Wang Q，et al，2017. Soil nutrient changes induced by the presence and intensity of plateau pika（ Ochotona curzoniae ）disturbances in the Qinghai-Tibet Plateau，China[J]. Ecological Engineering，106：1-9.

Yu G，Boone T. Delaney J，et al，2000. APRIL and TALL-I and receptors BCMA and TACI：system for regulating humoral immunity [J]. Nature Immunology，1（3）：252-256.

Yu N，Zheng C，Zhang Y P，et al，2000. Molecular systematics of pikas（genus Ochotona）inferred from mitochondrial DNA sequences[J]. Molecular pHylogenetics & Evolution，16（1）：85-95.

Yue L P，Deng T，Zhang R，et al，2004. Paleomagnetic chronology and record of Himalayana movements in the Longgugou section of Gyirong-Oma Basin in Xizang（Tibet）[J]. Chinese Journal of GeopHysics，47：1135-1142.

阿德克·乌拉孜汉，2011. 新疆阿勒泰地区主要草地害鼠的危害及防治 [J]. 新疆畜牧业，（04）：58-61.

鲍根生，王宏生，曾辉，等，2016. 不同形成时间高原鼢鼠鼠丘土壤养分分配规律 [J]. 生态学报，36（7）：1824-1831.

边疆晖，樊乃昌，景增春，等，1994. 高寒草甸地区小哺乳动物群落与植物群落演替关系的研究 [J]. 兽类学报（03）：209-216.
边疆晖，樊乃昌，1997. 捕食风险与动物行为及其决策的关系 [J]. 生态学杂志（01）：35-40.
边疆晖，景增春，樊乃昌，等，1999. 地表覆盖物对高原鼠兔栖息地利用的影响 [J]. 兽类学报（03）：52-60.
边疆晖，景增春，刘季科，2001. 相关风险因子对高原鼠兔摄食行为的影响 [J]. 兽类学报，21（3）：187-194.
卜书海，郑雪莉，张宏利，等，2008. 牛膝总皂甙对早孕小白鼠的繁殖毒性 [J]. 四川农林科技大学学报（自然科学版），36（10）：34-38.
曹建廷，秦大河，罗勇，等，2007. 长江源区 1956—2000 年径流量变化分析 [J]. 水科学进展，18（1）：29-33.
陈怀斌，贺国宝，杜雪刚，2008. 肃南县草地退化与治理措施 [J]. 青海草业，17（001）：29-31，36.
楚彬，包达尔罕，张飞宇，等，2020. 青藏高原东缘高原鼢鼠分布区的环境因子特征研究 [J]. 草原与草坪，40（05）：52-58.
崔庆虎，蒋志刚，连新明，等，2005. 根田鼠栖息地选择的影响因素 [J]. 兽类学报，25（1）：45-51.
邓涛，2004. 临夏盆地晚新生代哺乳动物群演替与青藏高原隆升背景 [J]. 第四纪研究，24：413-420.
邓涛，2013. 青藏高原隆升与哺乳动物演化 [J]. 自然杂志，35（03）：193-199.
杜继曾，李庆芬，1982. 模拟高原低氧对高原鼠兔和大鼠器官与血液若干指标的影响 [J]. 兽类学报，2（1）：35-42.
樊乃昌，张道川，1996. 高原鼠兔与达乌尔鼠兔的摄食行为及对栖息地适应性的研究 [J]. 兽类学报（01）：48-53.
冯松，汤懋苍，王冬梅，1998. 青藏高原是我国气候变化启动区的新证据 [J]. 科学通报，43（6）：633-636.
冯祚建，郑昌琳，1985. 我国休闲农业中植物休闲活动研究 [J]. 兽类学报，5（4）：31-51.
郭文涛，加洛，陶元清，等，2022. 喜马拉雅旱獭洞穴结构与功能观察分析 [J]. 医学动物防制，38（04）：316-319.
郭新磊，宜树华，秦彧，等，2017. 基于无人机的青藏高原鼠兔潜在栖息地环境初步研究 [J]. 草业科学，34（6）：1306-1313.
何航，2020. 黄河流域上中游植被覆盖变化及驱动因素研究 [D]. 西安：西北师范大学 .
侯扶江，杨中艺，2006. 放牧对草地的作用 [J]. 生态学报，26（1）：244-264.
花立民，蔡新成，2021. 高原鼢鼠（*Eospalax baileyi*）的生态学研究进展 [J]. 甘肃农业大学学报，56（02）：1-10，17.
计宏祥，徐钦琦，黄万波，1980. 西藏吉隆沃马公社三趾马动物群 [M]. 北京：科学出版社：18-32.
贾婷婷，毛亮，郭正刚，2014. 高原鼠兔有效洞穴密度对青藏高原高寒草甸群落植物生态位的影响 [J]. 生态学报，34（4）：869-877.
江小雷，张卫国，杨振宇，等，2004. 不同演替阶段鼢鼠土丘群落植物多样性变化研究 [J]. 应用生态学报，15（5）：814-818.
蒋翔，马建霞，2021. 我国草地生态恢复对不同因素响应的 Meta 分析 [J]. 草业学报，30（02）：14-31.
蒋志刚，夏武平，1985. 高原鼠兔食物资源利用的研究 [J]. 兽类学报（04）：13-24.
兰玉蓉，2004. 青藏高原高寒草甸草地退化现状及治理对策 [J]. 青海草业（1）：27-30.
李宝海，杰布，李顺凯，等，2007. 藏北高原主要草地类型鼠害调查报告 [J]. 西藏科技（3）：29-30.
李迪强，林英华，陆军，2002. 尤溪县生物多样性保护优先地区分析 [J]. 生态学报，22（8）：8.
李宏荣，2020. 青海省防沙治沙的发展研究 [J]. 经济师，374（4）：158-159，161.

李积兰，李希来，唐燕，等，2009. 三江源头“黑土滩”草地分布现状及退化特征研究 [J]. 草业与畜牧，2：6-13.
李苗，马玉寿，李世雄，等，2015. 黑河上游黑土滩退化草地植被恢复试验研究 [J]. 青海畜牧兽医杂志，45（06）：7-10.
李图南，罗丹，2020. 基于 DEM 的陕北黄土高原地貌形态特征研究 [J]. 西部大开发：土地开发工程研究，（4）：13-17.
李文靖，张堰铭，2006. 高原鼠兔对高寒草甸土壤有机质及湿度的作用 [J]. 兽类学报，26（4）：331-337 .
李希来，黄葆宁，1995. 青海黑土滩草地成因及治理途径 [J]. 中国草地，4：64-67.
李欣海，马志军，李典谟，等，2001. 应用资源选择函数研究朱鹮的巢址选择 [J]. 生物多样性（04）：352-358.
李叶，王振宇，张翔，等，2014. 阿尔金山自然保护区高原鼠兔夏季微生境选择的主导因子分析 [J]. 中国媒介生物学及控制杂志，25（1）：28-31.
林恭华，曹伊凡，苏建平，2007. 高原鼢鼠四肢骨的进化适应性分析 [J]. 动物学杂志（05）：8-13.
林慧龙，侯扶江，任继周，2008. 放牧家畜的践踏强度指标探讨 [J]. 草业学报，17（1）：85-92.
刘翠霞，苏建平，张同作，等，2013. 青藏高原的地理屏障在高原鼠兔种群分化中的作用 [J]. 四川动物，32（5）：651-657.
刘菊梅，司万童，2012. 高原鼠兔种群密度与草场植被群落结构的相关性 [M]. 南方农业学报，43（12）：2083-2086.
刘荣堂，黄淑娟，李海霞，2000. 改造鼠荒地，改善草原生态环境 [J]. 草原与草坪（4）：15-19.
刘书润，1979. 内蒙古锡林郭勒地区布氏田鼠与草原植被相互关系的初步研究 [J]. 中国草原（02）：26-31.
刘双双，2018. 家畜与高原鼢鼠对高寒草甸植物多样性和生产力的影响 [D]. 兰州：兰州大学 .
刘伟，王启基，王溪，等，1999. 高寒草甸“黑土型”退化草地的成因及生态过程 [J]. 草地学报，7（4）：300-307.
刘伟，王溪，周立，周华坤，2003. 高原鼠兔对小嵩草草甸的破坏及其防治 [J]. 兽类学报，23（3），214-219.
刘伟，严红宇，王溪，等，2014. 高原鼠兔对退化草地植物群落结构及恢复演替的影响 [J]. 兽类学报，34（01）：54-61.
刘伟，张毓，王溪，等，2009. 高原鼠兔冬季的食物选择 [J]. 兽类学报，29（01）：12-19.
鲁庆彬，王小明，胡锦矗，等，2005. 四川石渠县夏季藏原羚的分布和栖息地特征 [J]. 兽类学报（01）：91-96.
马瑞俊，蒋志刚，2005. 全球气候变化对野生动物的影响 [J]. 生态学报，25（11）：3061-3066.
马素洁，周建伟，王福成，等，2019. 高寒草甸区高原鼢鼠新生土丘水土流失特征 [J]. 水土保持学报，33（05）：58-63，71.
马孝达，2003. 西藏中部若干地层问题讨论 [J]. 地质通报，22：695-698.
马玉寿，郎百宁，王启基，1999.“黑土型”退化草地研究工作的回顾与展望 [J]. 草业科学，16（2）：5-9.
马玉寿，施建军，董全民，等，2006. 人工调控措施对“黑土型”退化草地垂穗披碱草人工植被的影响 [J]. 青海畜牧兽医杂志，36（2）：3.
潘保田，李吉均，1996. 青藏高原：全球气候变化的驱动机与放大器（Ⅲ）：青藏高原隆起对气候变化的影响 [J]. 兰州大学学报，32（1）：108-115.
潘多锋，马玉寿，张德罡，等，2006. 高原鼠兔对退化草地人工植被稳定性的影响 [J]. 草原与草坪（05）：49-51.

潘璇，米玛旺堆，2016. 高原鼠兔（*Ochotona curzoniae*）行为频次与时间分配之间的相关性研究 [J]. 西藏大学学报（自然科学版），31（01）：35-39.

庞晓攀，2020. 高寒草甸植物生产力与土壤主要养分对高原鼠兔干扰响应的研究 [D]. 兰州：兰州大学 .

彭少麟，李勤奋，任海，2002. 全球气候变化对野生动物的影响 [J]. 生态学报，22（7）：1153-1159.

皮南林，1980. 白唇鹿的放牧食性观察 [J]. 野生动物学报，000（001）：31-34.

朴仁珠，1989. 西藏考察散记（二）[J]. 野生动物（05）：46.

尚占环，龙瑞军，2005. 青藏高原“黑土型”退化草地成因与恢复 [J]. 生态学杂志，24（6）：652-656.

沈世英，陈一耕，1984. 青海省果洛大武地区高原鼠兔生态学初步研究 [J]. 兽类学报，4（2）：107-115.

师生波，李惠梅，王学英，等，2006. 青藏高原几种典型高山植物的光合特性比较 [J]. 植物生态学报，30（1）：40-46.

施银柱，1983. 草场植被影响高原鼠兔密度的探讨 [J]. 兽类学报（02）：181-187.

石高宇，2019. 植被性状对高原鼠兔行为的影响 [D]. 兰州：兰州大学 .

侍世梅，刘发央，严学兵，2008. 东祁连山喜马拉雅旱獭生境的选择 [J]. 甘肃农业大学学报（02）：125-130.

宋梓涵，李希来，李杰霞，等，2022. 高寒草甸不同扰动斑块植物功能群和根土复合体特征变化研究 [J]. 生态科学，41（01）：31-38.

苏建平，许彦卿，张颖，等，2004. 祁连山及河西走廊西段土壤和土地适宜性特征 [J]. 干旱区研究（3）：240-245.

孙飞达，郭正刚，尚占环，龙瑞军，2010. 高原鼠兔洞穴密度对高寒草甸土壤理化性质的影响 [J]. 土壤学报，47（02）：378-383.

孙飞达，龙瑞军，郭正刚，等，2011. 鼠类活动对高寒草甸植物群落及土壤环境的影响 [J]. 草业科学，28（01）：146-151.

孙飞达，龙瑞军，2009. 鼠类活动对三江源区高寒草甸初级生产力的影响 [C]. 2009 中国草原发展论坛论文集 . 北京：中国草学会 .

孙辉，刘晓东，2022. 青藏高原隆升气候效应的数值模拟研究进展概述 [J]. 地学前缘，29（05）：300-309.

汪品先，1998. 亚洲形变与全球变冷：探索气候与构造的关系 [J]. 第四纪研究（3）：213-221.

王根绪，程国栋，沈永平，2002. 青藏高原草地土壤有机碳库及其全球意义 [J]. 冰川冻土，24（006）：693-700.

王根绪，沈永平，钱鞠，等，2003. 高寒草地植被覆盖变化对土壤水分循环影响研究 [J]. 冰川冻土，25（6）：653-659.

王金龙，魏万红，张堰铭，等，2005. 不同种群密度下高原鼠兔的行为模式 [J]. 动物学报，51（04）：598-607.

王启基，史惠兰，景增春，等，2004. 江河源区退化天然草地的恢复及其生态效益分析 [J]. 草业科学（12）：37-41.

王权业，边疆晖，施银柱，1993. 高原鼢鼠土丘对矮嵩草草甸植被演替及土壤营养元素的作用 [J]. 兽类学报，13（1）：31-37 .

王权业，张堰铭，魏万红，等，2000. 高原鼢鼠食性的研究 [J]. 兽类学报，20（3）：193-199 .

王思琪，2020. 基于 Landsat 和 MODIS NDVI 时序数据的黄河源植被覆盖度提取和变化分析 [D]. 北京：中国地质大学 .

王向涛，张超，廖李荣，等，2020. 青藏高原高寒草甸退化对土壤氮素转化微生物基因的影响 [J]. 水土保持通报，40（3）：8-13.

王晓芬，马源，张格非，等，2021. 高寒草甸退化阶段植物群落多样性与系统多功能性的联系 [J]. 草地学报，29（05）：1053-1060.
王鑫，惠文，杨会平，2007. 陇东北部草地鼠害发生现状及综合治理对策 [J]. 草业科学，24（7）：62-65.
王一博，王根绪，沈永平，等，2005. 青藏高原高寒区草地生态环境系统退化研究 [J]. 冰川冻土（5）：633-640.
王溍，王小明，王正寰，等，2004. 高原鼠兔生境选择的初步研究 [J]. 四川大学学报（自然科学版）（05）：1041-1045.
王正寰，王小明，鲁庆斌，2004. 四川省石渠县藏狐昼间行为特征观察 [J]. 兽类学报（04）：357-360.
王正寰，王小明，吴巍，等，2003. 四川西部石渠地区夏季藏狐巢穴选择的生境分析 [J]. 兽类学报（01）：31-38.
王正寰，王小明，2006. 资源选择函数拟合藏狐洞穴生境利用特征的有效性分析 [J]. 生物多样性（05）：382-391.
卫万荣，张灵菲，杨国荣，等，2013. 高原鼠兔洞系特征及功能研究 [J]. 草业学报，22（06）：198-204.
卫万荣，2018. 高原鼠兔和高原鼢鼠种群消长规律及其与植被关系的研究 [D]. 兰州：兰州大学 .
魏兴琥，李森，杨萍，等，2006. 高原鼠兔洞口区侵蚀过程高山草甸土壤的变化 [J]. 中国草地学报，28（4）：24-29.
夏景新，1995. 载畜量调控的理论与放牧管理实践 [J]. 中国草地，（1）：46-54.
夏武平，1964. 谈谈草原啮齿动物的一些生态学问题 [J]. 动物学杂志：299-302.
辛玉春，2014. 浅议青海天然草地退化 [J]. 青海草业，023（002）：46-53.
徐浩，2017. 气候变化对黄河源地区沙漠化的影响与风险评价 [D]. 兰州：兰州大学 .
徐宏发，陆厚基，盛和林，等，1998. 华南梅花鹿的分布和现状 [J]. 生物多样性（02）：8-12.
闫月娥，王建宏，石建忠，等，2010. 祁连山北坡草地资源及退化现状分析 [J]. 草业科学，27（07）：24-29.
颜忠诚，陈永林，1998. 动物的生境选择 [J]. 生态学杂志，17（2）：43-49.
于成，2018. 高原鼠兔干扰对高寒草甸土壤养分含量影响的空间多尺度分析 [D]. 兰州：兰州大学 .
余欣超，周华坤，姚步青，等，2014. 三江源区高原鼠兔洞危害区植物群落特征研究 [J]. 甘肃农业大学学报，49（3）：107-112.
张海娟，2016. 影响高原鼠兔栖息地选择的生态因子研究——以青海省东南部黄河二级支流小流域为例 [D]. 西宁：青海大学 .
张红艳，2019. 高原鼢鼠鼠丘对高寒草甸植物群落和土壤养分的影响 [D]. 兰州：兰州大学 .
张森琦，王永贵，赵永真，2004. 黄河源区多年冻土退化及其环境反映 [J]. 冰川冻土，26（1）：1-6.
张午朝，马育军，李小雁，王雷，2020. 基于探地雷达的高原鼢鼠洞道结构特征 [J]. 草业科学，37（03）：574-582.
张小刚，2016. 高原鼢鼠洞道气体变化研究 [D]. 兰州：兰州大学 .
张兴禄，李广，2015. 高原鼠兔和高原鼢鼠在高寒草甸生态系统的作用 [J]. 草业科学，32（5）：816-822.
张绪校，周俗，李洪泉，等，2019. 草原鼠虫害宜生区划分技术 [J]. 草学（3）：6-12.
张堰铭，刘季科，2002. 高原鼢鼠对高寒草甸植被特征及生产力的影响 [J]. 兽类学报，22（3）：201-210.
张堰铭，刘季科，2002. 高原鼢鼠挖掘对植物生物量的效应及其反应格局 [J] . 兽类学报，22（ 4）：292-298 .
张堰铭，张知彬，魏万红，等，2005. 高原鼠兔间断性移动行为与反捕食对策分析 [J]. 兽类学报，25（3）：242-247.
张堰铭，1999. 高原鼢鼠对高寒草甸群落特征及演替的影响 [J]. 动物学研究，20（6）：435-440.

张镱锂，阎建忠，刘林山，等，2002. 青藏公路对区域土地利用和景观格局的影响——以格尔木至唐古拉山段为例 [J]. 地理学报，57（3）：14.

郑绍华，1980. 西藏比如布隆盆地三趾马动物群 [M]// 中国科学院青藏高原综合考察队 . 西藏古生物：第一分册 . 北京：科学出版社：33-47.

钟文勤，樊乃昌，2002. 我国草地鼠害的发生原因及其生态治理对策 [J]. 生物学通报，37（4）：1-4.

钟文勤，周庆强，孙崇潞，1985. 内蒙古草场鼠害的基本特征及其生态对策 [J]. 兽类学报（4）：241-249.

钟文勤，周庆强，王广和，等，1991. 布氏田鼠鼠害生态治理方法的设计及其应用 [J]. 兽类学报（3）：204-212.

周华坤，周立，赵新全，等，2003. 江河源区“黑土滩”型退化草场的形成过程与综合治理 [J]. 生态学杂志（5）：51-55.

周俗，唐川江，李开章，等，2005. 草原害鼠资源综合开发利用与鼠害防治新途径初探 [J] . 四川草原，120（11）：37-38.

周太成，2015. 高原土著动物适应性进化分子机制探讨 [D]. 昆明：云南大学 .

周兴民，王启基，张堰青，等，1987. 不同放牧强度下高寒草甸植被演替规律的数量分析 [J]. 植物生态学报（04）：38-47.

周雪荣，郭正刚，郭兴华，2010. 高原鼠兔和高原鼢鼠在高寒草甸中的作用 [J]. 草业科学，27（5）：38-44.

周延山，花立民，楚彬，等，2016. 祁连山东段高原鼢鼠对高寒草甸危害评价 [J]. 生态学报，36（18）：5922-5930.

字洪标，胡雷，阿的鲁骥，等，2015. 不同退化演替阶段高寒草甸群落根土比和土壤理化特征分布格局 [J]. 草地学报，23（06）：1151-1160.

宗文杰，江小雷，严林，2006. 高原鼢鼠的干扰对高寒草地植物群落物种多样性的影响 [J]. 草业科学（10）：68-72.